全国机械行业职业教育优质规划教材（高职高专）
经全国机械职业教育教学指导委员会审定

Java Web 项目实战教程

全国机械职业教育计算机及工业信息化技术应用类
专业教学指导委员会（高职）组 编

主 编 张爱玲
副主编 常建功 王晓生
参 编 房 栋 杜 恒 杨景林
刘雅君 侯爱华 郑 翔
主 审 王 伟

机械工业出版社

本书以在线购物系统为案例，以软件项目开发工作流程为写作主线，从需求分析、软件设计、编码、软件测试到软件的部署与维护，让读者经历真实的软件开发过程，体会企业规范化、标准化、专业化的软件开发流程和管理规范。

本书的主要内容是基于 MVC 的在线购物系统的实现，然后又增加了分别基于 Struts、Struts + Hibernate、Struts + Hibernate + Spring 等框架的在线购物系统"登录模块"的实现，以帮助读者了解基于 Java Web 技术的几种主流框架的简单应用，使读者了解常用的框架技术。

本书既可作为高职高专计算机及相关专业的教材，也可作为计算机培训班的教材及软件行业程序员自学者的 Java Web 入门级书籍。

为了方便教学，本书配备电子课件等教学资源。凡选用本书作为教材的教师均可登录机械工业出版社教育服务网 www. cmpedu. com 下载，或发送电子邮件至 cmpgaozhi@sina. com 索取。咨询电话：010 - 88379375。

图书在版编目（CIP）数据

Java Web 项目实战教程 / 张爱玲主编. —北京：机械工业出版社，2015. 6

全国机械行业职业教育优质规划教材. 高职高专

ISBN 978 - 7 - 111 - 50342 - 2

Ⅰ. ①J… Ⅱ. ①张… Ⅲ. ①JAVA 语言-程序设计-高等职业教育-教材 Ⅳ. ①TP312

中国版本图书馆 CIP 数据核字（2015）第 110363 号

机械工业出版社（北京市百万庄大街 22 号 邮政编码 100037）

策划编辑：王玉鑫 责任编辑：王玉鑫 陈瑞文

责任校对：张 征 封面设计：鞠 杨

责任印制：李 洋

北京宝昌彩色印刷有限公司印刷

2015 年 6 月第 1 版 · 第 1 次印刷

184mm × 260mm · 15. 25 印张 · 374 千字

0001—3000册

标准书号：ISBN 978 - 7 - 111 - 50342 - 2

定价：33. 00 元

凡购本书，如有缺页、倒页、脱页，由本社发行部调换

电话服务

服务咨询热线：010 - 88379833

读者购书热线：010 - 88379649

网络服务

机 工 官 网：www. cmpbook. com

机 工 官 博：weibo. com/cmp1952

教育服务网：www. cmpedu. com

金 书 网：www. golden-book. com

前　言

随着互联网的广泛应用以及相关技术的飞速发展，JavaEE 技术平台已经成为电子商务平台开发的最佳选择。本书以在线购物系统为案例，以软件项目开发工作流程为写作主线，从需求分析、软件设计、编码、软件测试到软件的部署与维护，让读者经历真实的软件开发过程，体会企业规范化、标准化、专业化的软件开发流程和管理规范。书中利用少量篇幅引入 Struts、Struts + Hibernate、Struts + Hibernate + Spring 等框架，分别实现在线购物系统的“登录模块”，以帮助读者了解基于 Java Web 技术的各种框架的简单应用，使读者了解实际、正规的软件开发项目的流程，以及作为程序员应有的基本技能和素质。

本书是“校企合作，共同参与，联合完成”的成果，共分为 9 章。

第 1 章为 Java Web 项目实战概述，阐述了在校期间开设项目实战课程的意义以及 Java Web 的核心技术、开发模式和流程等。

第 2 章介绍开发环境的搭建，包括 JDK、Tomcat、MyEclipse、PowerDesigner、SVN 等的配置。

第 3 章介绍在线购物系统的需求分析与设计，重点介绍设计阶段各类规范文档的撰写。

第 4 章和第 5 章是基于 MVC 架构的在线购物系统的实现，内容组织包括任务说明、技术要点及具体的实现。

第 6 章描述了在线购物系统的测试与部署。

第 7 章将在线购物系统的登录模块采用 Struts 的架构实现。

第 8 章将在线购物系统的登录模块采用 Struts + Hibernate 的架构实现。

第 9 章将在线购物系统的登录模块采用 Struts + Hibernate + Spring 的架构实现。

本书由河南工业职业技术学院的王伟担任主审，西安理工大学高等技术学院的张爱玲担任主编。西安丝路软件技术有限公司的常建功和陕西青年学院的王晓生担任副主编，西安丝路软件技术有限公司的房栋，河南工业职业技术学院的杜恒，西安理工大学高等技术学院的刘雅君、杨景林、侯爱华，四川工程职业技术学院的郑翔参与了本书的编写工作。在此感谢各位老师的通力配合，最终完成了本书的编写工作。

由于作者水平有限，书中难免有不妥之处，敬请各位读者与专家批评指正。

编　者

目 录

第1章 Java Web项目实战概述

本章导读

- 1.1 Java Web 项目实战的意义和目的
- 1.2 Java Web 核心技术
- 1.3 Java Web 开发模式
- 1.4 Java Web 开发流程
- 1.5 总结

教学目标

本章将介绍 Java Web 项目的核心技术、开发模式及开发流程，期望让读者在宏观上了解此类项目的实现过程以及开发人员在技术上应该有哪些准备。

1.1 Java Web 项目实战的意义和目的

1.1.1 软件企业对人才的要求

软件开发是一项工程性很强的活动，它必须遵循软件工程的基本理论，按照工程的客观规律来实施。这就要求从业人员要有很强的职业精神，才可能有效地开展多人合作的大型软件工程项目。因此，对于软件人才有以下4点要求：

（1）软件人才要有自觉的规范意识和团队精神　企业希望招聘到的程序员编码规范，合作意识强。

（2）软件人才要具有软件工程的理念　从项目需求分析开始直到交付用户调试完毕，基础软件工程师必须能够清楚地理解和把握这些过程，且能胜任各个环节的具体工作。

（3）软件人才还要有很强的求知欲和进取心　软件业是一个不断变化和不断创新的行业，求知欲和进取心对软件人才来说尤为重要。

（4）软件人才要具有很强的技术能力　软件人才应熟练掌握设计和开发所需的相关技术。

1.1.2 Java Web 项目实战的意义

软件企业急需“即插即用”型员工，强调软件开发的“实战经验”。所谓“实战经验”是指要求员工熟悉开发的流程、主流的技术，并具有优秀的团队合作精神等。这样才能产生最大的经济效益，降低人力成本。

Java Web 项目实战课程教学的目的是在学生完成主要专业课程的理论学习和主要技能训练后，通过开发一个完整的软件项目，将软件开发各个主要阶段串联起来，让学生能实际感受企业的软件开发流程和规范，熟悉软件项目团队协作开发的环境及办法，积累软件项目开发经验，养成良好的职业素质，以及基于 Java 技术实现软件开发基本能力的整合和迁移，从而积累完整的项目经验。

1.1.3 Java Web 项目实战的形式

Java Web 项目实战课程是在教师的引导下，综合运用所学知识，对一个实际 Web 应用软件系统进行分析、设计与开发，按照软件开发的工作流程完成选题、计划、设计、开发、测试、总结与评价等过程，提交项目计划书、需求规格说明书、概要设计说明书、系统开发规范、数据库设计及脚本、详细设计说明书、使用说明书、系统测试报告、工作日志等文档，并提交所设计系统的源代码。

在教学过程中，采用团队分工的形式，每组最好不超过 5 人，要求分工明确、任务具体，团队协作融洽；提交的文档资料全面、规范，技术运用恰当。

1.2 Java Web 核心技术

Java Web 系统开发中的核心技术主要包括以下几种。

（1）Servlet　Servlet 是 Java 平台上的 CGI 技术。Servlet 在服务器端运行，动态地生成 Web 页面。与传统的 CGI 和许多其他类似 CGI 的技术相比，Java Servlet 具有更高的效率且更容易使用。对于 Servlet 重复的请求是依靠线程的方式来支持并发访问的。

（2）JSP　JSP（Java Server Page）是一种实现普通静态 HTML 和动态页面输出混合编码的技术。在运行时，JSP 将被首先转换成 Servlet，并以 Servlet 的形式编译运行。

（3）JDBC　JDBC（Java Data Base Connectivity）使数据库开发人员能够用标准的 Java API 编写数据库应用程序。

（4）Struts　Struts 是 Apache 软件基金支持下的开源的 MVC（Model View Controller）框架，具有组件模块化、灵活性和重用性等优点，使基于 MVC 模式的程序结构更加清晰，同时简化了 Java Web 应用程序的开发。

（5）Hibernate　Hibernate 是一款面向 Java 环境的对象/关系数据库映射工具，即 ORM（Object-Relational Mapping）工具。它对 JDBC API 进行了封装，负责 Java 对象的持久化，在分层的软件架构中位于持久化层，封装了所有数据访问细节，使业务逻辑层可以专注于实现业务逻辑。

（6）Spring　Spring 是一个开源框架，是为了解决企业应用程序开发的复杂性而创建的。它基于依赖注入和面向方面技术，大大地降低了应用开发的难度与复杂度，提高了开发的速度，为企业级应用提供了一个轻量级的解决方案。

1.3 Java Web 开发模式

1.3.1 MVC 模式

在 Java Web 开发中，模型 1（见图 1－1）使用 JSP＋JavaBean 技术将页面显示和业务逻

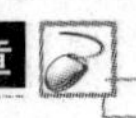

辑处理分开。JSP 实现页面的显示，JavaBean 对象用来承载数据和实现业务逻辑。

在模型 1 中，JSP 页面独立响应请求并将处理结果返回给客户，所有的数据通过 JavaBean 来处理，JSP 实现页面的显示。

在模型 1 中，JSP 页面嵌入了流程控制代码和部分的逻辑处理代码，可以将这部分代码提取出来，放到一个单独的角色中，这个角色就是控制器，而这样的 Web 架构就是模型 2（见图 1－2）。模型 2 符合 MVC 架构模型，MVC 即模型—视图—控制器（Model—View—Controller）。

在 MVC 架构中，一个应用被分成 3 个部分：模型（Model）、视图（View）和控制器（Controller）。在模型 2 中，控制器的角色由 Servlet 来实现，视图的角色由 JSP 页面来实现，模型的角色由 JavaBean 来实现。

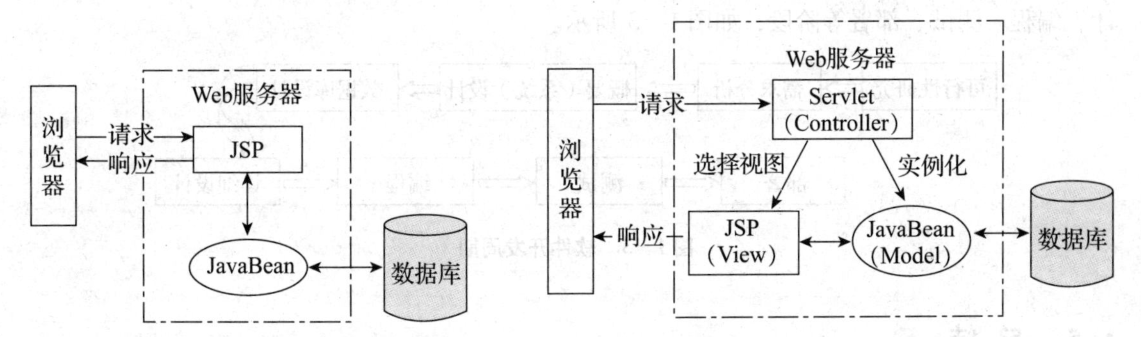

图 1－1 模型 1——JSP 请求响应逻辑图　　**图 1－2 模型 2——MVC 各部分构成及关系图**

在项目中，采用哪种模型要根据实际的业务需求来确定。一般来说，对于小型的、业务逻辑处理不多的应用，采用模型 1 比较合适。如果应用有关复杂的逻辑，并且返回的视图也不同，那么采用模型 2 较为合适。

1.3.2 SSH（Struts + Spring + Hibernate）开发框架

Servlet 和 JSP 技术都可以用于 Web 应用程序的开发，但是怎么开发能够使程序的可维护性更好，是“框架”要解决的一个问题。最著名也最流行的理念之一是“MVC 模式”，Struts 是实现 MVC 模式的流行框架。Struts 用 JSP 作为 View，用 JavaBean 或 ActiveFormBean 作为 Model，用 Action 类作为 Controller。

另一个重要的问题是，服务器端需要经常访问数据库。主流数据库是关系数据库，数据结构是表，操作是 SQL。这与 Java 面向对象的思维不同，因此，“对象关系映射”（ORM）成为一个重要的问题，通过 ORM 可以使 Java Web 程序开发时完全使用面向对象的思想进行建模。Hibernate 就是这么一个框架。它对数据库中的每一张表，建立一个 JavaBean，表的每一个字段对应 JavaBean 的一个属性。将这种匹配对应关系写到 Hibernate 的配置文件中，这样利用 Hibernate 框架提供的面向对象的操作方法，即可将 JavaBean 持久化到数据库中，并进行所有的查询匹配工作，完美替代 JDBC 和 SQL 语句这种面向关系的操作方法。

Spring 框架的核心概念是反向控制（Inversion of Control，IoC）。一般地，当一个对象需要调用另一个对象的方法时，往往需要 new 那个对象，然后再调用那个方法。IoC 的理念是：这种方法使两个对象的耦合度太高，即互相依赖程度高，因此需要降低这个程度；具体方法是：将另外那个对象的方法抽象为接口（Interface），对象需要调用另一个对象方法的位置，把另一个对象对应的接口作为参数传入，这样就不会出现在一个对象的类的定义中进行 new 操作的现象。如此一来，每个对象的耦合度降低，我们可以把对象封装为 JavaBean，并把 JavaBean 写到 Spring 框架中，由 Spring 框架中的 Spring 容器统一对各个 Bean 进行 new 操作。这样，Spring 框架就可以很好地实现各个层次的组建和组合，因此可以和 Hibernate、Struts 等框架进行无缝连接，打造一个维护性极高的网站。

1.4 Java Web 开发流程

为了让软件开发的过程优质、高效且自动化，软件工程将开发周期设置成多个阶段，即软件开发不只是编程，而是分为可行性研究、需求分析、概要设计、数据库设计、详细设计、编程、测试、部署等阶段，如图 1－3 所示。

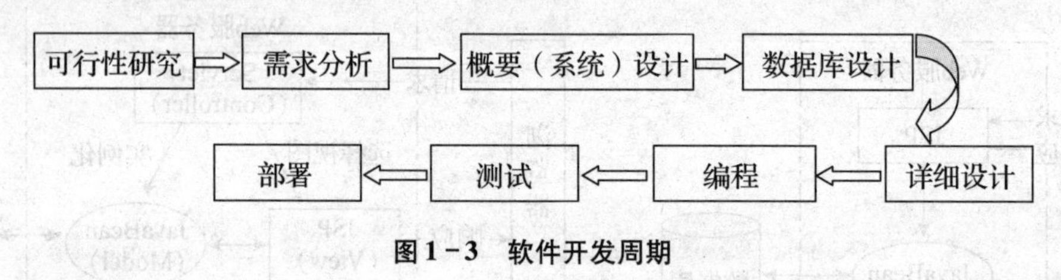

图 1－3 软件开发周期

1.5 总 结

本章介绍了 Java Web 项目的意义和目的，主要包含了该类型项目的核心技术、开发模式和开发流程。

第 2 章将学习 Java Web 开发环境的搭建。

第2章 构建开发环境

本章导读

- 2.1 搭建 Java Web 开发环境
- 2.2 搭建 MySQL 数据库环境
- 2.3 使用版本控制软件 SVN
- 2.4 浏览器选用与测试工具
- 2.5 总结

教学目标

本章将介绍本书所使用的 JDK（Java Development Kit）、开发工具和各种 jar 包、框架的版本以及安装方法。读者可以通过本章的内容来搭建 Java Web 开发环境。如果读者熟悉了本章所介绍的开发环境的下载、配置，则可略过本章。

2.1 搭建 Java Web 开发环境

虽然 Java 程序是纯文本文件，用任何一个文本编辑软件都能进行开发，但是一个好的编辑器可以帮助程序员减少很多麻烦。本节将具体介绍如何搭建关于 Java 程序的集成环境。

2.1.1 JDK 的安装、配置和验证

现阶段与 Java 相关的基础平台都是由 Oracle 公司提供的，开发人员可以通过 Oracle 公司的网站（http://www.oracle.com）了解有关 Java 的最新技术，并可下载相关的软件。

1. 安装 JDK

双击执行 jdk-7-windows-i586.exe，便可自动解压缩进行自动安装。在具体安装过程中，只需在“自定义安装”对话框中单击“更改”按钮，然后在出现的“更改文件夹”对话框中修改安装目录即可，如图 2-1 所示。

小贴士 对于项目开发所涉及的软件，在选择安装目录时，最好不要包含空格和中文。

2. 配置 JDK

JDK 安装完毕后，还不能马上使用。如果想使用 JDK 实现编译运行 Java 文件等操作，

还需要设定系统的环境变量 Path 与 ClassPath，步骤如下：

1）在 Windows 桌面中，右键单击“我的电脑”，弹出快捷菜单。

2）在弹出的快捷菜单中选择“属性”选项，打开“系统属性”对话框。

3）在“系统属性”对话框中，单击“高级”标签下的“环境变量”按钮，打开“环境变量”对话框，如图 2－2 所示。

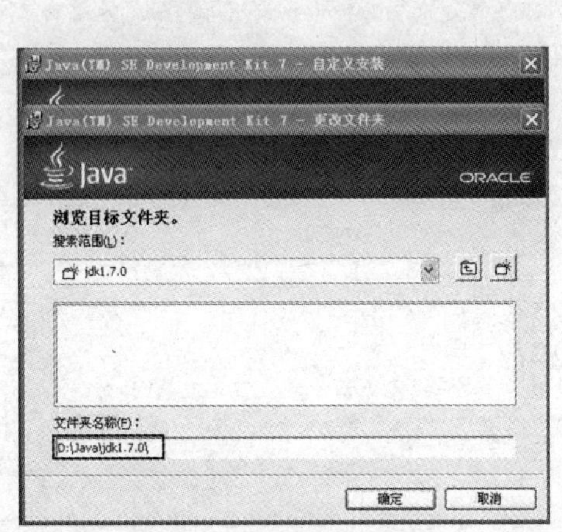

图 2－1　修改安装目录

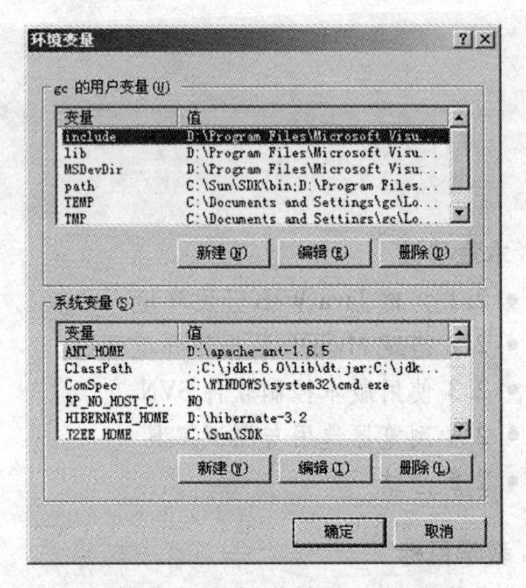

图 2－2　“环境变量”对话框

4）单击“系统变量”区域中的“编辑”按钮，在打开的“编辑系统变量”对话框中，修改系统变量 Path，使 Path 的值里包含 D:\Java\jdk1.7.0\bin 路径，如图 2－3所示。

小贴士　Windows 操作系统安装完会自动创建 Path 环境变量，因此需要在该环境变量值的后面追加 JDK 的相应路径，而不是创建新路径。

5）单击“系统变量”区域中的“新建”按钮，在打开的“新建系统变量”对话框中，设定系统变量 classpath，使 classpath = .; D:\Java\jdk1.7.0\lib\dt.jar; D:\Java\jdk1.7.0\lib\tools.jar，如图 2－4 所示。

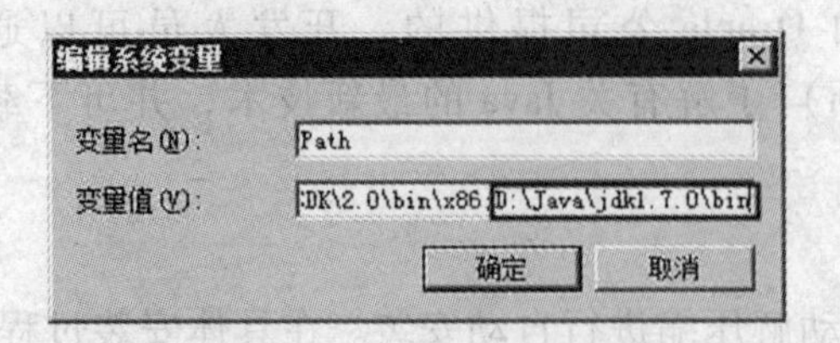

图 2－3　设定系统变量 Path

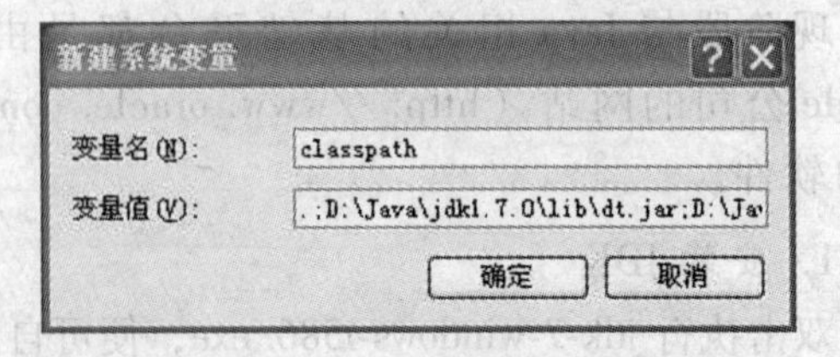

图 2－4　设定系统变量 classpath

3. 验证 JDK 环境

为了验证 JDK 是否配置成功，可以打开命令提示符，在提示符下输入 javac，然后按〈Enter〉键，若输出如图 2－5 所示的信息，则表示 JDK 配置成功。

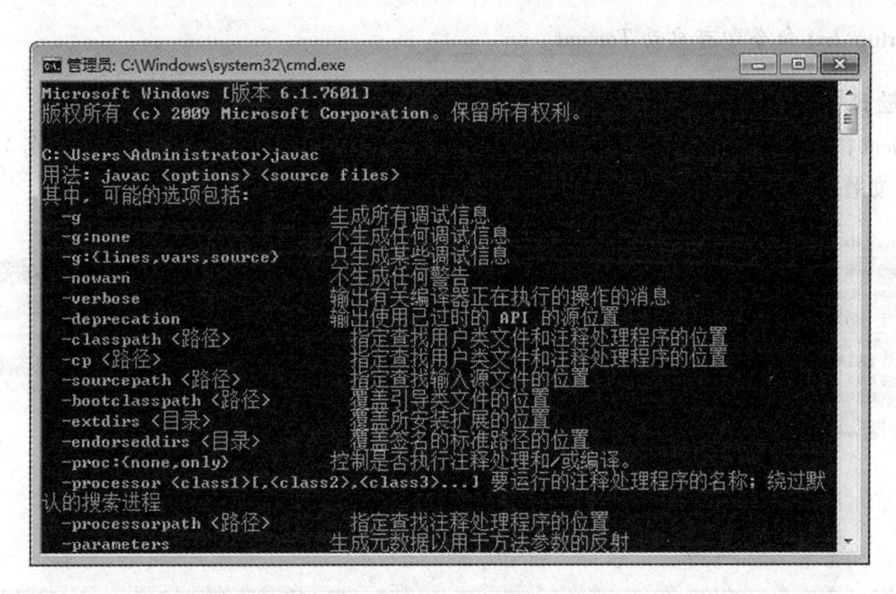

图 2-5 输出 javac 的相关信息

2.1.2 Tomcat 的安装和验证

本书使用了 Tomcat 7 作为 Java Web 服务器软件，读者可以从 Apache 官方网站（http://tomcat.apache.org/）下载该服务器软件。

1. 安装 Tomcat

双击执行 apache-tomcat-7.0.53.exe，便可自动解压缩进行自动安装。在具体安装过程中，需要注意的配置界面如下：

1）“Configuration”界面。在此界面中保持默认设置，如图 2-6 所示。

小贴士 Tomcat 软件的默认端口号为 8080，当该端口号被占用时，可以通过修改“HTTP/1.1 Connector Port”文本框的值来实现。

2）“Choose Install Location”（选择 Tomcat 安装目录）界面。在此界面中选择相应的安装目录，如图 2-7 所示（安装路径里不能包含中文和空格）。

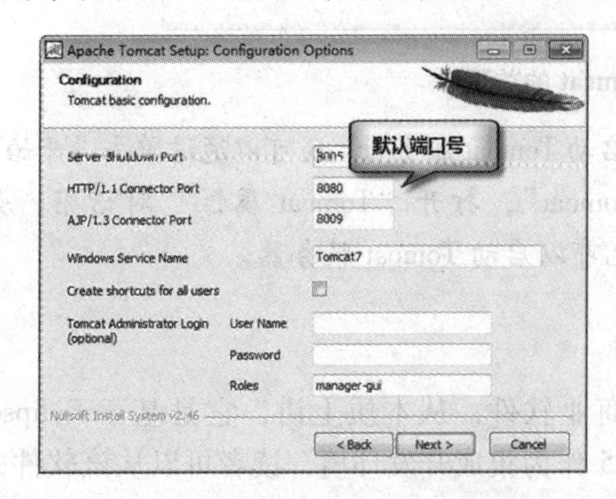

图 2-6 “Configuration”界面

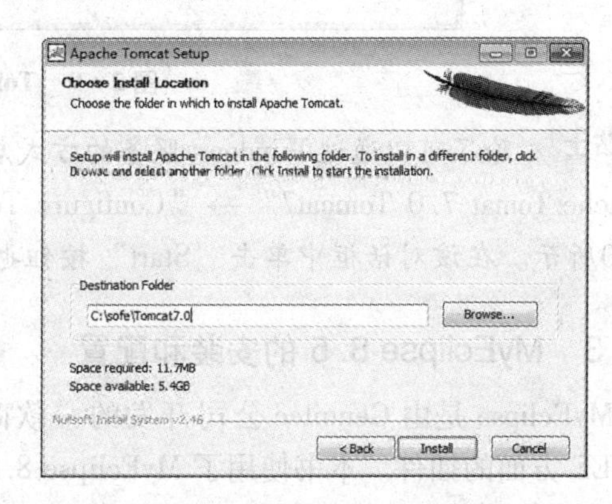

图 2-7 选择 Tomcat 安装目录

小贴士 如果 Tomcat 为压缩包形式的发行文件，则直接解压并执行 <Tomcat 解压目录>

\bin\startup. bat 命令即可启动 Tomcat。

2. 验证 Tomcat 环境

Tomcat 的 Windows 安装版本会安装一个 Windows 服务（即 Apache Tomcat 服务）来启动 Tomcat，如图 2-8 所示。

http://localhost：8080/

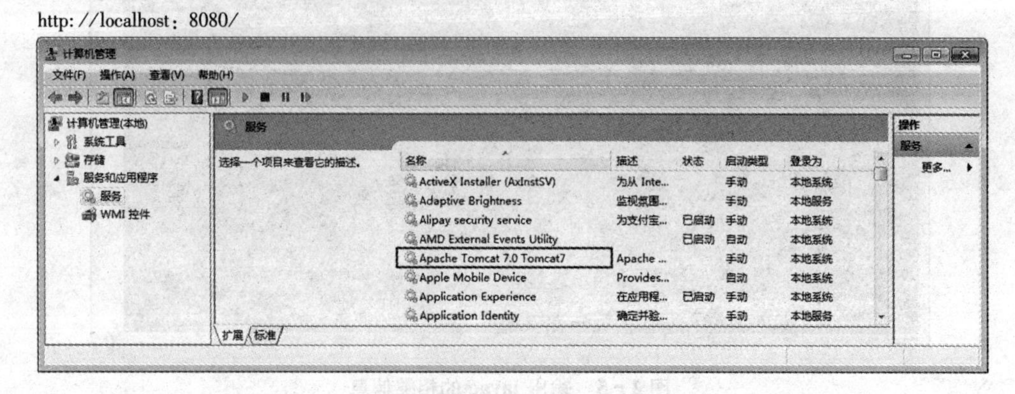

图 2-8　Apache Tomcat 服务

如果在浏览器中显示如图 2-9 所示的页面，则表示 Tomcat 已经安装成功，并成功启动了 Tomcat。

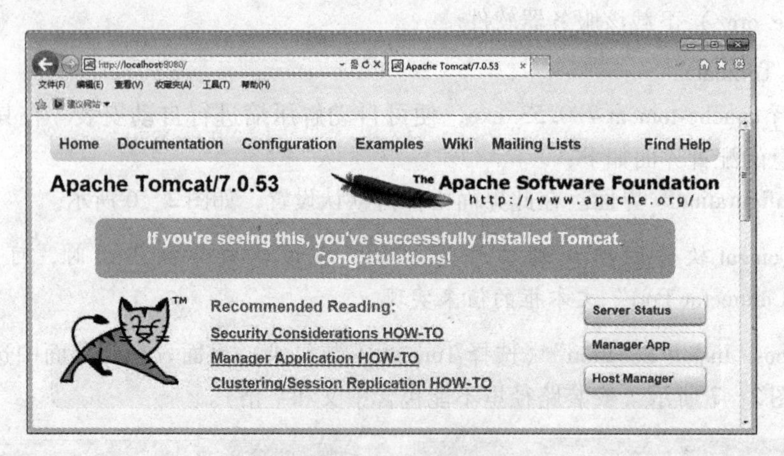

图 2-9　Tomcat 的首页

小贴士　除了可以通过 Windows 服务的方式启动 Tomcat 服务外，还可以通过单击“开始”→“Apache Tomat 7.0 Tomcat7”→“Configure Tomcat”，打开“Tomcat 属性”对话框，如图 2-10所示。在该对话框中单击“Start”按钮也可以启动 Tomcat 服务器。

2.1.3　MyEclipse 8.5 的安装和配置

MyEclipse 是由 Genuitec 公司开发的一款商业软件，从本质上讲，它是基于 Eclipse 的 Java EE 方面的插件。本书使用了 MyEclipse 8.5 作为集成开发环境，读者可以从该软件的官方网站下载。

1．安装 MyEclipse 8.5

双击执行 myeclipse-8.5M1-win32.exe，便可自动解压缩进行自动安装。在具体安装过程中，只需在“Configure MyEclipse 8.5M1”对话框中单击“Browse”按钮，修改该软件的安装路径即可，具体设置值如图 2-11 所示。

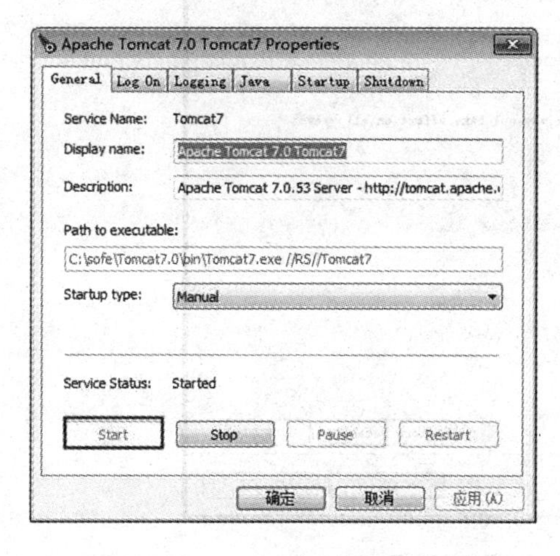

图 2-10 “Tomcat 属性”对话框　　　　图 2-11 修改安装路径

2．配置 MyEclipse 8.5

安装完 MyEclipse 集成开发工具后，不能马上进行关于 Java 的开发，还必须进行一些必要的配置。具体步骤如下：

（1）关于工作空间设置的操作　当 MyEclipse 第一次启动时，需要设置工作空间，在本书中将工作空间设置为 C:\Workspaces 路径，如图 2-12 所示。

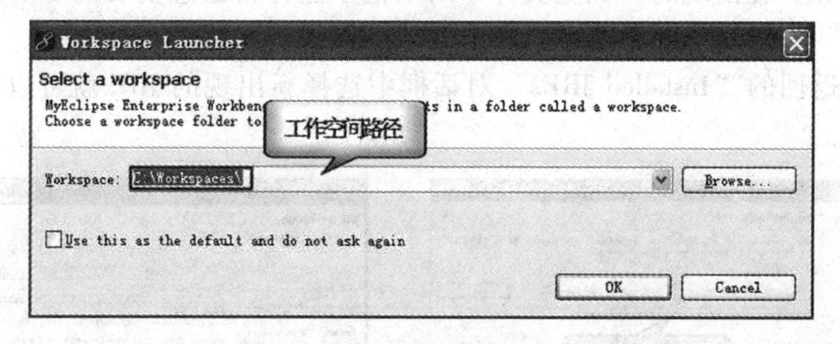

图 2-12 “Workspace Launcher”对话框

小贴士　如果不想每次启动 MyEclipse 都出现“Workspace Launcher”对话框，可以通过勾选“Use this as the default and do not ask again”复选框将该对话框屏蔽。

（2）关于编译器的选择和设置　在使用 MyEclipse 开发 Java 程序时，应该先确定该集成环境所使用的编译器版本。如果想查看编译器的版本，可以通过单击菜单“Window”→“Preference”，在打开的“Preferences”对话框中查看（见图 2-13），具体步骤如下：

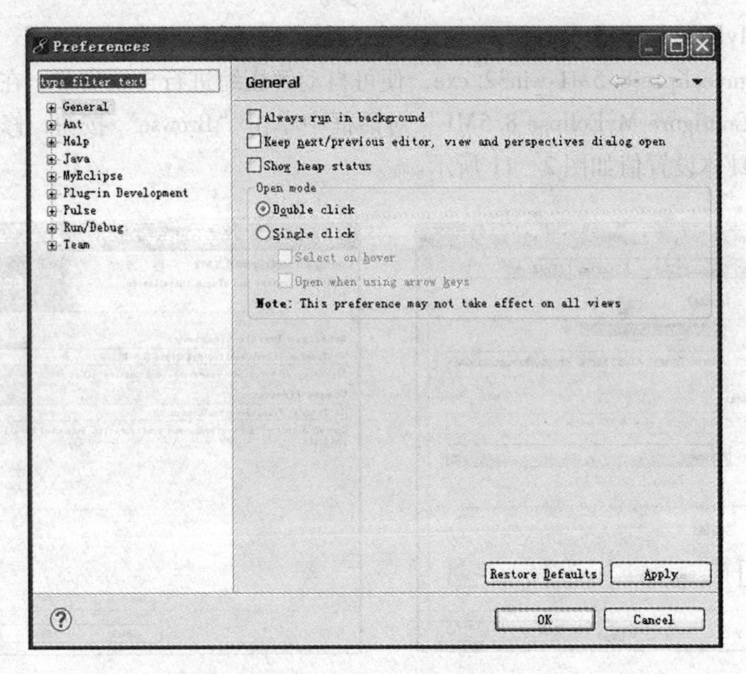

图 2-13 “Preferences”对话框

首先查看所安装的 JRE（Java Runtime Environment），即选择“Java”→“Installed JREs”节点，就会出现“Installed JREs”对话框，如图 2-14 所示。在该对话框中显示的是 MyEclipse 集成环境自带的 JRE。

如果想修改“Installed JREs”为自己所安装的 JRE 版本，可以通过单击“Installed JREs”对话框中的“Add”按钮打开“Add JRE”对话框，在该对话框中通过单击“Directory”按钮，在出现的“浏览文件”对话框中选择自己想安装的 JRE 的根目录，然后单击“确定”按钮就可以配置好“Add JRE”对话框，如图 2-15 所示。最后，在单击“Finish”按钮返回的“Installed JREs”对话框中选择新出现的 JRE 就可以实现修改，如图 2-16 所示。

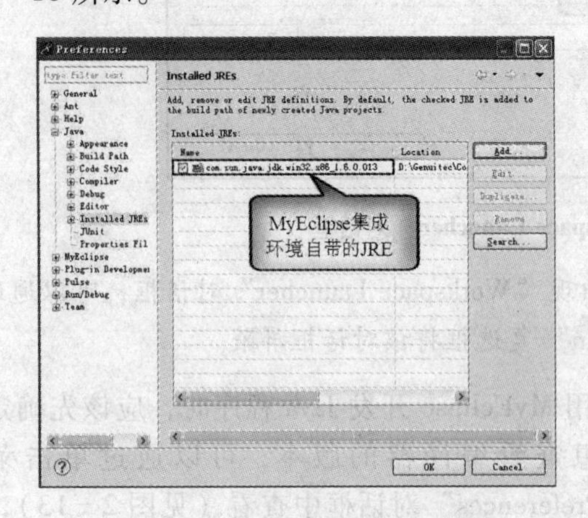

图 2-14 “Installed JREs”对话框

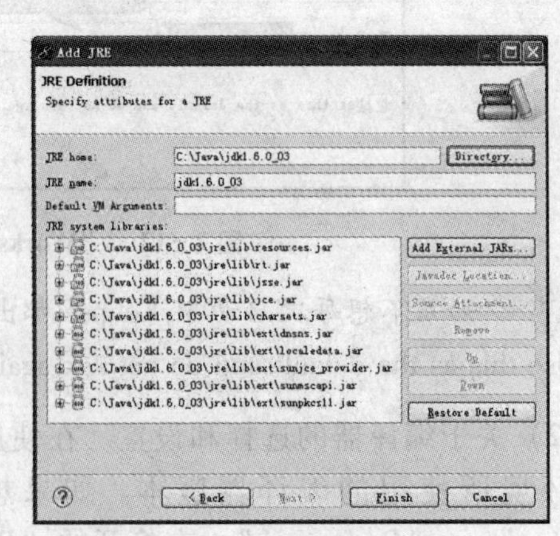

图 2-15 “Add JRE”对话框

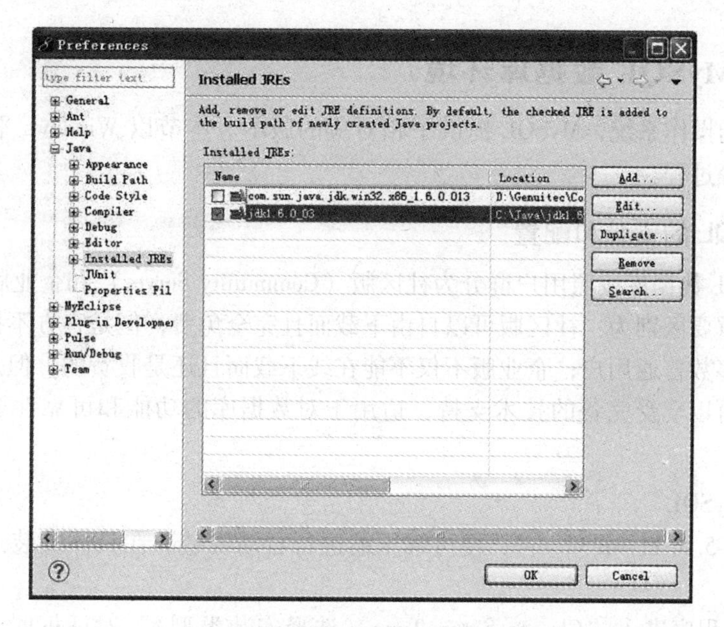

图 2-16　选择新添加的 JRE 版本

（3）关于 Tomcat 服务器软件的选择和配置　MyEclipse 默认使用的是内置的 Tomcat。如果读者想使用最新版本的 Tomcat，需要在 MyEclipse 中进行配置。单击菜单“Window”→“Preferences”，打开“Preferences”对话框。在左侧的列表树中选择“MyEclipse Enterprise Workblend”→“Servers”→“Tomcat”→“Tomcat 7. x”节点。在右侧将出现 Tomcat 的配置界面。按照图 2-17 所示设置 Tomcat。

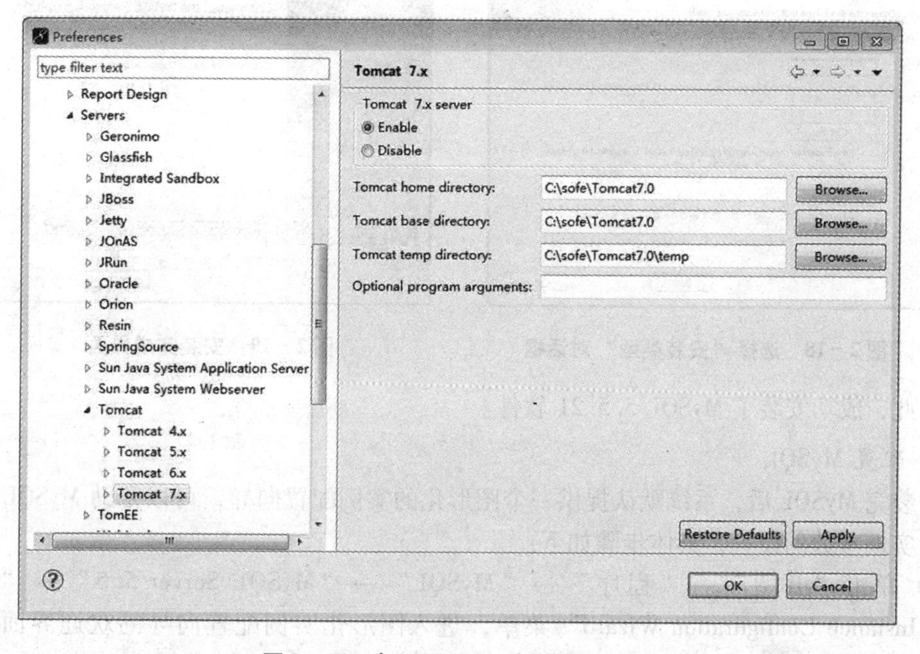

图 2-17　在 MyEclipse 中配置 Tomcat

2.2 搭建 MySQL 数据库环境

对于不同的操作系统，MySQL 提供了相对应的版本。本节以 Windows 平台讲解 MySQL 的安装、配置等过程。

2.2.1 MySQL 的安装和配置

目前 MySQL 数据库按照用户群分为社区版（Community Server）和企业版（Enterprise），这两个版本的重要区别为：社区版可以自由下载而且完全免费，但是官方不提供任何技术支持，适用于大多数普通用户；企业版不仅不能在线下载而且还是收费的，但是该版本提供了更多的功能，可以享受完备的技术支持，适用于对数据库的功能和可靠性要求较高的企业客户。

1. 安装 MySQL

双击 mysql-5.5.21-win32.msi，便可解压缩进行自动安装。在具体安装过程中，以下设置需要注意。

1）当安装程序进入“Choose Setup Type（选择安装类型）”对话框时，单击“Typical（典型）”按钮，如图 2－18 所示。

2）当安装程序进入安装完成界面时，在该对话框中会询问是否现在进行配置，如图 2－19所示。如果不想现在配置，可以取消勾选“Launch the MySQL Instance Configuration Wizard”复选框，然后单击“Finish”按钮就会完成对 MySOL 软件的安装。

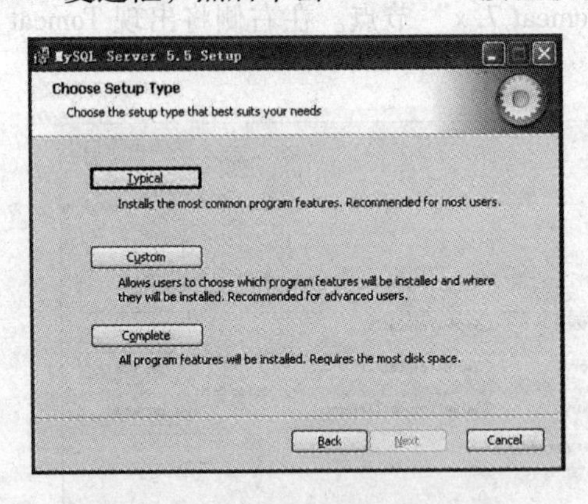

图 2－18 选择“安装类型”对话框

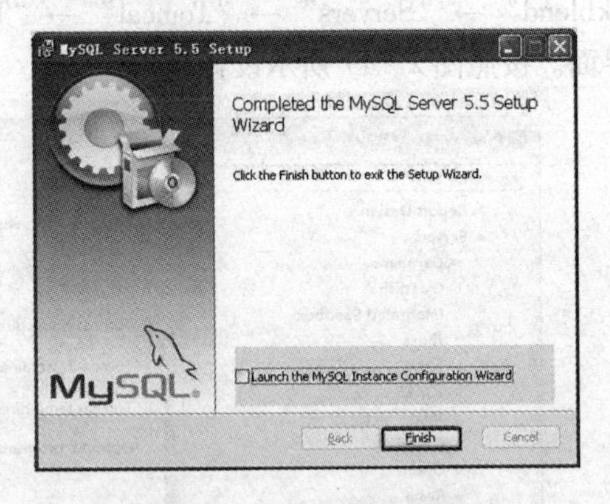

图 2－19 安装完成界面

至此，成功安装了 MySOL 5.5.21 软件。

2. 配置 MySQL

安装完 MySOL 后，系统默认提供一个图形化的实例配置向导，可以帮助 MySQL 用户逐步进行实例参数的设置，具体步骤如下：

1）单击“开始”→“程序”→“MySQL”→“MySQL Server 5.5”→“MySQL Server Instance Configuration Wizard”菜单，进入图形化实例配置向导的欢迎界面，如图 2－20 所示。

2）在欢迎界面中单击“Next”按钮即可进入选择配置类型界面，如图2－21所示。

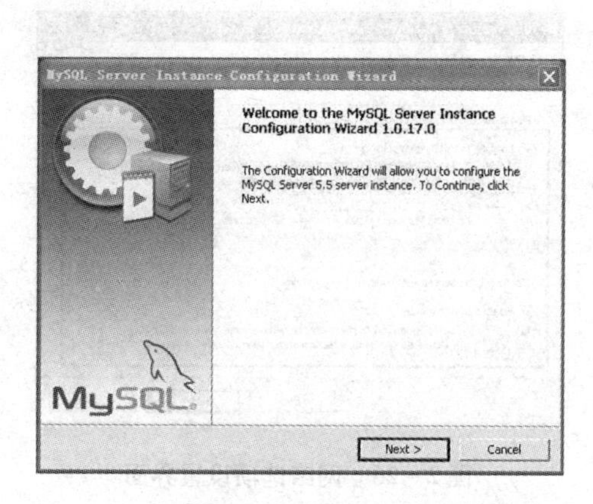

图 2－20　图形化实例配置向导欢迎界面

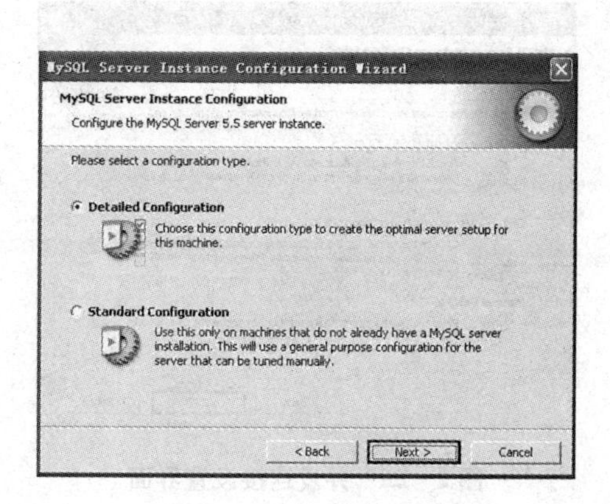

图 2－21　选择配置类型界面

3）在选择配置类型界面中选中“Detailed Configuration”单选按钮，并单击“Next”按钮即可进入选择应用类型界面，如图 2－22 所示。

4）在选择应用类型界面中选中“Developer Machine”单选按钮，然后单击“Next”按钮即可进入选择用途类型界面，如图 2－23 所示。

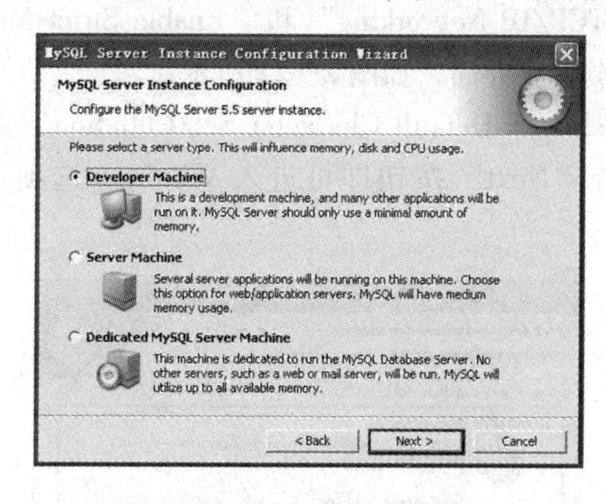

图 2－22　选择应用类型界面

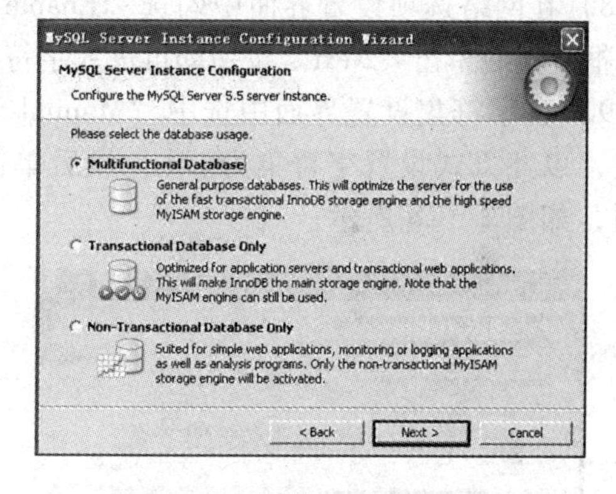

图 2－23　选择用途类型界面

5）在选择用途类型界面中选中“Multifunctional Database”单选按钮，然后单击“Next”按钮即可进入 InnoDB 数据文件目录配置界面，如图 2－24 所示。

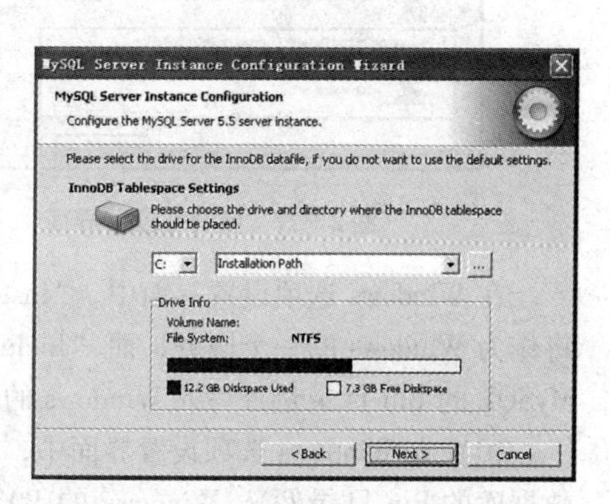

图 2－24　InnoDB 数据文件目录配置界面

6）在 InnoDB 数据文件目录配置界面中保留默认值，然后单击“Next”按钮即可进入并发连接设置界面，如图 2－25 所示。

7）在并发连接设置界面中选中“Decision Support（DSS）/OLAP”单选按钮，然后单击“Next”按钮即可进入网络选项设置界面，如图 2－26所示。

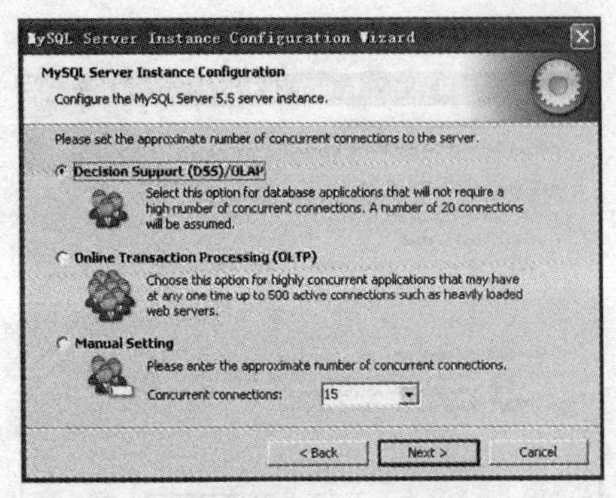

图 2-25　并发连接设置界面

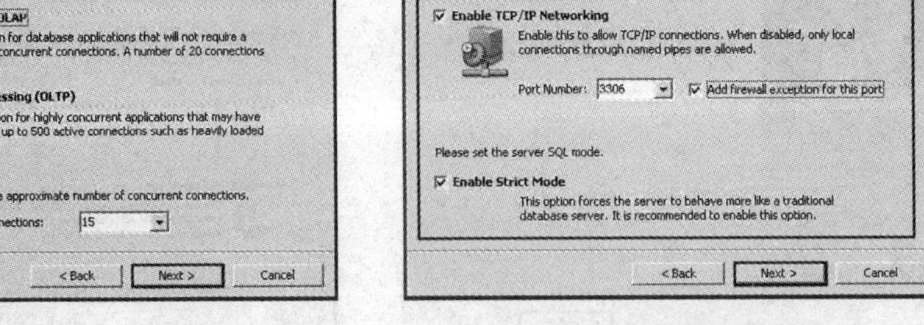

图 2-26　网络选项设置界面

在网络选项设置界面中，“Enable TCP/IP Networking”复选框表示是否启动 TCP/IP 连接，而“Enable Strict Mode”复选框表示是否采用严格模式来启动服务。

小贴士　如果 MySQL 安装在服务器上，一定要勾选“Add firewall exception for this port”复选框，这样在同一网络内的用户就可以访问该端口。

8）在网络选项设置界面中勾选“Enable TCP/IP Networking”和“Enable Strict Mode”复选框，然后单击“Next”按钮即可进入字符集设置界面，如图 2-27 所示。

9）在字符集设置界面中选中“Manual Selected Default Character Set/Collation”单选按钮，以此方式设置字符集为 gbk，然后单击“Next”按钮即可进入 Windows 选项设置界面，如图 2-28 所示。

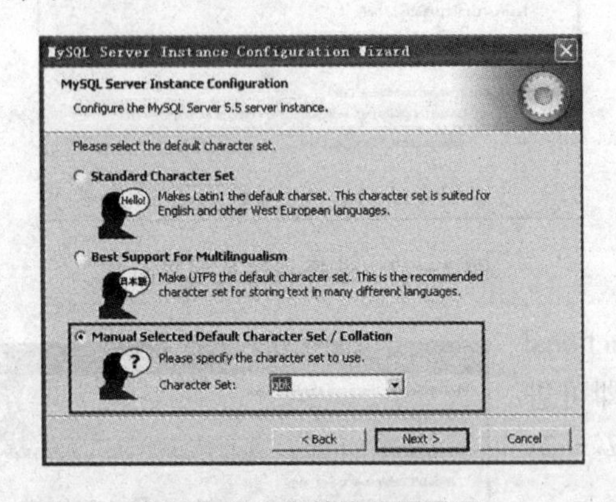

图 2-27　字符集设置界面

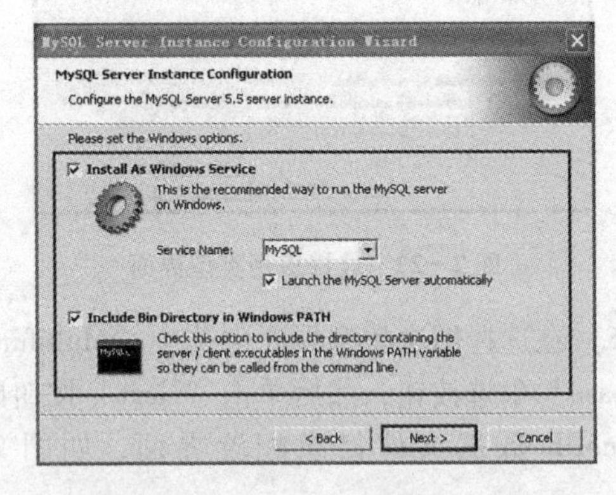

图 2-28　Windows 选项设置界面

在 Windows 选项设置界面中，“Install As Windows Service”复选框用于设置 MySQL 是否将作为 Windows 的一个服务，而“Include Bin Directory in Windows PATH”复选框用于设置 MySQL 的 Bin 目录是否写入 Windows 的 PATH 环境变量中。

10）在 Windows 选项设置界面中，不仅将 MySQL 设置成名为 MySQL 的服务，而且还将数据库的 Bin 目录写入 Windows 的 PATH 环境变量中，然后单击“Next”按钮即可进入 MySQL 安全选项设置界面，如图 2-29 所示。

在 MySQL 安全选项设置界面中有两个安全设置复选框：“Modify Security Settings”复选框用于确定是否修改默认用户 root 的密码；“Create An Anonymous Account”复选框用于确定是否

创建一个匿名用户，在具体开发时，推崇不要创建匿名用户，因为这样会给系统带来安全漏洞。

小贴士 如果 MySQL 安装在服务器上，则需要勾选“Enable root access from remote machines”复选框来设置可以让远程计算机通过用户 root 来登录 MySQL。

11）在 MySQL 安全选项设置界面中设置用户 root 的密码为 root，单击“Next”按钮即可进入准备执行界面，如图 2-30 所示。

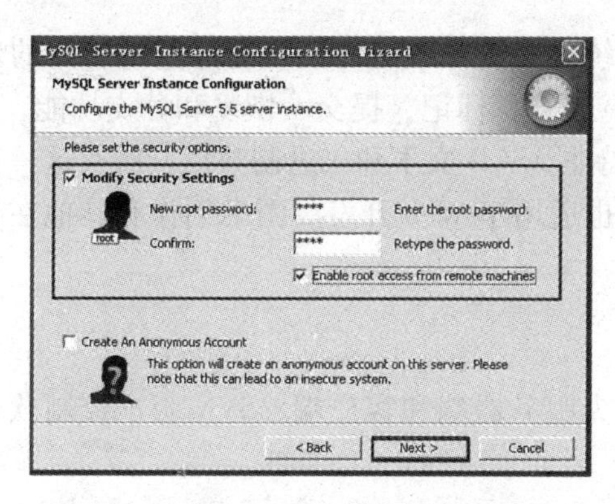

图 2-29 MySQL 安全选项设置界面

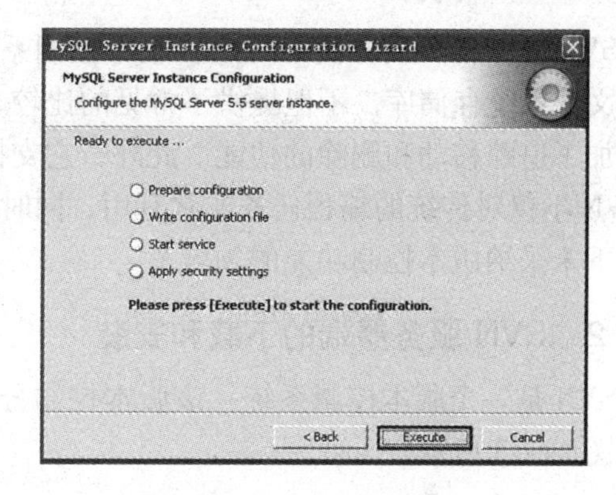

图 2-30 准备执行界面

12）确认设置没有问题后，在准备执行界面中单击“Execute”按钮，然后开始执行。执行成功后，结束 MySQL 的全部配置。

2.2.2 PowerDesigner 软件的下载和安装

PowerDesigner 软件是 Sybase 公司提供的 case 工具集，使用该软件可以方便地对各种大型软件项目进行分析设计。利用 PowerDesigner 软件可以制作数据流程图、概念数据模型、物理数据模型，还可以为数据仓库制作结构模型等，是程序设计人员必不可少的工具。

安装 PowerDesigner 软件：双击执行 PowerDesigner v15.2_ evaluation.exe，便可解压缩进行自动安装。在具体安装过程中，如下界面的设置需要注意。

1）当安装程序进入接受许可协议界面时，在该界面中首先选择本地语言，即选择“Peoples Republic of China（PRC），设置语言环境，具体设置信息如图 2-31 所示。

2）当安装程序进入选择安装路径界面时，在该界面中单击“Browse”按钮选择该软件的安装路径，具体设置信息如图 2-32 所示。

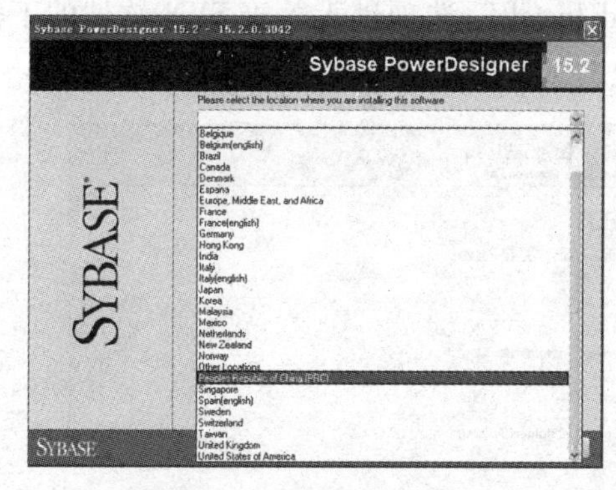

图 2-31 选择本地语言

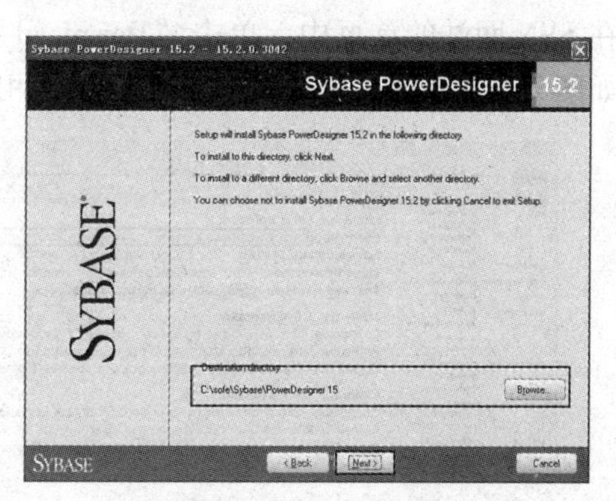

图 2-32 选择安装路径

2.3 使用版本控制软件 SVN

版本控制能使程序员避免很大的代码风险，即如果代码编写出错，可以使代码恢复到一个已知的、工作正常的版本。

2.3.1 SVN 简介

SVN 是一种开放源代码的全新版本控制系统，支持在本地访问或通过网络访问的数据库和文件系统存储库。不但提供了常见的比较、修补、标记、提交、恢复和分支功能，SVN 还增加了追踪移动和删除的功能。此外，它支持非 ASCII 文本和二进制数据，所有这一切都使 SVN 不仅对传统的编程任务非常有用，同时也适用于 Web 开发、图书创作和其他在传统方式下未采纳版本控制功能的领域。

2.3.2 SVN 服务器端的下载和安装

SVN 是一个版本控制系统，该版本控制分为服务器端和客户端。SVN 版本控制软件首页如图 2-33 所示。

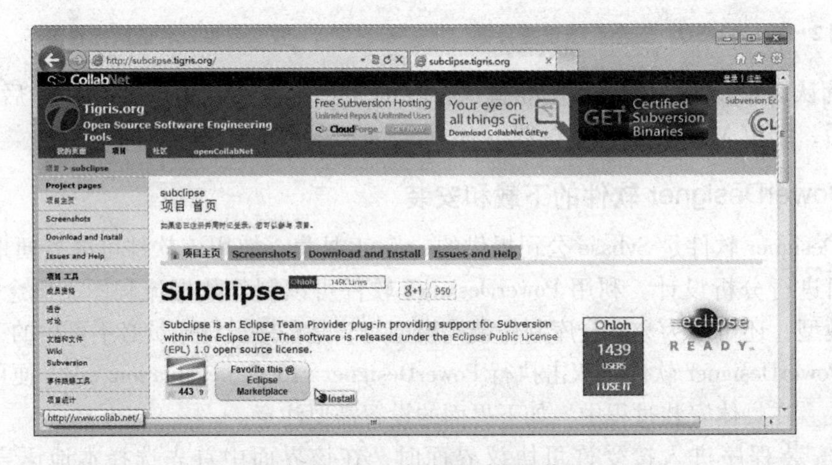

图 2-33 SVN 版本控制软件首页

1. 下载 SVN

本书中，采用 SVN 1.8.8 版本进行开发，具体步骤如下：

在 SVN 网站的首页中，单击“Download and Install”选项进入关于 SVN 软件的下载页面，如图 2-34 所示。在下载页面中，单击相应的版本的超链接即可进行下载。

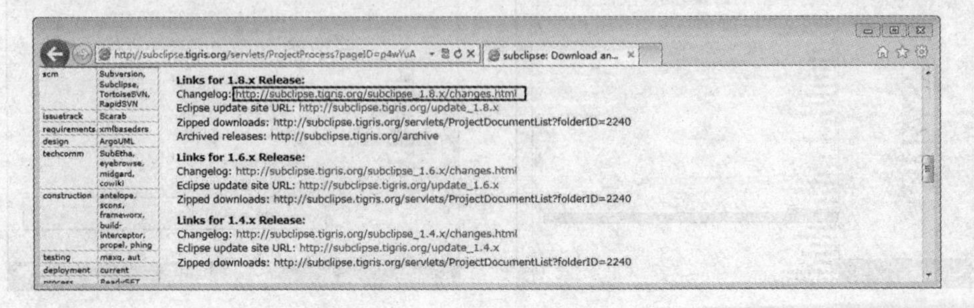

图 2-34 SVN 软件的下载页面

在该页面中，单击“http://subclipse.tigris.org/subclipse_1.8.x/changes.html”链接，即可下载SVN，下载到本地的Setup-Subversion-1.8.8-1.msi大约为5.8.1MB。

2. 安装SVN

双击执行Setup-Subversion-1.8.8-1.msi，便可解压缩进行自动安装。在具体安装过程中，以下界面的设置需要注意。

当安装程序进入“Select Destination Location（选择安装目录）”对话框时，在该对话框中单击“Browse”按钮，选择安装该软件的目录，如图2-35所示。

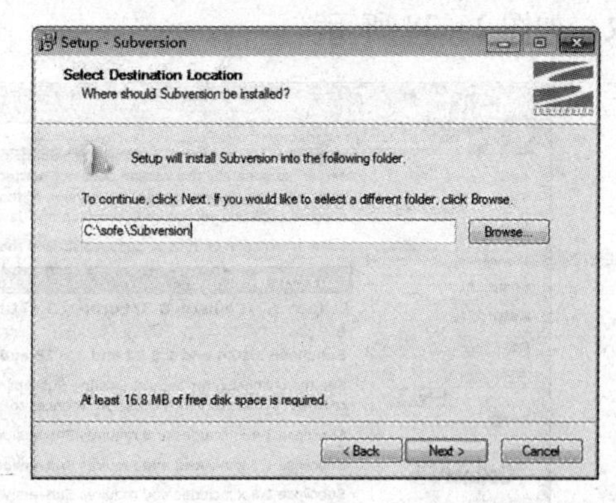

图2-35 “Select Destination Location”对话框

2.3.3 安装SVN客户端

为了让程序员的开发过程更轻松，还需要安装SVN客户端，即MyEclipse关于SVN的插件。要想安装SVN客户端插件，可以通过两种方式来实现，即在线安装方式和离线安装方式。

1. 在线安装方式

在线安装方式其实就是通过升级方式实现插件的安装，该方式安装速度由于受网络速度、硬件设备的影响很大，因此可能需要很长的时间，要耐心等待，具体步骤如下：

1）在Windows上运行MyEclipse，单击“Help”→“MyEclipse Configuration Center”菜单，即可切换到如图2-36所示的SoftWare界面。

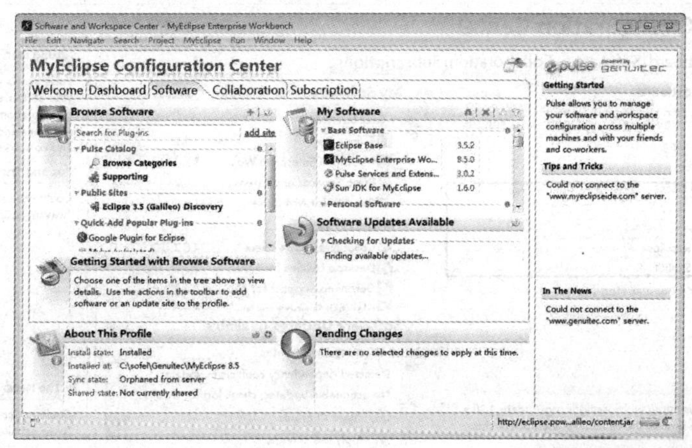

图2-36 SoftWare界面

2）在MyEclipse的SoftWare界面中，选择“Software”选项卡，单击“add site”超链接即可打开“Add Update Site”对话框，该对话框的详细设置如图2-37所示。

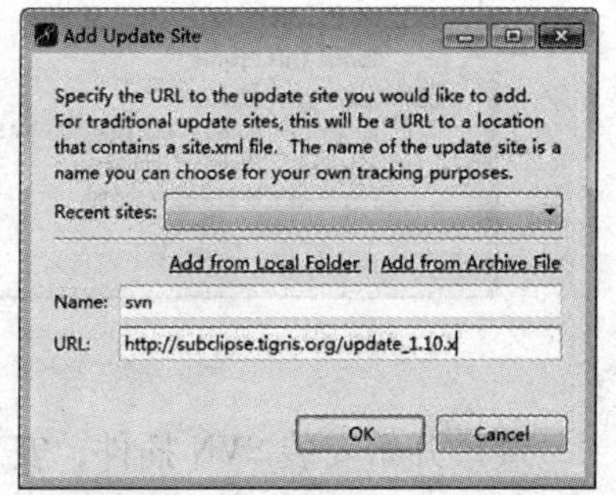

图2-37 “Add Update Site”对话框

在“Add Update Site”对话框中，有两个文本框，其作用分别为：

- “Name”文本框：设置所安装插件的名字。

- “URL”文本框：设置关于所安装插件的 URL 地址，该地址可以从 SVN 官方网站获取，如图 2-38 所示。

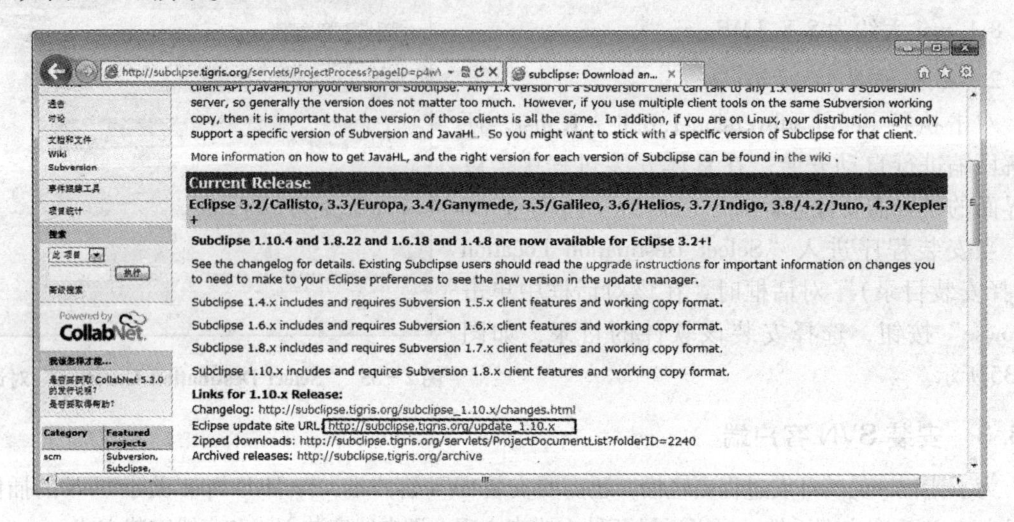

图 2-38　SVN 插件的 URL 地址

3）在“Browse Software”窗格中的“Personal Site”选项中找到 SVN 并展开，可以具体查看关于该插件所包含的内容，具体内容如图 2-39 所示。最后，在中下部“Pending Changes”窗格中单击“Apply 1 change”按钮进行安装。

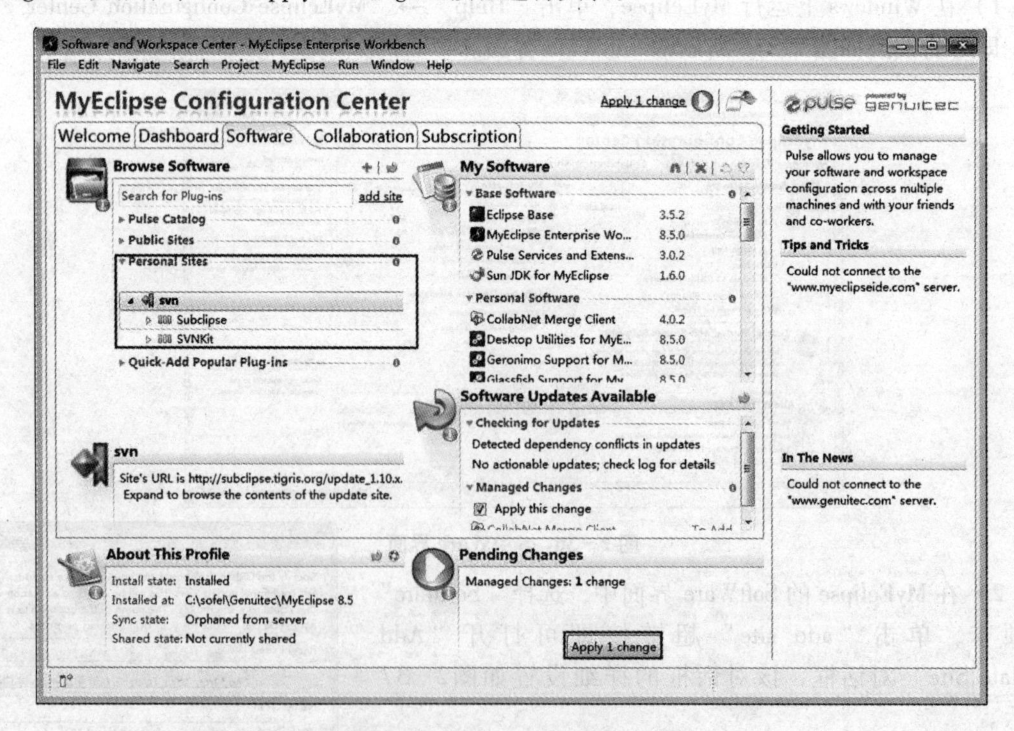

图 2-39　SVN 插件的具体内容

4）开始安装 SVN 插件，安装完成后，需要重启 MyEclipse。

2. 离线安装方式

安装 MyEclipse 插件，除了上面介绍的在线安装方式外，还可以通过离线安装方式安装插件，具体步骤如下：

1）下载 SVN 插件。在首页中，单击“Download and Install”选项进入关于 SVN 插件的下载页面，如图 2－40 所示。在下载页面中，单击相应的版本的超链接进行下载。

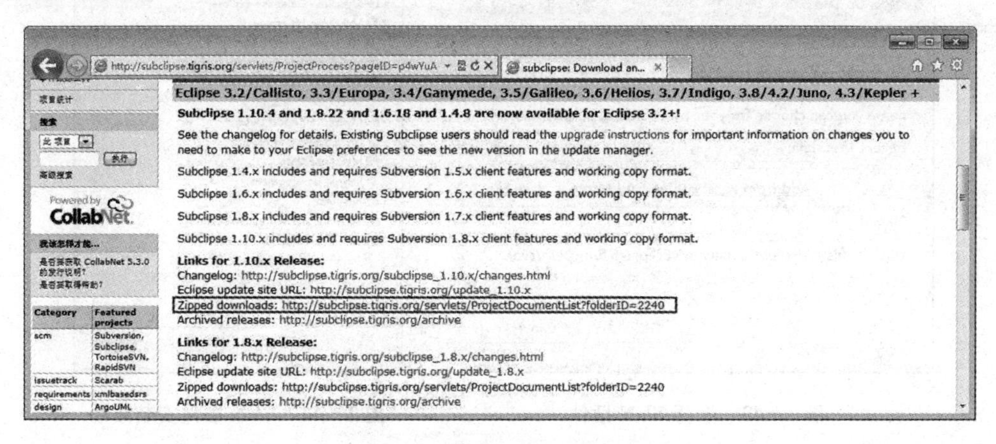

图 2－40　SVN 插件下载页面

2）查看 SVN 插件内容。下载完 SVN 插件压缩文件（site-1. 8. 22. zip）解压后的目录结构如图 2－41 所示。

3）为了便于管理 MyEclipse 的插件，在该软件的安装目录下创建“C: \ sofel \ Genuitec \ MyEclipse 8. 5 \ myplug \ svn”目录，然后将图 2－41 中的 features 和 plugins 两个文件夹复制到该目录中。最后的目录结构如图 2－42 所示。

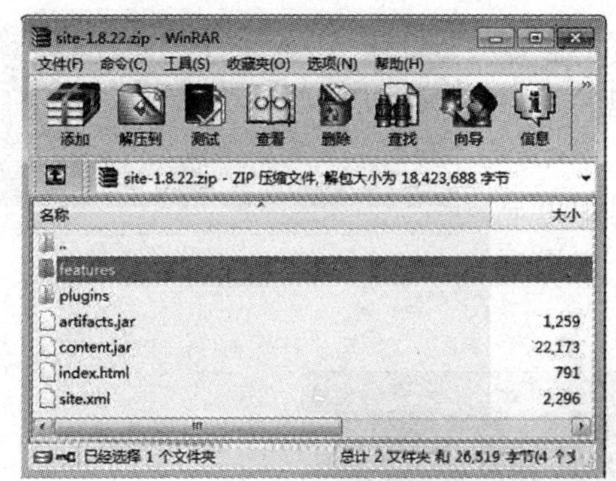

图 2－41　解压后的目录结构

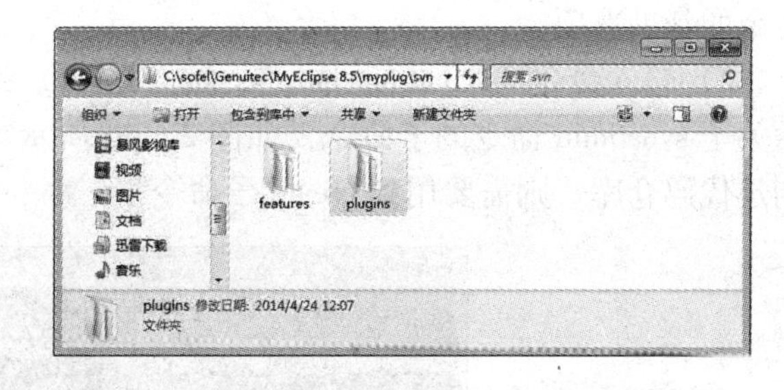

图 2－42　复制 SVN 插件到 MyEclipse 安装目录

小贴士　为了更好地管理，myplug 文件夹主要用来保存程序员添加的插件，相应的插件文件应该保存到相应的文件夹下，如在 myplug \ svn 文件夹下保存 svn 插件文件。

4）在 MyEclipse 软件中，打开“Add Update Site”对话框，在“Name”文本框中输入关于插件的名字，然后通过单击“Add from Local Folder”链接为“URL”文本框选择需要下载的 SVN 插件的文件夹。该对话框的详细设置如图 2－43 所示。最后，单击“OK”按钮即可自动安装 SVN 插件。

无论是通过在线安装方式还是离线安装方式，在安装完 SVN 插件后，只要“Open Perspective”窗口中存在“MyEclipse Report Design”选项（见图 2-44），则表示 SVN 插件安装成功。

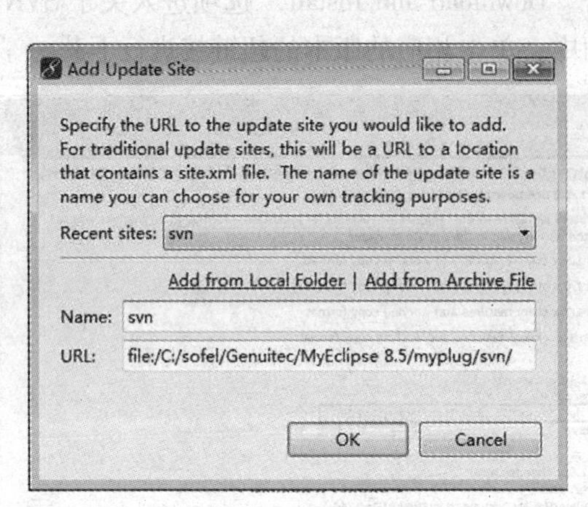

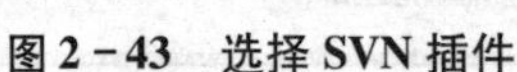
图 2-43　选择 SVN 插件

图 2-44　SVN 插件安装成功

2.3.4　配置 SVN 服务器

安装完 SVN 服务器端和客户端，只是使用版本控制软件的开始。如果想将代码通过 SVN 插件上传到服务器上，还需要进行一系列的配置。以下是具体步骤。

1. 创建代码仓库

所谓代码仓库，就是保存代码的仓库，即保存程序员所提交的代码的保存地方。创建代码仓库的具体步骤如下：

1）在 DOS 窗口中，输入创建代码仓库的命令“svnadmin”（见图 2-45），按〈Enter〉键即可出现关于该命令的帮助选项。

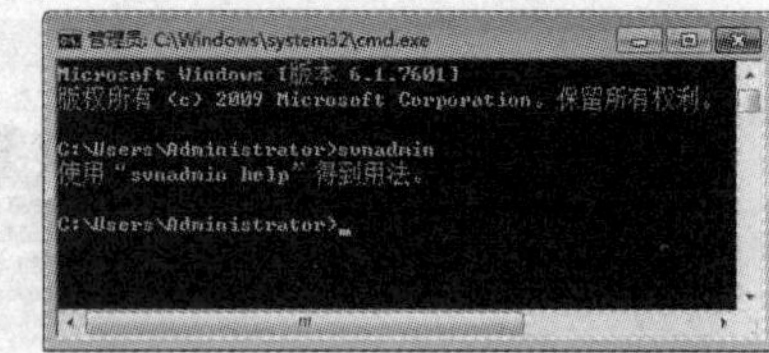

图 2-45　输入 svnadmin 命令

2）输入命令“svnadmin help”，按〈Enter〉键即可显示关于 svnadmin 命令的子命令，如图 2-46 所示。如果要创建代码仓库，则需要用到 create 子命令。

图 2-46　svnadmin 命令的子命令

3）输入命令“svnadmin create c:\svnroot”，按〈Enter〉键即可在 c:\svnroot 处成功创建代码仓库，如图 2-47 所示。

2. 配置代码仓库

如果需要配置代码仓库，则首先要熟悉其目录结构。关于 svnroot 代码仓库的目录结构如图 2-48 所示，主要文件夹的作用如下：

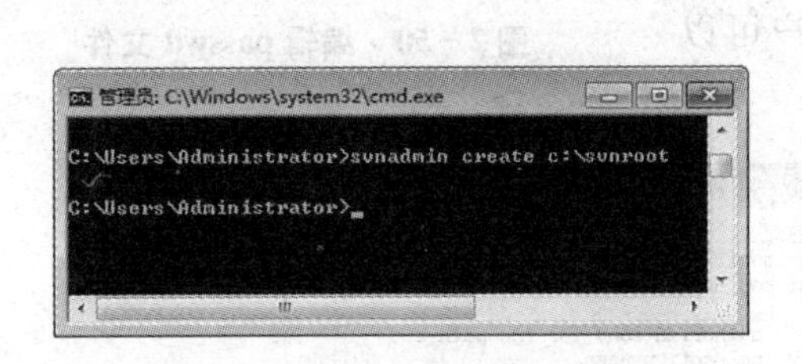

图 2-47　成功创建代码仓库

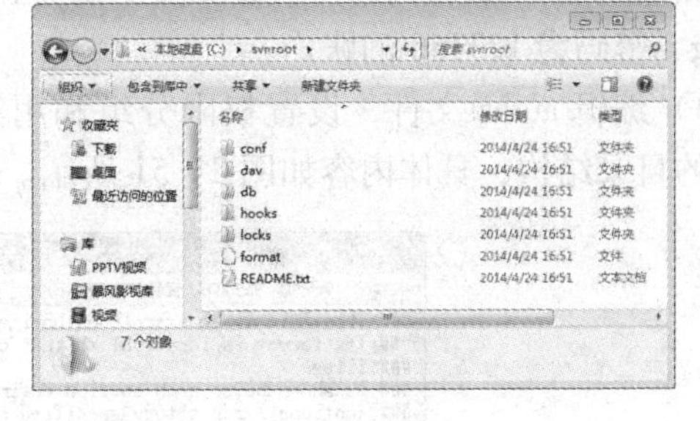

图 2-48　代码仓库的目录结构

- conf 文件夹：保存关于代码仓库的配置文件。
- db 文件夹：保存程序员所提交的代码。

配置代码仓库主要用于修改 conf 文件夹下的配置文件，各个配置文件的作用如下：

- svnserve. conf 文件：加载其他配置文件。
- passwd 文件：设置用户名和密码。
- Authz 文件：设置用户的权限。

所谓配置代码仓库，最主要的就是配置用户登录服务器和可访问目录的权限。具体步骤如下：

1）编辑 <代码仓库根目录>\conf\svnserve. conf 文件，设置访问权限和加载配置文件，具体内容如图 2-49 所示。

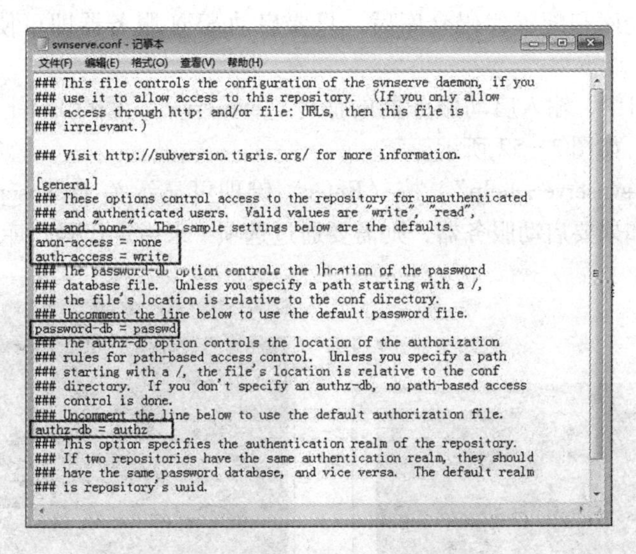

图 2-49　编辑 svnserve. conf 文件

在图 2-49 配置代码中，第一行代码设置匿名用户访问时，没有任何权限；第二行代码设置具有账户的用户访问时，具有读写权限；第三行和第四行代码加载配置文件 passwd 和 authz。

2）编辑 <代码仓库根目录>\conf\passwd 文件，为每个用户设置用户名和密码，具体内容如图 2－50所示。

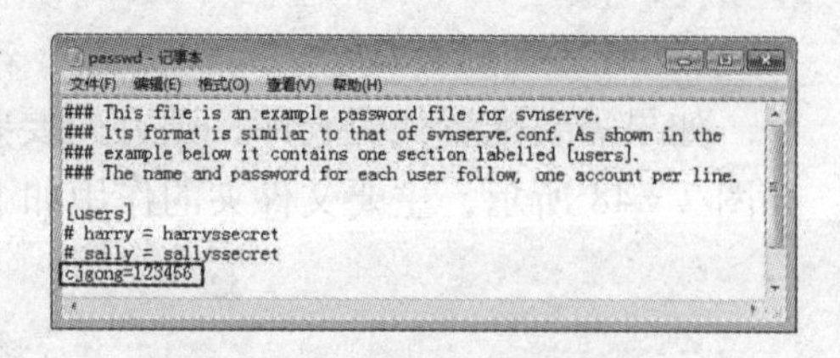

图 2－50　编辑 passwd 文件

在图 2－50 配置代码中，添加了一个用户名为 cjgong、密码为 123456 的账户。

3）编辑 authz 文件，设置权限分组和用户可以访问的目录结构，具体内容如图 2－51 所示。

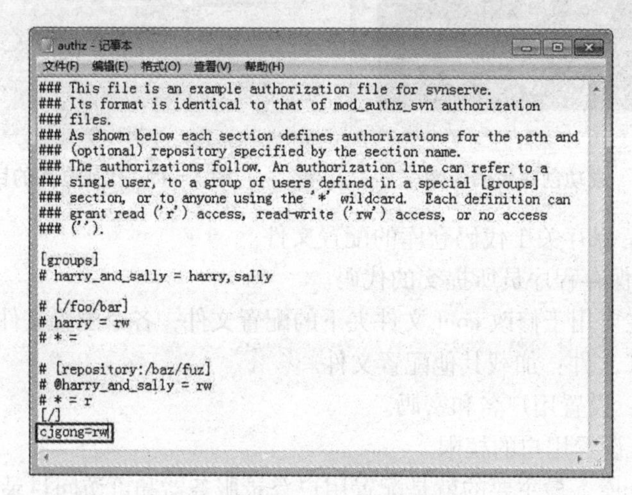

图 2－51　编辑 authz 文件

在图 2－51 配置代码中，设置用户 cjgong 对根目录（/）的访问权限为读写（即 rw）。

3. 启动 SVN 服务器

经过创建代码仓库和配置代码仓库后，只要启动 SVN 服务器即可使用版本控制软件，具体步骤如下：

1）在 DOS 窗口中，输入启动服务器的命令“svnserve”，按〈Enter〉键即可出现关于该命令的帮助选项，如图 2－52 所示。

2）输入命令“svnserve—help”，按〈Enter〉键即可显示关于 svnserve 命令的子命令，如图 2－53 所示。如果要启动服务器，则需要通过选项-r 来指定代码仓库。

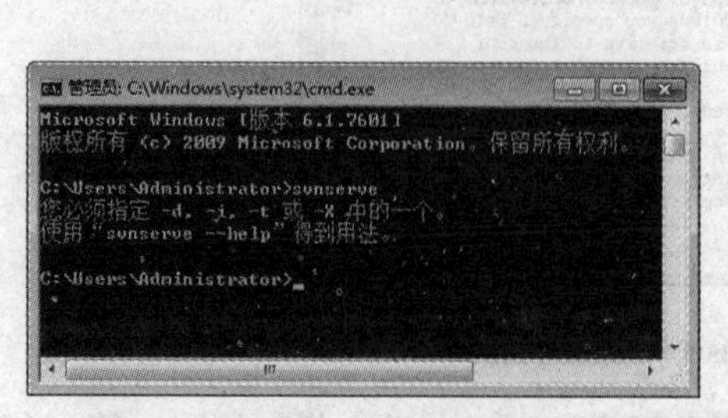

图 2－52　输入“svnserve”命令

图 2－53　svnserve 命令的子命令

3）输入命令“svnserve-d-r c:\svnroot”，按〈Enter〉键即可启动服务器，如图2-54所示。

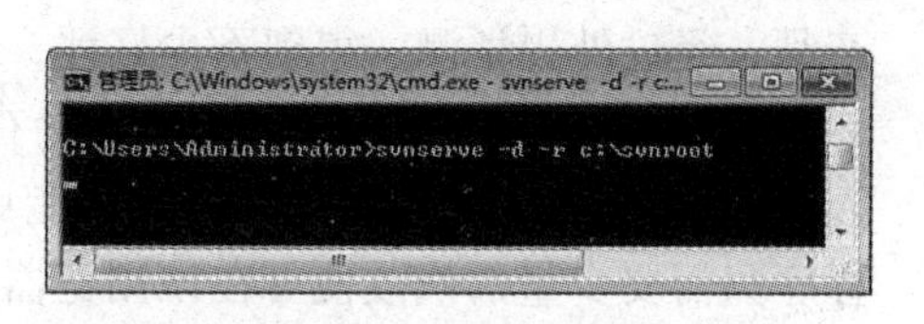

图2-54 启动SVN服务器

小贴士 在命令“svnserve-d-r c:\svnroot”中，选项-d表示后台启动服务器。如果想关闭服务器，则只需关闭DOS窗口。

2.4 浏览器选用与测试工具

安装完Java Web开发环境、MySQL数据库环境和版本控制软件后，即可进行Java Web应用系统的开发。但是，在开发过程中，还会涉及一些其他工具，例如，在页面设计阶段时，会涉及浏览器工具；在编写Java Web应用系统后台程序时，会涉及单元测试工具等。

2.4.1 选择浏览器

Java Web应用系统都采用B/S架构，B/S的全称为Browser/Server，其中B就是浏览器。各大网络互联网公司都推出过自己的浏览器，各种版本和各种性能的浏览器也就应运而生了。在这种情况下，Web开发人员以及相关的应用程序开发人员想要自己的Web应用程序能够运行在各种不同版本的浏览器上，面临着巨大的挑战。

为了解决浏览器兼容问题，对于程序员来说，在开发项目之前，一定要先了解清楚现在用户所使用的浏览器现状，如用户都习惯使用什么浏览器？使用哪一个版本的浏览器？等等。本节将介绍火狐浏览器、IE浏览器和谷歌浏览器，它们的logo分别如图2-55所示。

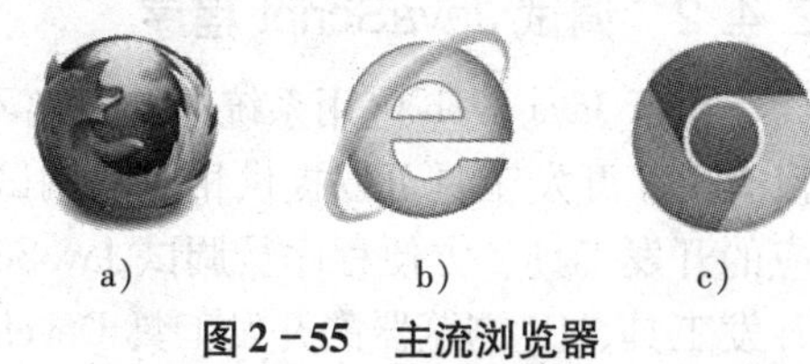

图2-55 主流浏览器
a）火狐浏览器 b）IE浏览器 c）谷歌浏览器

1. 火狐（Firefox）浏览器

Firefox全称Mozilla Firefox，中文名为火狐，是由Mozilla基金会与开源团体共同开发的网页浏览器。Firefox拥有多个版本，其中Firefox 4.x版本占主导地位。由于Firefox是开源的，且具有许多强大的功能，因此是较常使用的浏览器之一。

Firefox有一个速度很快的JavaScript解释器，并且具有各种Web标准。由于它的Ajax友好性突出，许多Ajax开发人员强烈建议将Firefox用于大多数的Ajax开发。通常，很多Ajax开发人员都是在Firefox上开始进行应用程序的开发的，然后才转而使用其他浏览器。因此，在设计和编写Web页面时，推荐使用Firefox浏览器。

2. IE浏览器

不管用户喜欢不喜欢，只要使用Windows系统，IE浏览器就会安装到计算机上。虽然许多用户用了很多办法希望把它从操作系统中删除，不过一旦真的这样做了，系统稳定性会下降。因此，IE浏览器成为大多数用户的选择。

中国用户最早接触的IE浏览器的版本为IE 6.0，鼎盛时在浏览器市场里一度占据超过90%的份额。但在今天，IE 6.0绝对是技术落后的代名词。互联网的传输标准与协议是不断改进的，微软的IE 6.0已经不适合现在的互联网。在2007年之后，微软先后开发了IE 7.0和IE 8.0，但这两个版本的浏览器并没有实质性的突破，无非是修改了一些BUG，增加了一些不常用的功能。在2010年9月，微软发布了IE 9.0。该版本浏览器是微软一次变革性的产品，经过外界评测，得到不少好评，浏览速度以及安全性能都很好。

一般情况下，高版本 IE 浏览器会在低版本 IE 的基础上进行很多明显的改进。对于开发人员而言，高版本 IE 会提供一个性能更佳的 JavaScript 解释器，使得遵从标准 Ajax 的应用程序只需要少量的修改便可在该浏览器上运行。

小贴士　由于 IE 用户群比较大，所以美工设计和编写的页面，必须兼容 IE 的众多版本。在现阶段，项目的页面兼容 IE 8.0 和 IE 9.0 是最基本的要求。

3. 谷歌（Chrome）浏览器

Chrome 英文名称为 Google Chrome，由 Google（谷歌）公司开发的开放源代码网页浏览器。该浏览器是基于其他开放源代码软件所编写的，目标是提升稳定性、速度和安全性，并创造出简单且有效率的使用者界面。正由于该浏览器的简洁、快速，使之成为三大浏览器之一。

Chrome 浏览器的简洁、快速，不仅体现在启动速度和页面解析速度上，而且还体现在 JavaScript 的执行速度上。对于程序员，Chrome 浏览器不仅能帮助自己诊断、修复在网页加载、脚本执行以及页面呈现中出现的问题，还可以帮助自己最大限度地了解网页或网络应用程序对 CPU 以及内存的使用情况。对于追新的程序员，还可以通过使用 Chrome 浏览器来替换 Firefox 浏览器。

2.4.2 调试 JavaScript 程序

由于 Java Web 应用系统的开发离不开 JavaScript 语言，但该语言始终是脚本语言，因此没有一个开发工具可以提供相应的调试功能。不过值得庆幸的是，主流浏览器专门提供了相应的开发工具，方便程序员调试 JavaScript 程序。例如，火狐（Firefox）的 Firebug 和 YSlow 开发工具、IE 浏览器的开发工具 Developer Toolbar 以及 Chrome 的开发工具。

在众多调试 JavaScript 的开发工具中，Firefox 浏览器所提供的 Firebug 开发工具最著名。Firebug 是一个非常成熟和完善的工具，页面设计人员可以利用它除错、编辑，甚至删改任何网站的 CSS、HTML、DOM 与 JavaScript 代码。

调试 JavaScript 程序的具体步骤如下：

1）通过浏览器打开页面 javascript.html。单击菜单栏中的“工具”→“Web 开发者”→“Firebug”菜单，或按快捷键〈F12〉，则可打开脚本调试界面，如图 2－56 所示。

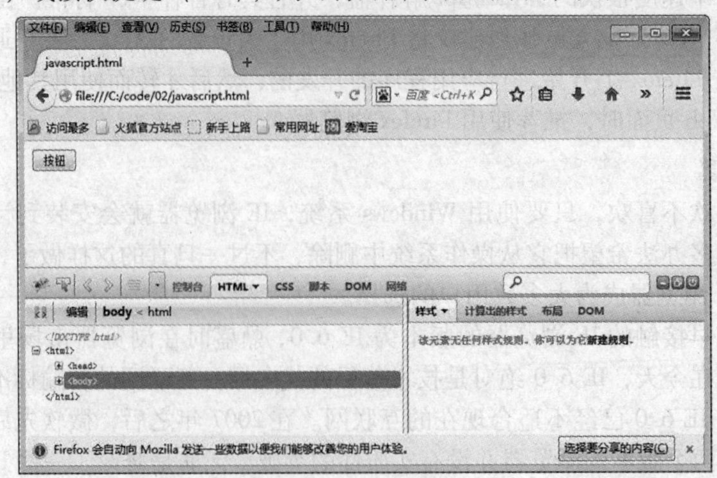

图 2－56　脚本调试界面

2）在脚本调试界面中，选择“脚本”选项卡，在内容区域单击“启用”超链接，即可启动对 JavaScript 的调试功能，如图 2-57 所示。

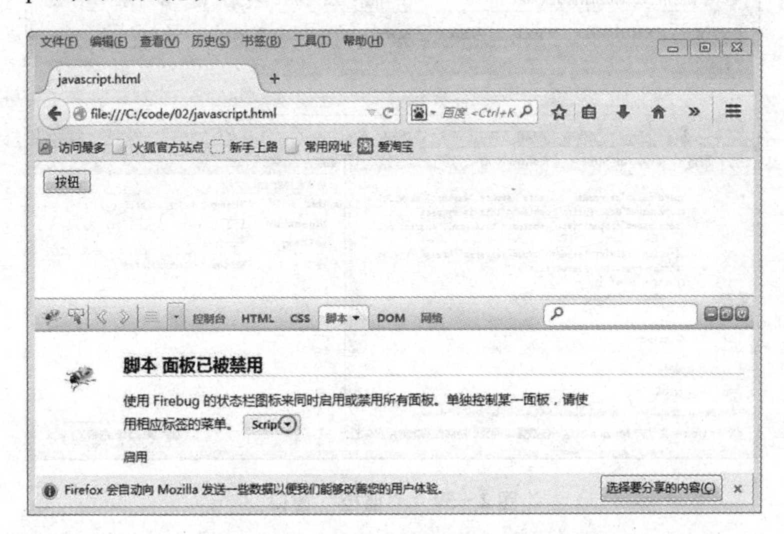

图 2-57　启用 JavaScript 代码调试

3）启动 JavaScript 代码调试后，在内容区域的左侧代码窗口中单击第 13 行代码的行号“13”，即可在该行添加一个“断点”，如图 2-58 所示。如果行号前面有一个红色的球状图标，并且该行代码背景为高亮显示，则说明断点添加成功。

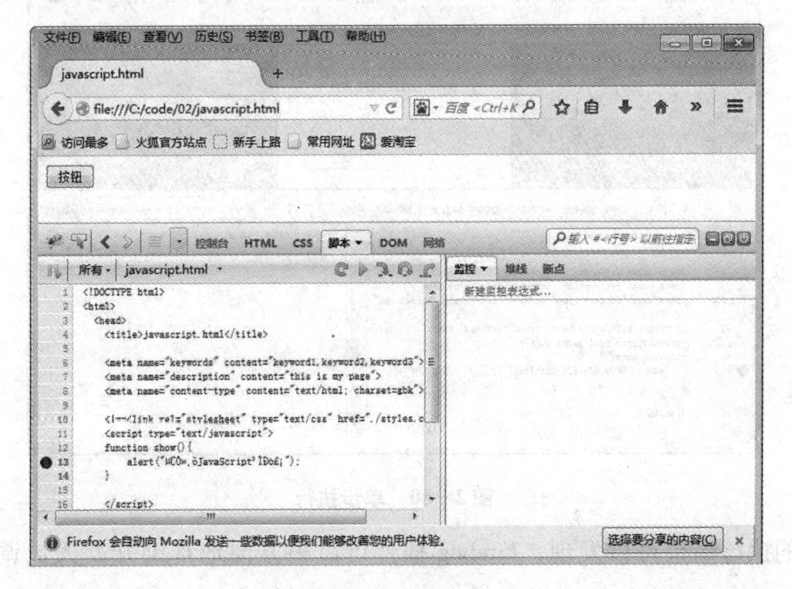

图 2-58　添加断点

4）单击页面中的按钮，在“监控”窗口中可以很方便地获取当前状态中的一些变量或对象属性的信息，如图 2-59 所示。

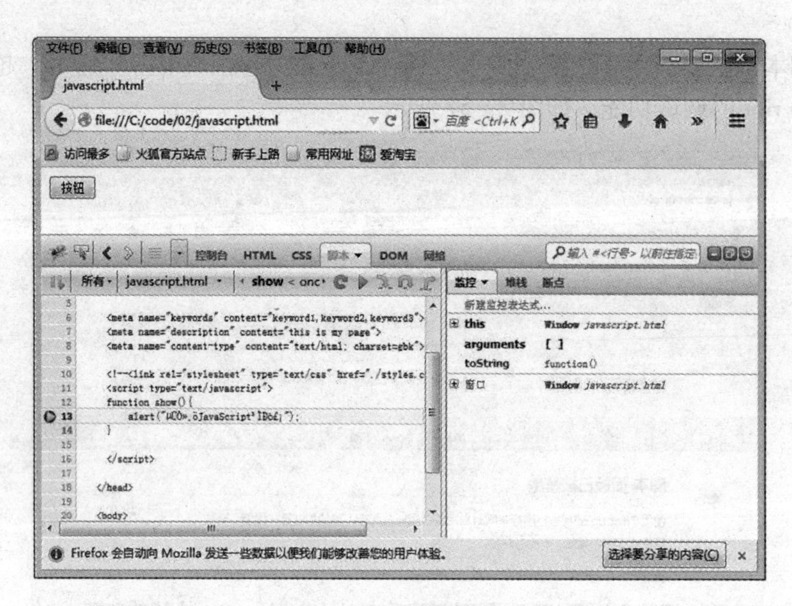

图 2-59 “监控”窗口

5）在代码窗口的工具栏中，单击“单步跳过”按钮或按快捷键〈F10〉，继续执行程序，页面会弹出一个对话框，如图 2-60 所示。

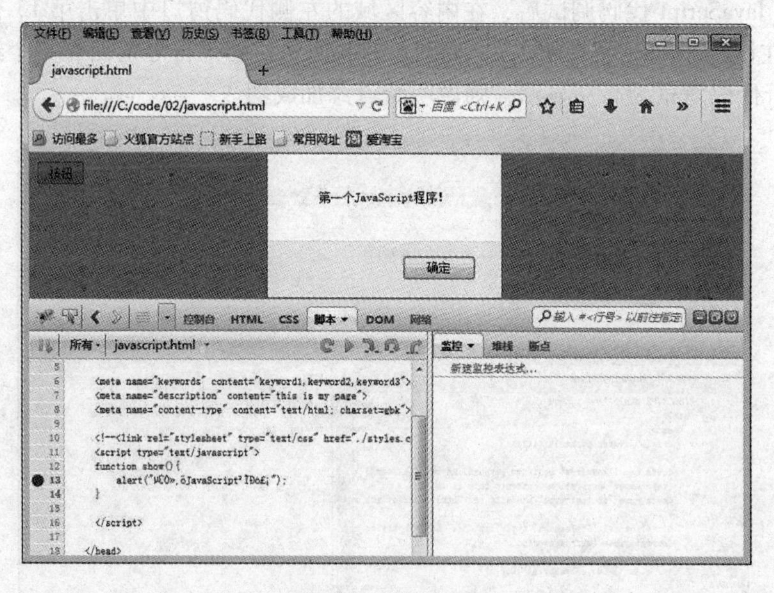

图 2-60 单步执行

从上面的执行结果可以发现，Firebug 插件可以很方便地帮助开发人员调试 JavaScript 代码。

2.4.3 下载和配置单元测试工具

对于程序员来说，要对自己编写的代码负责，即不仅要保证它能通过编译，正常地运行，而且要满足需求和设计预期的效果。单元测试正是验证代码行为是否满足预期的有效手段之一。但不可否认，做测试是一件很枯燥无趣的事情，需要一遍又一遍地测试。但幸运的是，单元测试工具 JUnit 使这一切变得简单而艺术起来。

JUnit 是 Erich Gamma 和 Kent Beck 编写的一个回归测试框架，供 Java 开发人员编写单元测试之用。单元测试也就是经常所说的白盒测试，因为程序员知道被测试的软件如何（How）完成功能和完成什么样（What）的功能。为了便于进行单元测试，需要下载和配置单元测试工具 JUnit。在浏览器中输入网址：http://junit.org/，打开关于该软件的首页，如图 2-61 所示。

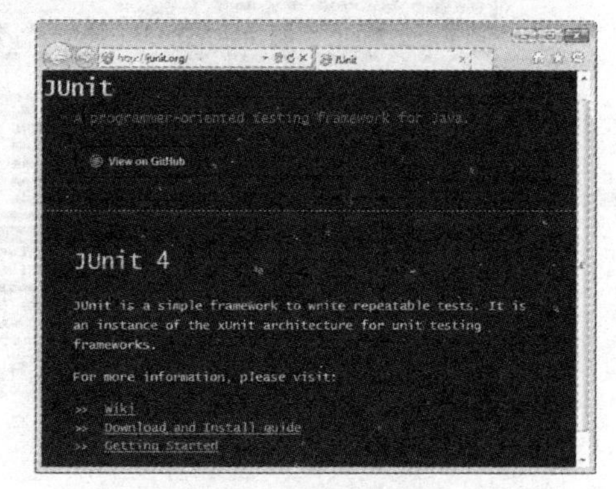

图 2-61　JUnit 网站的首页

1. 下载 JUnit 工具

本书采用 JUnit 4.10 版本进行开发，具体下载步骤如下：

1）在 JUnit 首页中，单击 “Download and Install quide” 超链接，进入关于 JUnit 软件的下载页面，如图 2-62 所示。在下载页面中，单击相应版本的超链接进行下载。

2）在 JUnit 软件的下载页面中，单击 4.10 超链接进入关于该版本的下载页面，如图 2-63所示。在该页面中，单击 “junit4.10.zip” 链接，即可下载该单元测试文件。

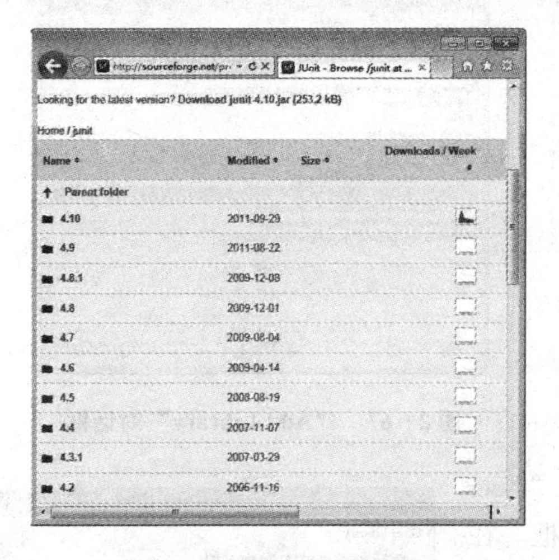

图 2-62　JUnit 的下载页面

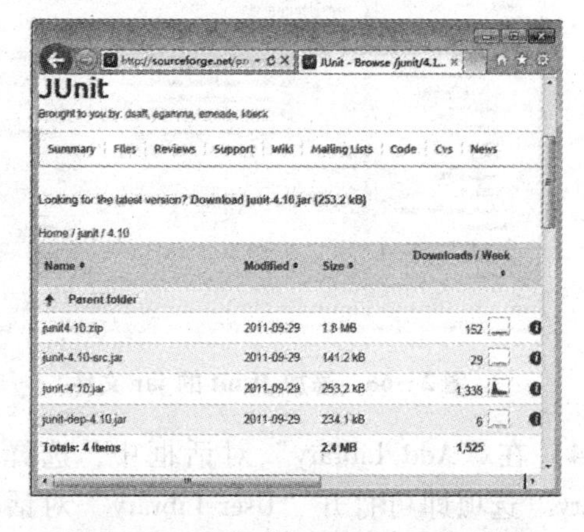

图 2-63　单击 “junit4.10.zip” 链接

2. 配置 JUnit

下载完 JUnit 压缩文件（junit4.10.zip），解压后的具体目录结构如图 2-64 所示。主要目录和文件的作用如下：

- javadoc 文件夹：关于 JUnit 的帮助文档。
- junit-4.10.jar 文件：关于 JUnit 的核心 jar 文件。
- junit-4.10-src.jar 文件：关于 JUnit 的源代码。

在使用 JUnit 之前，需要配置 JUnit 组件，即添加 JUnit 组件到项目中，具体步骤如下：

1）为了便于在项目中使用 JUnit 单元测试，需要创建关于该软件的用户库。单击 “Window” → “Preference” 菜单，打开 “Perference” 对话框。在该对话框中选择 “Java” →

“User Libraries”选项，出现如图 2 - 65 所示的“用户库”对话框。

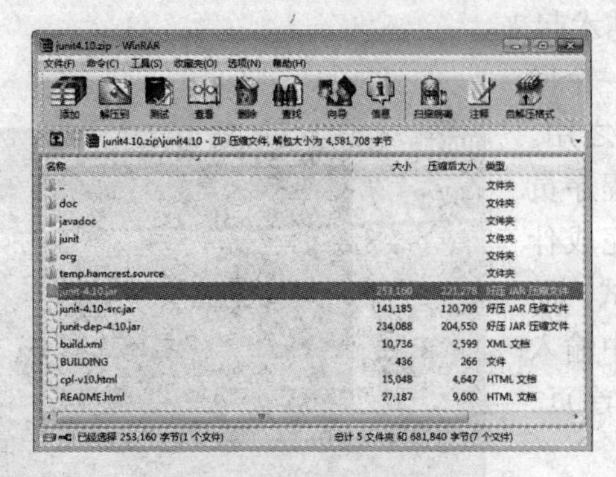

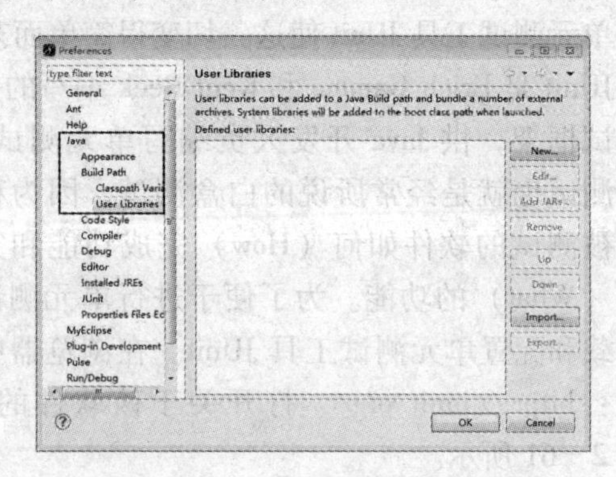

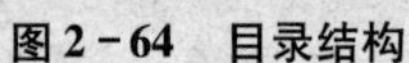
图 2 - 64　目录结构　　　　图 2 - 65　“用户库”对话框

2）在“用户库”对话框中，单击“New”按钮创建名为 JUnit 的用户库，然后单击“Add JARs”按钮添加已经下载的 jar 文件，如图 2 - 66 所示。

3）创建完 JUnit 用户库，即可在项目中通过添加用户库来使用 junit- 4. 10. jar 文件。右键单击项目，在出现的菜单中选择“Build Path”→“Add Libraries”选项，即可打开如图 2 - 67所示的“Add Library”对话框。

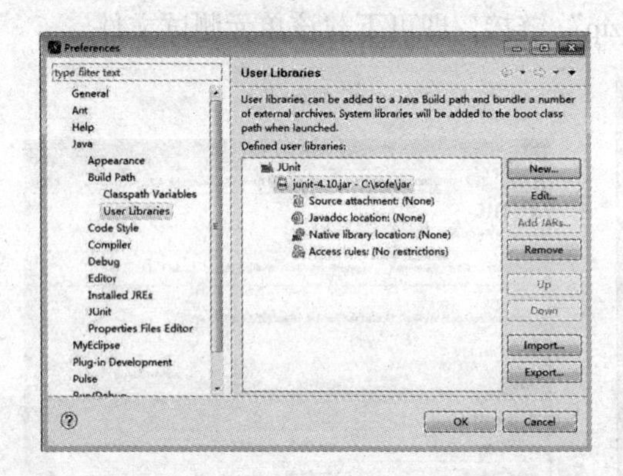

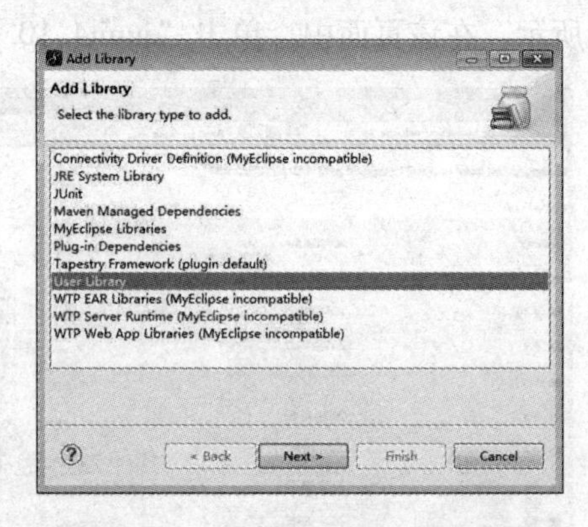

图 2 - 66　添加 JUnit 的 jar 文件　　　　图 2 - 67　“Add Library”对话框

4）在“Add Library”对话框中，选择“User Library”选项即可打开“User Library”对话框。在该对话框中，选择 JUnit 用户库，如图 2 - 68 所示，单击“Finish”按钮即可添加该用户库到项目。

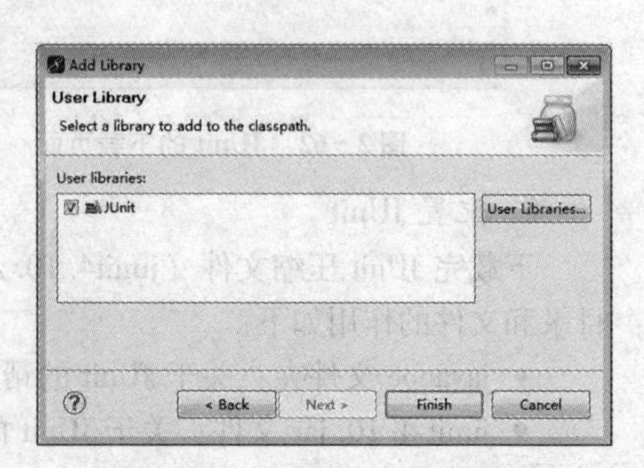

图 2 - 68　选择 JUnit 用户库

通过上述步骤，即可添加单元测试组件到项目。

2.5　总结

本章介绍了在线购物系统的 Java Web 开发平台的搭建，涉及的软件比较多，请读者参照教材独立完成开发环境的搭建。

第 3 章将学习基于 MVC 设计模式的在线购物系统的需求分析和设计。

第 3 章

在线购物系统的需求分析与设计

本章导读

- 3.1 系统分析
- 3.2 系统设计
- 3.3 数据库设计
- 3.4 详细设计
- 3.5 总结

教学目标

需求分析是在可行性研究的基础上，将用户对系统的描述，通过开发人员的分析概括，抽象为完整的需求定义，再形成一系列文档的过程。它完成的好坏将直接影响后续软件开发的质量。本章通过对在线购物系统的需求分析和设计，来引导读者通过什么样的手段进行软件项目的分析与设计并形成哪些文档资料。

3.1 系统分析

在软件工程中，需要明确定义软件开发的过程，这些过程可以归纳为分析阶段、设计阶段、编码测试阶段和部署阶段。在系统分析阶段，主要包含可行性分析和需求分析。

3.1.1 开发背景

随着 Internet 的蓬勃发展，在线购物系统作为电子商务的一种形式正以其高效、低成本的优势，逐步成为新兴的经营模式和理念。它适应了当今社会快节奏的生活，使顾客足不出户便可方便、快捷、轻松地选购自己喜欢的商品。

因此，可以这样说，一个好的在线系统应该是销售和购物的完美结合，真正做到在网上购物与实地购物一样，甚至更好。在线购物系统应该有完整的商品管理、订单管理、在线支付、销售管理、客户信息管理等功能，这是一个在线购物系统能否满足在线购物需求的最基本保证。

3.1.2 可行性研究报告

可行性分析也称为可行性研究，是指在系统项目正式开发之前，先投入一定的精力，通过一套原理和准则，分别从经济可行性、技术可行性和社会可行性等方面对系统的必要性、可能性、合理性以及系统所面临的重大风险进行分析和评价，最终给出系统是否可行的结论。

1. 经济可行性

传统的销售方式是商家把商品放在店铺里供顾客挑选，店铺的规模、位置等客观因素影响着商店的客流量，并且商品的存放与销售需要人力进行管理，雇员的工资、店面的租金等又增加了成本，顾客也不能迅速找到所需要的商品，而网上购物平台只需要一个可以存放商品的仓库，比店面经营模式能节省很多资金，也不需要太多的人力来管理，不会因为商店的面积较小而影响客流量。

对于以销售为主的公司，拥有一个功能强大的网络购物系统已经成为当务之急。对于公司来说，网络购物系统能够跨越地域的界限，极大地增加顾客和销售量，同样，网络购物系统还将对公司的宣传起到极大的促进作用；对于用户来说，该系统能够提供海量的商品信息，能够让顾客进行更好地比较，实现快捷高效的购物，极大地方便顾客，同时，网上的商品价格一般比市场上低，在安全性能越来越好的情况下，网上购物将成为商品经济的主流趋势。

2. 技术可行性

随着时代的发展，信息技术的提高，我国的计算机网络飞速发展，网络应用进入了普通企业和家庭，网络应用基础设施完善。随着网络安全技术的提高，为网上交易提供了安全保证。随着网络编程技术的日趋完善，ASP、PHP、JSP 等技术已经能够设计出功能齐全、界面友好的网上购物平台。

3. 社会可行性

我国政府近些年来逐步加强了在电子商务领域的引导性投资，用以改善中国电子商务市场的投资环境。同时，随着我国有关电子商务法律法规的颁发，使用户在网上购物的权益得到保障，因此网上购物越来越流行。

综合上述分析，在线购物系统可以进行开发。

3.1.3 获取需求的方式

在项目建设过程中，尤其是在需求分析阶段，长期困扰分析师的一个问题是：用户不能准确或全面地提出系统需求，导致项目建设进度停滞不前。需求获取过程不能过多地依靠用户，因为用户水平参差不齐，而且可能不熟悉软件项目的有关问题。要根本解决该问题，必须依靠系统分析师自身。在与用户充分沟通的基础上，系统分析师应站在用户的角度考虑软件的操作和使用问题，即系统分析师要学会替用户进行需求分析。

那么如何替用户进行需求分析呢？主要可以从以下几个方面着手：

首先，按照项目建设的思路引导用户，让用户在了解软件项目解决实际业务问题模式的基础上，描述项目所需要解决的业务问题。为了能够获取更准确的需求，可以通过增加用户的人数或增加沟通的次数等方式。

其次，必要时先按照用户最初对项目的描述和系统分析师对项目的理解，建立一个能够反映用户所描述的软件原型（静态页面），用户可以通过这个软件原型的运行过程和运行模式提出更进一步、更接近实际要求的需求。这样通过 3 到 5 次的迭代，就会完成需求的获取。

如果系统分析师以前有过开发同类型项目的经历，那么最好能够带领用户去观摩以前开发和应用比较成功的项目，这样不但可以使用户加深对项目运行特点和解决实际业务问题的模式的理解，而且同时可以影响用户，使其能够以更准确的语言来描述项目的需求。

最后，开发软件项目的目的是使得用户公司的业务信息化，而一个公司的业务通常是非常复杂的，这就要求分析师在任何一个环节都能非常全面地考虑所有问题，即做到“思维严密、考虑周全”。同时，由于大多数用户对计算机知识了解不够，他们不可能按照软件项目解决实际业务问题的模式提出比较规范、全面和严谨的需求说明。因此也要求分析师具备严谨的工作作风和严密的思维方式。

3.1.4 软件需求说明书

所谓需求，就是对系统应用应该具备的目标、功能、性能等要素的综合描述。需求分析就是调查用户对新开发的系统的需求和要求，结合组织的目标、现状、实力和技术等因素，通过深入细致的分析，确定合理、可行的信息系统需求，并通过规范的形式描述需求的过程。

1. 确定在线购物系统的功能和性能

根据与用户的交流，结合该在线购物系统的目标，可以确定在线购物系统是一个典型的B2C模式的在线购物系统，该在线购物系统拥有两种用户，即购物用户和管理员用户，要求能够实现前台用户购物和后台管理两部分功能。其中，前台用户购物功能供购物用户使用，主要包含会员注册、会员登录、查看公告信息、展示商品、搜索商品、购物车、产生订单、充值、在线支付等功能；后台管理供管理员用户使用，主要包含公告信息管理、会员管理、商品管理、订单管理等功能。购物用户和会员的功能需求见表3－1。

表3－1　购物用户和会员的相关功能需求

对象	功能	说明
购物用户和会员	查看公告信息	购物用户可以在“活动公告”中查看系统的公告信息
	搜索商品	购物用户可以通过搜索文本框对商品进行搜索
	查看商品	购物用户可以在“热卖商品”“商品推荐”和“最新上架”中查看商品信息
	会员注册	购物用户填写必要资料和可选资料后成为会员，只有会员才可以进行购物操作；购物用户只能查看和搜索商品
	会员登录	会员输入用户名和密码后即可登录系统进行购物
	购买商品	会员在浏览商品的过程中，可以将自己需要的商品放入购物车里，在购物车里会自动计算所选商品的总金额；会员在选购商品后，在线支付之前可以对购物车里的商品进行再次选择，如删除不要的商品、修改所选商品的数量等
	确认购买	会员在确认购买后，可以在系统中查看订单情况，以了解付款信息和商品配送情况
	在线支付	会员确认购买后，只要支付货款，商家就会给用户发货；在线支付分为两种情况，一种为网银支付，一种是账户扣除金额
	充值	会员选择“账户扣除金额”方式实现在线支付时，如果卡中金额不足，可以进行充值操作

管理员用户的功能需求见表 3 - 2。

表 3 - 2　管理员用户的相关功能需求

对象	功能	说明
管理员用户	公告信息管理	添加、删除、查看和修改公告信息
	用户管理	删除、查看会员信息
	商品管理	添加、删除、查看和修改商品
	订单管理	删除、查看和修改订单信息，其中修改主要是修改订单所处的状态

在线购物系统最主要的功能是方便用户查询其所喜欢的商品，实现简单、快速购物，在性能方面主要要求其具有易操作性、易维护性和高稳定性，具体表现在以下几个方面：

1）易操作性，主要体现在界面友好、提示信息较多、功能较完善，使普通用户根据提示就可以购买商品。

2）易维护性，主要体现在系统源代码的独立性。

3）高稳定性，主要体现在系统能够快速响应用户的操作，系统运行稳定，即除大数据量查询之外，所有功能的反应速度一般在 3 秒以内。

2. 功能分析

功能分析是需求分析的重要内容，对系统功能的描述工具主要采用 UML 中的用例图和对用例图进行说明的用例字典，即借助用例图和用例字典可以详细地描述软件项目的需求。

1）通过需求分析，在线购物系统的参与者如图 3 - 1 所示。

① 系统前台用例图。购物用户可以使用系统前台功能，主要涉及的操作归纳为查看公告信息、浏览商品、搜索商品等。根据这些分析结果，绘制得到购物用户的用例图如图3 - 2 所示。

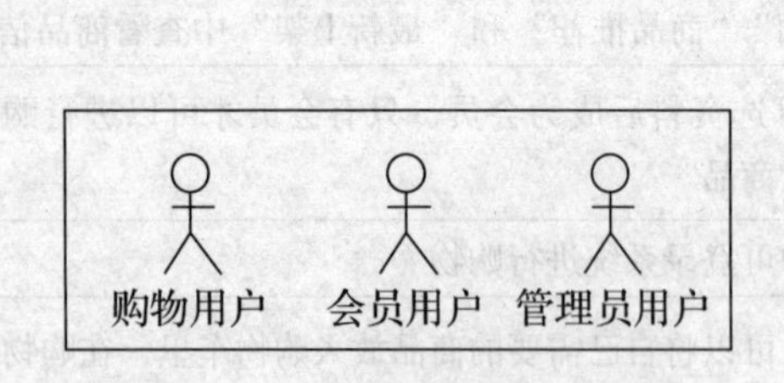

图 3 - 1　在线购物系统的参与者

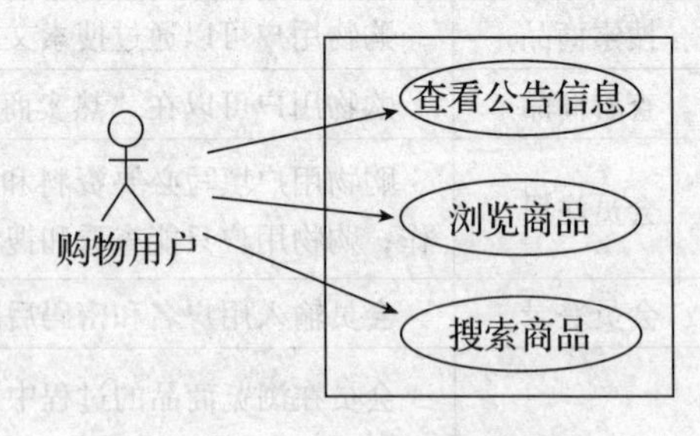

图 3 - 2　购物用户用例图

会员用户可以使用系统前台功能，主要涉及的操作归纳为注册账号、登录、购物、产生订单、在线支付、充值、退出等。根据这些分析结果，绘制得到会员用户的用例图如图3 - 3 所示。

② 系统后台用例图。管理员用户可以使用系统后台功能，主要涉及的操作归纳为管理公告信息、管理会员信息、管理商品信息、管理订单信息等。根据这些分析结果，绘制得到管理员用户的用例图如图 3 - 4 所示。

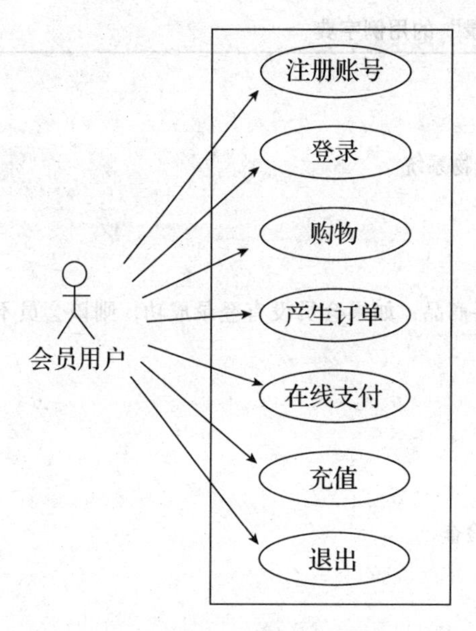

图3-3　会员用户用例图

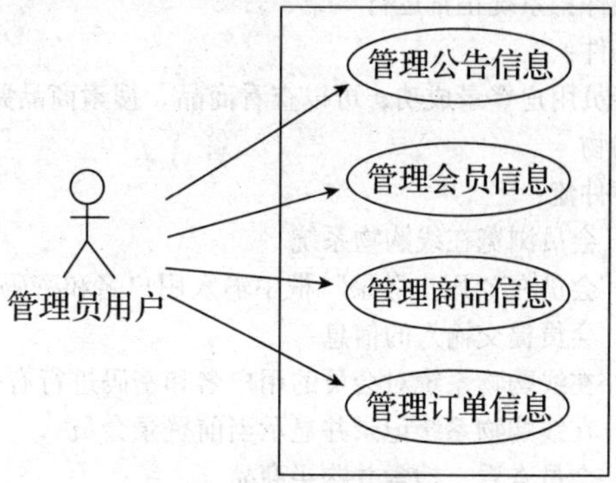

管理员用户
管理公告信息
管理会员信息
管理商品信息
管理订单信息

图3-4　管理员用户用例图

小贴士 用例图可以使用Rational Rose、Vision或StarUML设计软件来绘制，在软件公司，由于StarUML小巧灵活，因此深受设计人员的喜爱。本书的用例图就是通过StarUML绘制的。

2）下面对在线购物系统所涉及的用例进行说明，即编写用例字典。

“会员用户注册”的用例字典见表3-3。

表3-3　“会员用户注册”的用例字典

用例编号：1-1
用例名称：会员用户注册
简要说明：只有成为系统的会员才可以购买商品
参与者：购物用户、会员
前置条件：系统正常运行
后置条件：
1. 如果不是会员，则需要注册成会员才可以购买商品
2. 如果是会员，则需要登录才可以购买商品
基本事件流：
1. 购物用户通过前台主界面，选择“用户注册”选项
2. 在打开的注册页面中，填写完个人资料并阅读完协议后，选择同意
3. 单击“确定”按钮，便成为该系统的会员
其他事件流：
1. 购物用户阅读完协议后，选择“拒绝”，则返回上页
2. 注册失败后，返回到注册页面
异常事件流：
无
补充说明：
无

“会员用户登录”的用例字典见表3-4。

表 3-4 "会员用户登录"的用例字典

用例编号：1-2
用例名称：会员用户登录
简要说明：会员根据所注册的用户名和密码，登录在线购物系统
参与者：会员
前置条件：系统正常运行
后置条件：
会员用户登录成功，可以查看商品、搜索商品并购买商品；如果会员没有登录成功，则该会员不能进行购物
基本事件流：
1. 会员浏览在线购物系统
2. 会员在"用户登录"框中输入用户名和密码
3. 会员提交输入的信息
4. 在线购物系统对会员的用户名和密码进行有效性检查
5. 在线购物系统记录并显示当前登录会员
6. 会员查看、搜索并购买商品
7. 在线购物系统允许会员的购买操作
其他事件流：
1. 会员的账户错误
2. 在线购物系统显示账户错误对话框
3. 会员离开或重新输入用户名和密码
异常事件流：
无
补充说明：
无

其他用例图的用例字典可以仿上面的用例字典完成。

需求分析除了要确定软件项目的目标和功能外，还需要进行风险分析。风险是可能给软件项目带来威胁或损失的各种潜在因素。在软件项目开发和运行的过程中，这些潜在的因素有可能发生或暴露出来，成为软件项目开发和使用的障碍。因此，及早地发现软件项目中存在的各种风险，并采取应对措施，对成功开发软件项目具有重要意义。有关风险分析本章不做讨论。

3.1.5 系统开发环境

1. 软件平台
操作系统：Windows 7。
数据库：MySQL 5。
开发技术：JSP、Servelt、JavaBean、HTML、JavaScript、CSS、Ajax。
主开发工具：MyEclipse 8.5。
辅助开发工具：SVN 1.5、Firefox、IE、Junit 4、startUML、PowerDesigner 15。

2. 硬件平台
CPU：1GHz 或更高主频处理器。
磁盘空间剩余容量：16GB 以上。
内存：1GB 以上。
其他：鼠标、键盘。

3.1.6 项目开发计划书

随着在线购物系统可行性研究和需求分析的完成，开发工作将进入设计阶段。为了合理地分配各种资源，将编写项目开发计划书，即对开发在线购物系统进程做出合理的规划，指导随后的整个项目的设计开发过程，以便顺利完成整个项目的开发。

在编写项目开发计划书的过程中，主要是对在开发过程中各项工作的负责人员、开发进度所需经费预算和软、硬件条件等问题做出安排，以便根据本计划来开展和检查项目的开发工作。

1. 工作任务的分解、人员分工和日程进度

所谓工作任务的分解与人员分工，就是对于项目开发中需要完成的各项工作，从需求分析、设计、实现、测试直到维护，包括文件的编制、审批、打印、分发工作，用户培训工作，软件安装工作等，按层次进行分解，指明每项任务的负责人、参加人员和日程进度。项目开发进度表见表3-5。

表3-5 项目开发进度表

开发流程	参与者	进度	提交文件
可行性分析	项目工程师 项目分析师	5%	可行性研究报告
需求分析	项目工程师 项目分析师	20%	需求分析说明书 项目开发计划书
概要设计	项目工程师 项目设计师	5%	概要设计说明书
数据库设计	项目工程师 项目设计师	10%	数据库设计说明书
详细设计	项目工程师 项目设计师	10%	详细设计说明书
编码实现	项目工程师 代码工程师 页面设计师（美工）	30%	源代码
测试	项目工程师 测试工程师	15%	测试技术书 测试日记 测试分析报告
部署	项目工程师 实施人员	5%	部署手册 项目开发总结报告

任务分解表见表3-6。

表3-6 任务分解表

职位	人数/人	主要任务
项目工程师	1~2	定制项目开发计划书 组织小组会议，对项目的开发遇到的问题进行讨论 项目开发进度的管理 团队的组织和协调

（续）

职位	人数/人	主要任务
项目分析师	1～2	根据经济、技术、社会的可行性分析，确定系统是否可以开发 根据客户所提出的要求，确定系统所要实现的功能和性能
项目设计师	1～2	根据项目分析师所提交的项目需求说明书，进行概要设计（类）、数据库设计（表）和详细设计（业务流程）
代码工程师	3～8	根据项目设计师所提交的文档，进行代码编写
页面设计师	1	根据项目分析师所提交的项目需求说明书，进行页面的设计和实现
测试工程师	2～5	根据项目工程师所提交的测试计划，进行测试工作 对开发各个阶段进行测试 对每个模块进行测试 编写测试日记
实施人员	1	根据客户的要求进行部署

2. 接口人员

接口人员包括：负责本项目与用户的接口人员；负责本项目同本单位各管理机构，如合同计划管理部门、财务部门、质量管理部门等的接口人员；负责本项目每份合同与负责单位的接口人员等。

接口人员的确定，对整个项目的顺利开发起着非常重要的作用。

3. 预算

俗话说“兵马未动，粮草先行”，因此明确项目开发过程中的劳务、经费非常重要。其中，劳务主要涉及人员的数量和时间，经费的预算主要包含办公费、差旅费、机时费、资料费、通信设备和专用设备的租金等。

3.2 系统设计

系统设计是在需求分析的基础上，综合考虑系统的实现环境和系统的效率、可靠性、安全性和适应性等，对项目开发进行进一步深化和细化的过程，其目的是给出能够指导项目实现的设计方案。系统设计的主要工作包含概要设计、数据库设计和详细设计。

3.2.1 系统目标

在线购物系统的目标有两个，一是提供产品展示以及在线支付为核心的网上购物服务，让购物用户通过网站便能自由地选购产品；二是吸引商家入住进行网上代销售，丰富自身产品线，实现双赢，即所谓的百货模式。

1. 优势

为用户提供品种繁多、物美价廉的产品。实现了商品单一化销售扩展为多元化网上销售模式。通过多元化商品推介、连锁推广、商家加盟等多种形式，增加对有货源商家的吸引力。

2. 劣势

由于上线运营的在线购物系统已经很多，本在线购物系统处于初运行期，因此没有足够

的市场经验和信誉度，供货渠道相对较窄，价格没有优势，经营初期会比较困难。

3.2.2 系统功能结构

根据3.1.4小节的需求分析，在线购物系统的功能结构如图3-5所示。

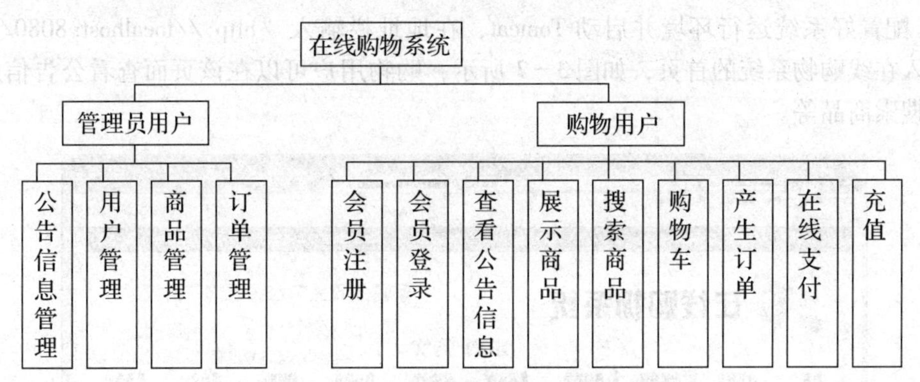

图3-5 在线购物系统功能结构

3.2.3 系统流程图

在设计阶段，流程图主要用来说明某一过程。在线购物系统流程图如图3-6所示。

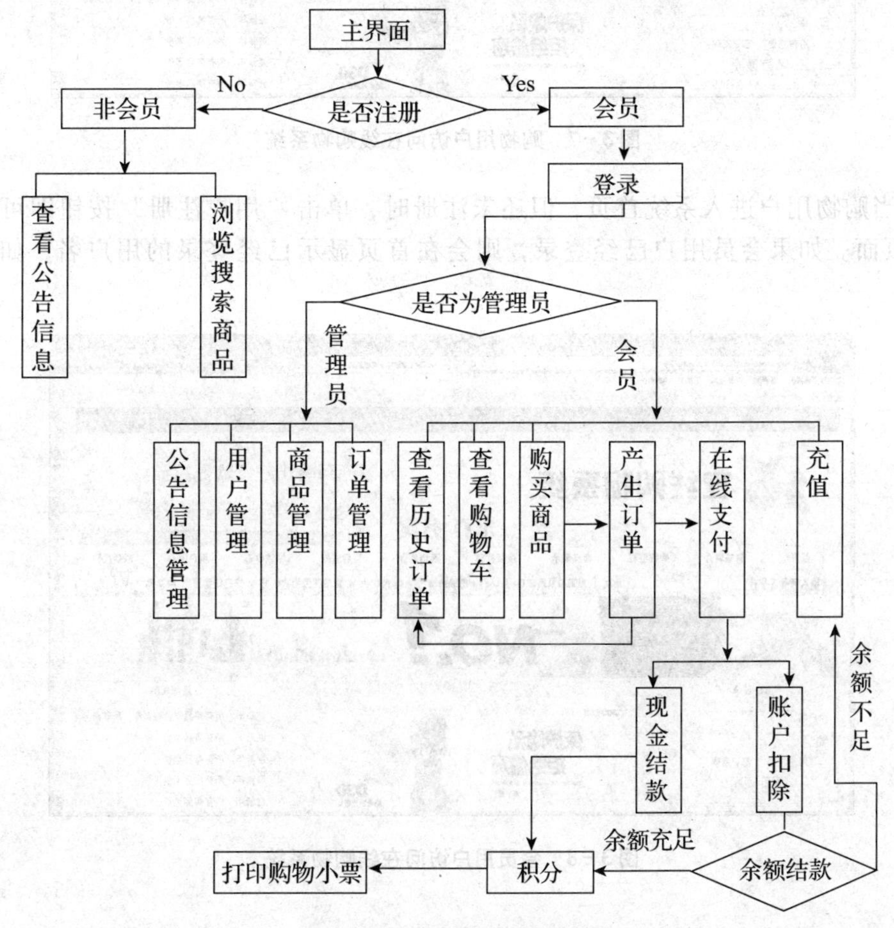

图3-6 在线购物系统流程图

3.2.4 系统预览

在线购物系统的主要操作界面分为前台和后台，分别为购物用户查看商品界面、会员购买商品操作界面和管理员操作界面，具体如下。

1）配置好系统运行环境并启动 Tomcat，在地址栏输入“http://localhost:8080/shop/”后，进入在线购物系统的首页，如图 3-7 所示，购物用户可以在该页面查看公告信息浏览商品和搜索商品等。

图 3-7 购物用户访问在线购物系统

2）当购物用户进入系统首页，但还未注册时，单击“用户注册”按钮即可直接进入注册页面。如果会员用户已经登录，则会在首页显示已经登录的用户名，如图3-8 所示。

图 3-8 会员用户访问在线购物系统

3）当管理员用户在“用户登录”框中输入用户名和密码，并单击“确定”按钮后，就会进入后台管理系统界面，如图3-9所示。

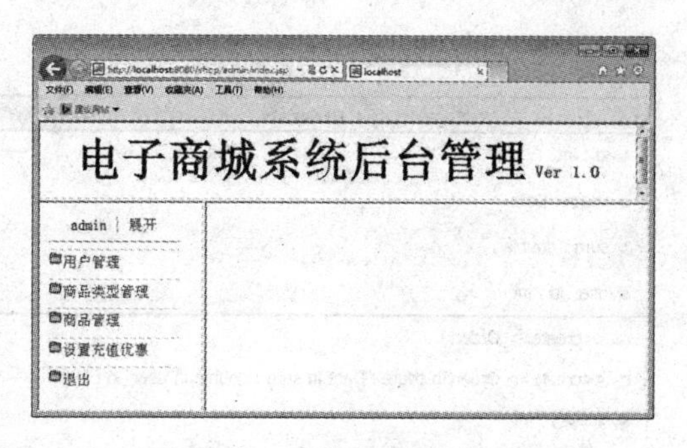

图3-9 后台管理系统界面

3.2.5 概要设计说明书

在概要设计说明书里，主要是实现概念类的设计，所谓概念类设计是对项目所涉及的类进行设计。在具体设计时，会涉及关于类职责、属性、关系和特殊需求的设计。其中，职责的设计是对类在项目中的责任和作用进行设置；属性的设计是对类所具有的特性或特征进行设置；关系的设计是对类之间存在的关系进行设置；特殊需求设计是对某些类所具有的不同于其他同类的特殊设置。

UML图中的类图可以描述将要开发系统所涉及的概念类。在线购物系统所涉及的概念类分别为用户概念类、订单信息概念类、订单明细概念类、商品概念类、商品类型概念类、优惠值概念类。

1）关于用户概念类的类图如图3-10所示。

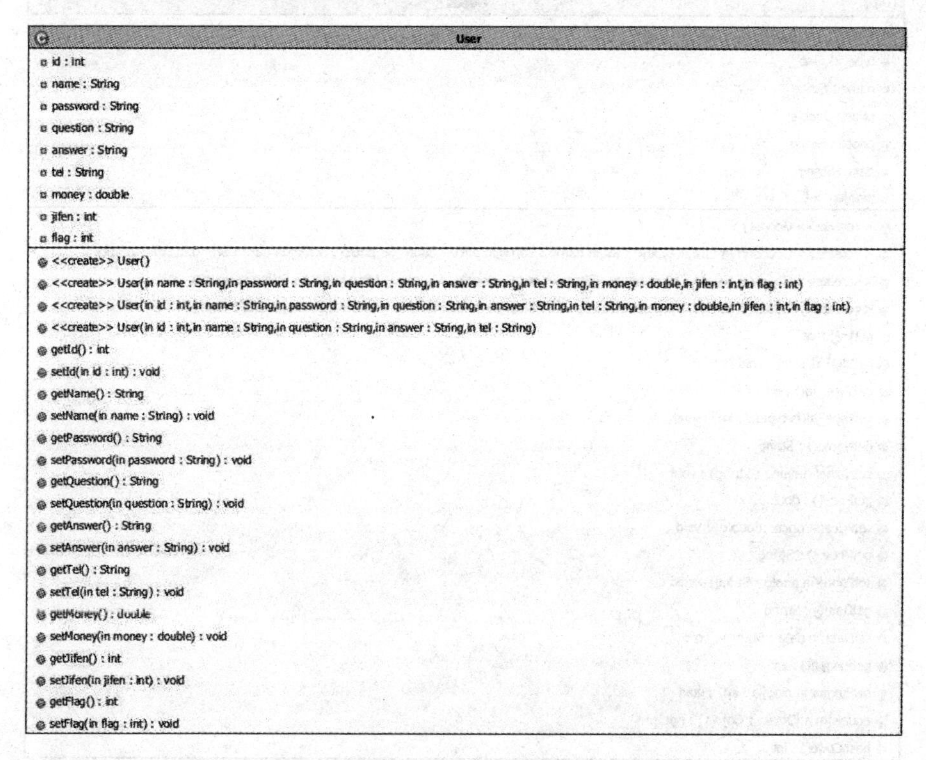

图3-10 用户概念类

2）关于订单信息概念类的类图如图3-11所示。

3）关于订单明细概念类的类图如图3-12所示。

4）关于商品概念类的类图如图3-13所示。

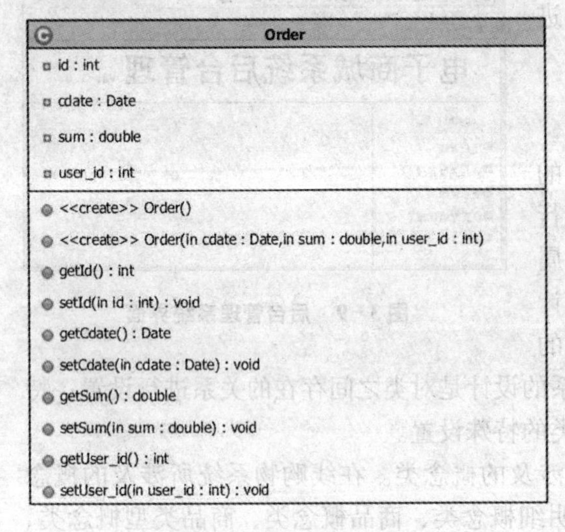

图 3-11　订单信息概念类

Item
id : int
number : int
goods_id : int
order_id : int
<<create>> Item()
<<create>> Item(in number : int,in goods_id : int,in order_id : int)
getId() : int
setId(in id : int) : void
getNumber() : int
setNumber(in number : int) : void
getGoods_id() : int
setGoods_id(in goods_id : int) : void
getOrder_id() : int
setOrder_id(in order_id : int) : void

图 3-12　订单明细概念类

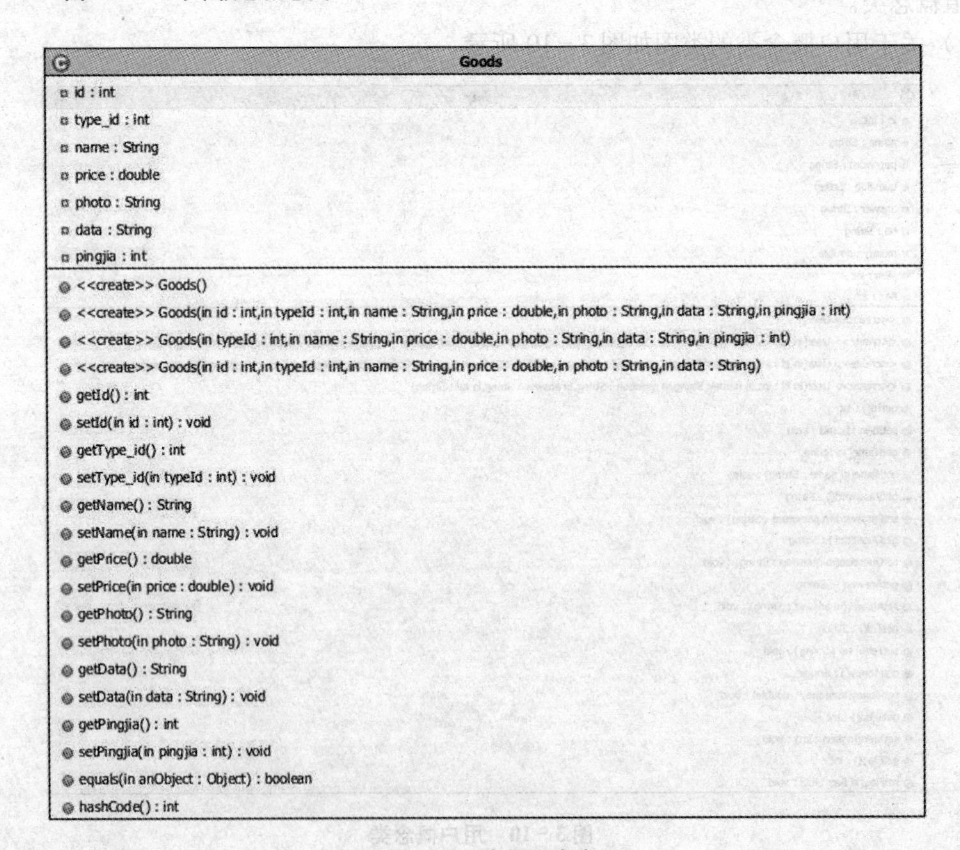

图 3-13　商品概念类

5）关于商品类型概念类的类图如图 3-14 所示。

6）关于优惠值概念类的类图如图 3-15 所示。

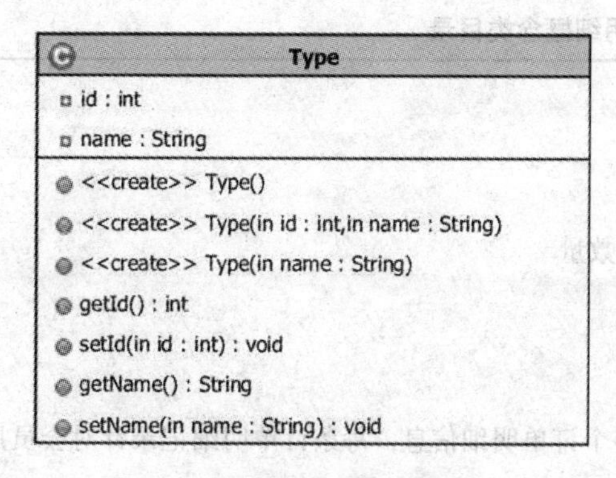

图3-14　商品类型概念类

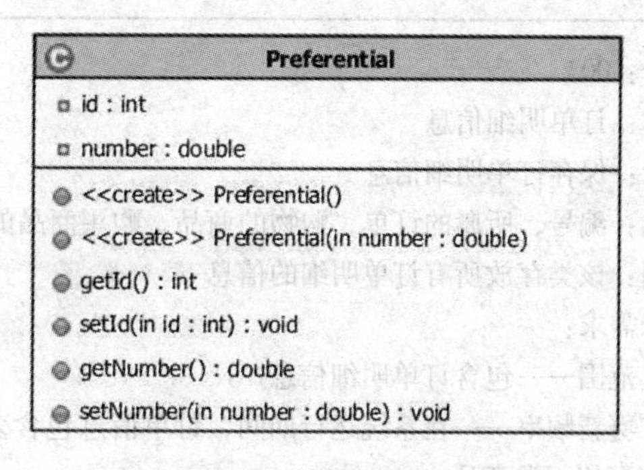

图3-15　优惠值概念类

通常使用概念类目录对概念类设计的结果进行描述，具体如下：

1）表3-7列出了用户概念类的目录。

表3-7　用户概念类目录

编号：001
名称：用户
职责：保存用户信息
属性：编号，用户姓名，用户密码，用户提示问题，答案，联系方式，账户金额，积分，用户类型
说明：该类存放所有用户的信息
特殊需求：
　范围——包含所有商品的类型
　更新频率——对于管理员用户，在系统运行之前建立，永不删除，在必要时进行维护
访问频率：
　系统运行时，平均访问60次/时，高峰期约为500次/时

2）表3-8列出了订单信息概念类的目录。

表3-8　订单信息概念类目录

编号：002
名称：订单信息
职责：保存订单信息
属性：编号，下订单的用户，下订单的时间，订单总价格
说明：该类存放所有订单的信息
特殊需求：
　范围——包含订单信息
　更新频率——在系统运行期间，用户购买商品后，就会产生订单
访问频率：
　系统运行时，平均访问50次/时，高峰期约为100次/时

3）表3-9列出了订单明细概念类的目录。

表 3-9　订单明细概念类目录

编号：003
名称：订单明细信息
职责：保存订单明细信息
属性：编号，所属的订单，购物的商品，购买商品的数量
说明：该类存放所有订单明细的信息
特殊需求：
　　范围——包含订单明细信息
　　更新频率——在系统运行期间，订单信息包含多个订单明细信息，每条订单明细记录针对会员用户所购买的一类商品
访问频率：
　　系统运行时，平均访问 100 次/时，高峰期约为 600 次/时

4）表 3-10 列出了商品概念类的目录。

表 3-10　商品概念类目录

编号：004
名称：商品
职责：保存商品信息
属性：编号，商品名称，商品价格，商品照片，商品描述，是否推荐，商品类型
说明：该类存放所有商品的信息
特殊需求：
　　范围——包含商品的信息
　　更新频率——系统运行之前可以初始化，在运行期间也可以添加商品
访问频率：
　　系统运行时，平均访问 100 次/时，高峰期约为 500 次/时

5）表 3-11 列出了商品类型概念类的目录。

表 3-11　商品类型概念类目录

编号：005
名称：商品类型
职责：保存商品类型信息
属性：编号，类型名称
说明：该类存放所有商品类型的信息
特殊需求：
　　范围——包含所有商品的类型
　　更新频率——在系统运行之前建立，永不删除，在必要时进行维护
访问频率：
　　系统运行时，平均访问 60 次/时，高峰期约为 500 次/时

6）表 3-12 列出了优惠值概念类的目录。

表3-12　优惠值概念类目录

编号：006
名称：优惠值信息
职责：保存优惠值信息
属性：编号，优惠值
说明：该类存放所有优惠值的信息
特殊需求：
　范围——包含优惠值信息
　更新频率——在系统运行期间添加
访问频率：
　系统运行时，平均访问20次/时，高峰期约为100次/时

3.3　数据库设计

数据库设计是在需求分析的基础上，确定项目的数据库结构、数据库操作和数据一致性约束的过程。数据库是信息系统的基础和核心，数据库设计的质量将直接关系信息系统开发的优劣和成败。数据库设计一般会经过概念模型设计、物理模型设计和生成SQL语句脚本等。

3.3.1　利用PowerDesigner软件设计概念数据模型

概念数据模型也称为信息模型，其以实体—关系（Entity-RelationShip，ER）理论为基础，并对这一理论进行了扩充。该模型从用户的观点出发，对信息进行建模，主要用于数据库的概念数据模型设计。

通过PowerDesigner软件设计概念数据模型时，一般会经过以下几个步骤。

1．设置工作区环境

在利用PowerDesigner软件具体设计在线购物系统时，首先需要选择工作区，同时设置该工作区的相关环境，具体步骤如下：

1）通过相应菜单命令，进入PowerDesigner软件的主界面，如图3-16所示。

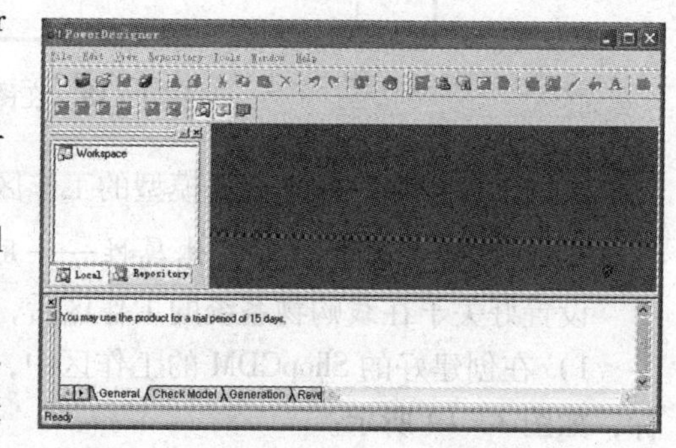

图3-16　PowerDesigner软件的主界面

2）如果要设计概念数据模型，则单击菜单“File”→“New Model”，即可打开“New Model”对话框，然后在该对话框中选择“Conceptual Data Model”模型类型，同时设置“Model name”的信息（这里设置为ShopCDM），具体设置信息如图3-17所示。最后，单击“OK”按钮即可进入关于概念数据模型的主界面。

3）在概念数据模型主界面中，首先通过Palette面板中的“Zoom In”工具，对图表窗口中的表格进行放大，设置工作区，如图3-18所示。

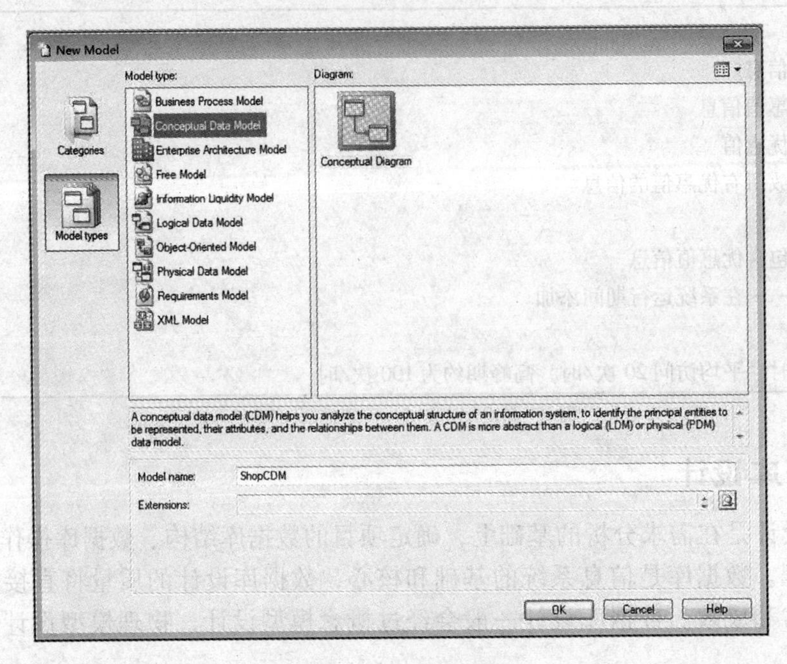

图 3－17　选择模型类型

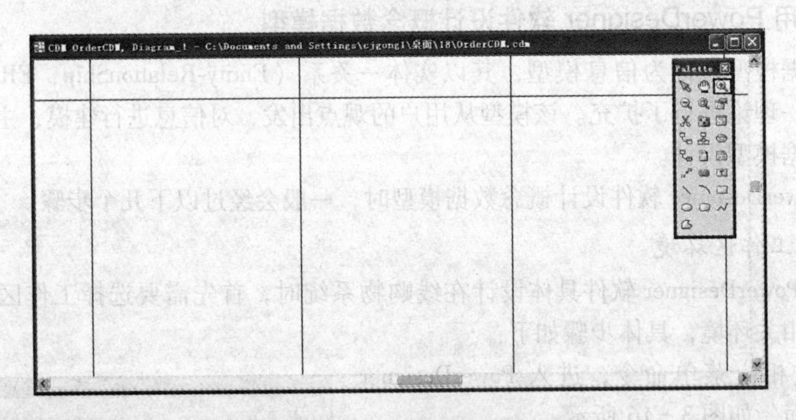

图 3－18　在图表窗口中设置工作区

经过上述步骤，概念数据模型的工作区即可创建成功。

2．创建新实体和设置实体属性——用户实体

设置好关于在线购物系统的工作区后，即可在该工作区中创建新实体，具体步骤如下：

1）在创建好的 ShopCDM 的工作区中，通过 Palette 面板中的 Entity 工具添加 6 个实体图标，如图 3－19 所示。

2）添加实体图标成功后，需要设置实体的属性信息，即双击实体图标，即可出现“Entity Properties”对话框，然后在“Entity Properties”对话框中设置 General 选项卡，以实现设置实体对象普通属性（数据库对象表属性），具体设置信息如图 3－20 所示。

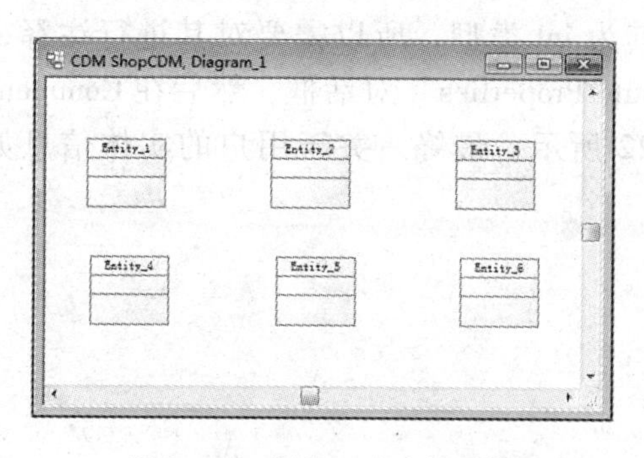

图3-19　添加6个实体图标

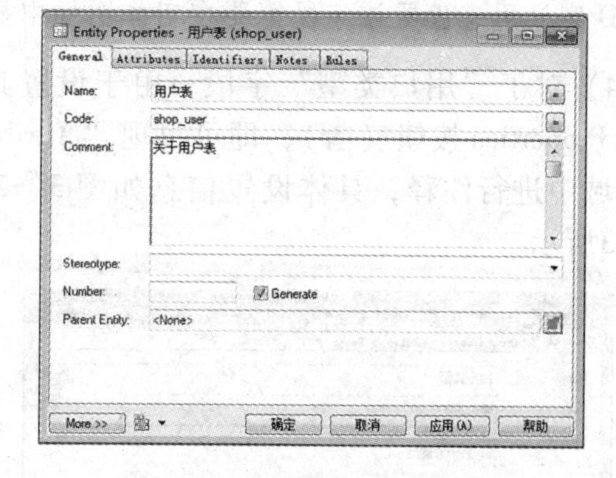

图3-20　用户实体普通属性

“Entity Properties”对话框中的General选项卡，用来设置实体的各种普通属性，它们分别为：

- Name：用来标示实体名称，主要用于方便其他人员的查看。
- Code：用来标示实体代码，主要在创建表格时使用。
- Comment：对实体进行注释。

3）设置完用户实体的普通属性后，即可设置“Entity Properties”对话框的Attributes选项卡，以实现设置实体对象所具有的属性（数据库对象表中字段），具体设置信息如图3-21所示。

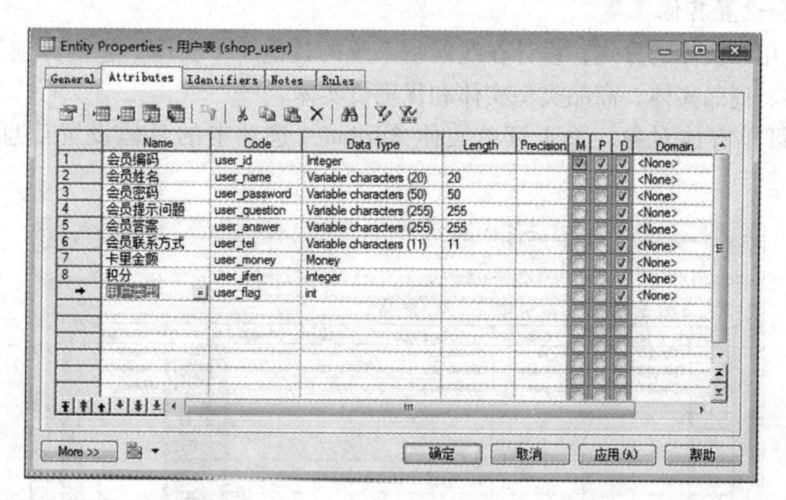

图3-21　设置实体对象所具有的属性

“Entity Properties”对话框中的Attributes选项卡，用来设置实体对象所具有的属性，它们分别为：

- Name字段：用来标示字段名称，主要用于方便其他人员的查看。
- Code字段：用来标示字段代码，主要在创建表格时使用。
- Data Type字段、Length字段和Precision字段：用来设置字段的类型，主要在创建表格时使用。
- M、P和D字段：其中M字段用来设置字段值不可修改，P字段用来设置字段为主键；D 字段用来设置该字段需要在实体图标中显示。

4）对于“用户类型”字段，由于设置其为 int 类型，所以需要对其进行注释，即单击 Properties 按钮（ ），即可出现“Attribute Properties”对话框，然后在 Comment 文本区域中进行注释，具体设置信息如图 3－22 所示。最终，关于用户的实体信息如图 3－23所示。

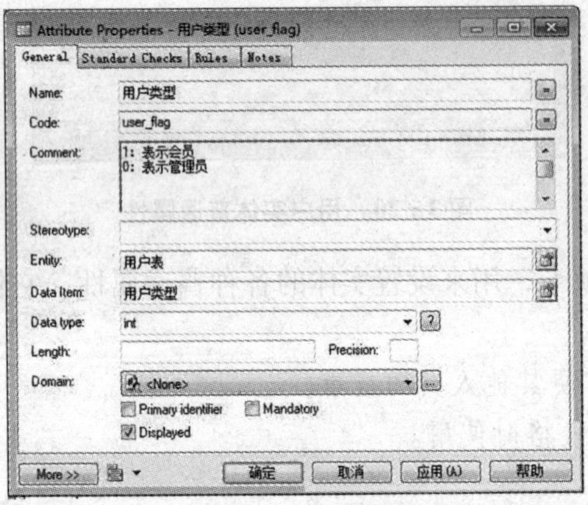

图 3－22　进行注释

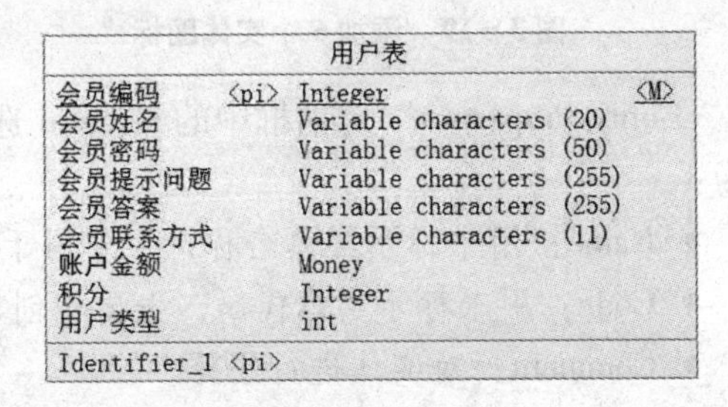

图 3－23　用户实体信息

至此，创建和设置用户实体信息完成。

3. 创建和设置其他实体

通过设计用户实体的方式，设计在线购物系统的其他 5 个实体，它们分别为订单实体、订单明细实体、商品实体、商品类型实体和优惠值实体。

1）对于订单实体对象，关于订单实体 Attributes 选项卡的具体设置信息如图 3－24 所示。

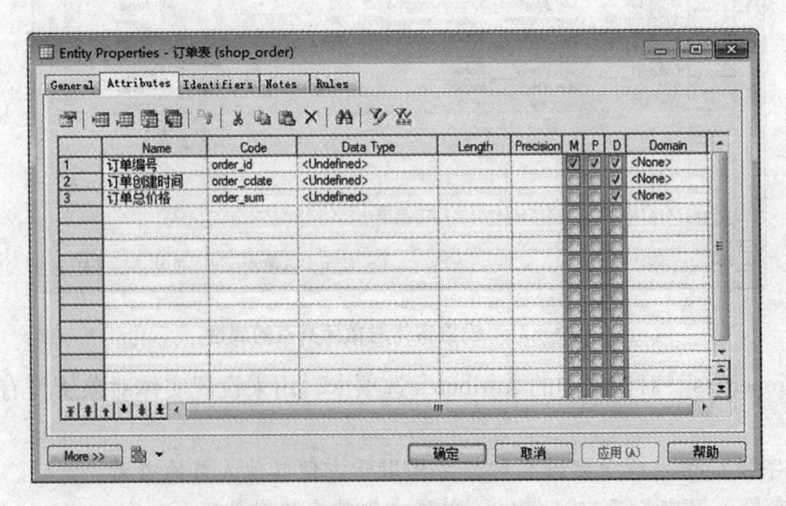

图 3－24　订单实体普通属性

2）对于订单明细实体对象，关于订单明细实体 Attributes 选项卡的具体设置信息如图 3－25所示。

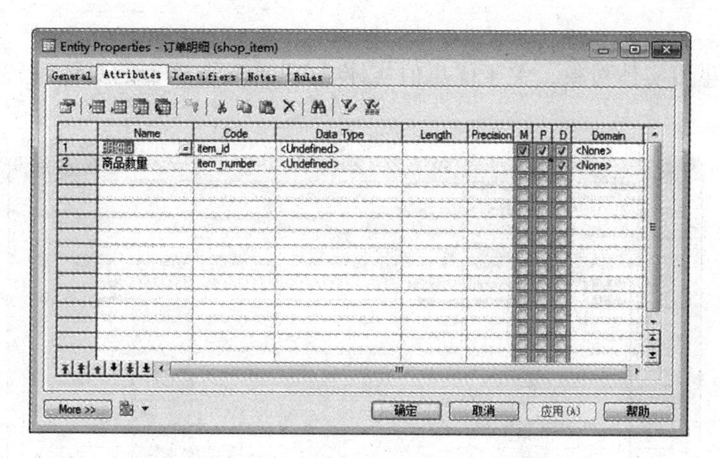

图 3-25　订单明细实体所具有的属性

3）对于商品实体对象，关于商品实体 Attributes 选项卡的具体设置信息如图 3-26 所示。

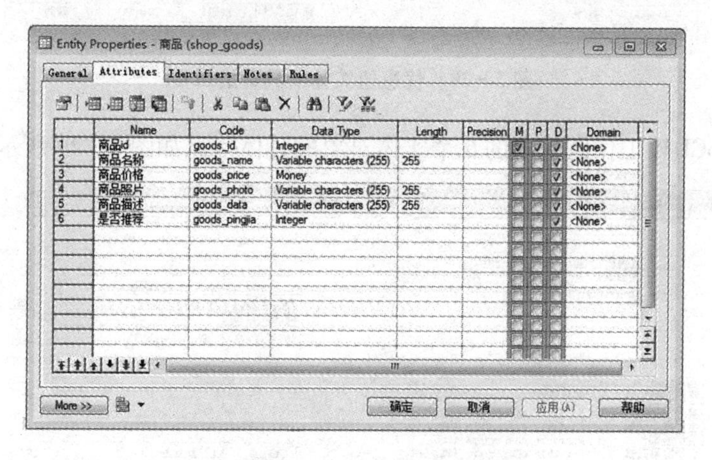

图 3-26　商品实体所具有的属性

4）对于商品类型实体对象，关于商品类型实体 Attributes 选项卡的具体设置信息如图 3-27所示。

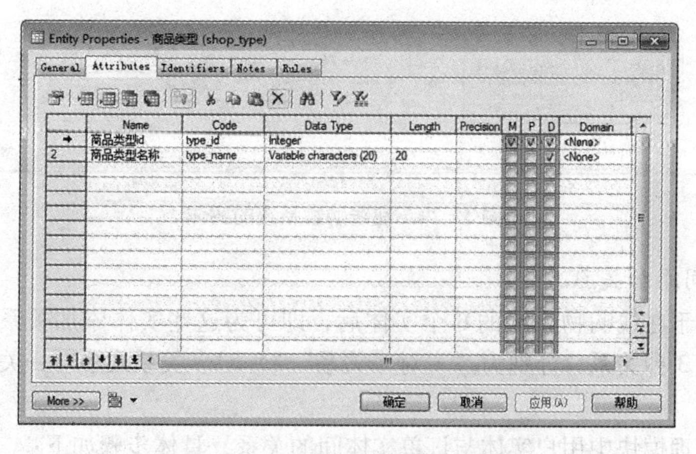

图 3-27　商品类型实体所具有的属性

5）对于优惠值实体对象，关于优惠值实体 Attributes 选项卡的具体设置信息如图 3－28 所示。

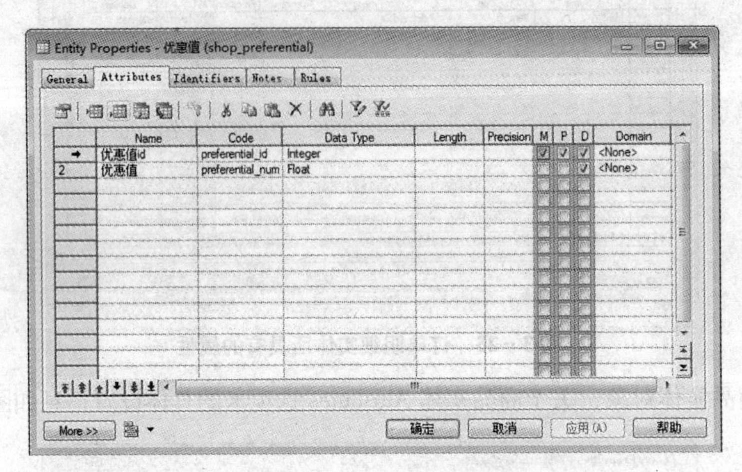

图 3－28　优惠值实体所具有的属性

最终，ShopCDM 工作区间中的 6 个实体对象的具体信息如图 3－29 所示。

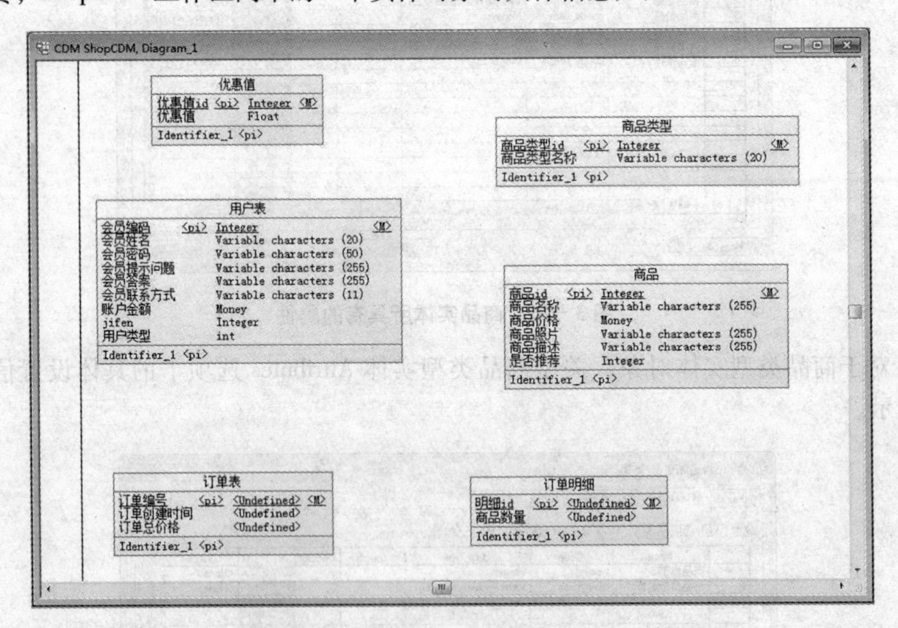

图 3－29　在线购物系统的实体

4. 为实体间添加关系

当设置好关于在线购物系统的 6 个实体后，即可为这些实体添加关系。在数据库设计中，实体间存在 3 种关系，分别为“一对一关系”“一对多关系或多对一关系”和“多对多关系”。

设置订单管理模块中用户实体与订单实体间的关系，具体步骤如下：

1）在创建好的ShopCDM（订单管理模块）工作区中，通过Palette面板中的Relationship工具（），为创建好的用户实体和订单实体添加关系，如图3-30所示。

2）添加实体间关系成功后，需要设置用户实体和订单实体间关系的属性信息，即双击关系图标，即可出现“Rclationship Properties”对话框，然后在该对话框中设置General选项卡，以实现设置关系普通属性，具体设置信息如图3-31所示。

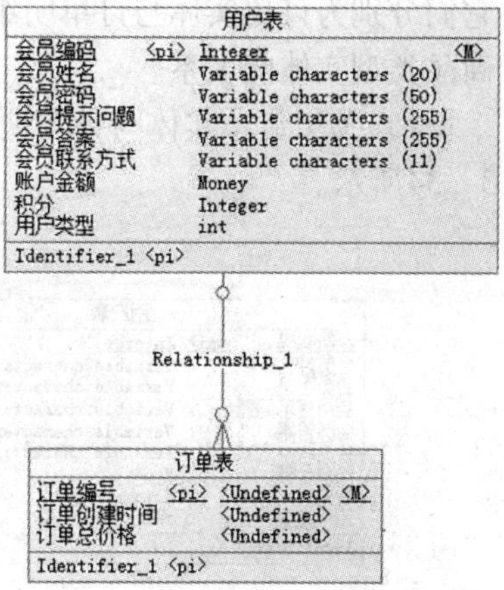

“Relationship Properties”对话框中的General选项卡，用来设置实体间关系的各种普通属性，它们分别为：

- Name：用来标示实体间关系名称，主要用于方便其他人员的查看。
- Code：用来标示实体间关系代码，主要在创建表格时使用。
- Comment：对实体进行注释。

图3-30 为用户和订单添加关系

3）设置完用户实体和订单实体间的普通属性后，即可设置“Relationship Properties”对话框的Cardinalities选项卡，以实现设置用户实体与订单实体之间的关系，具体设置信息如图3-32所示。

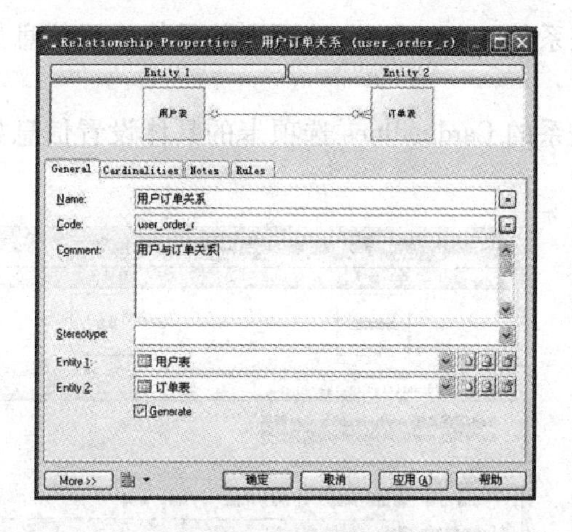

图3-31 关系普通属性

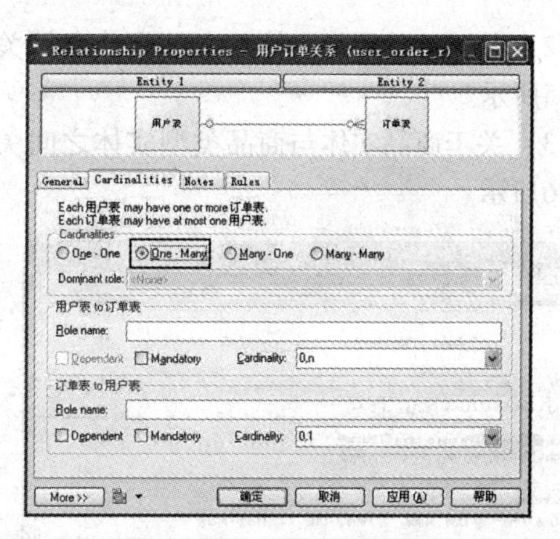

图3-32 设置实体间关系

在“Relationship Properties”对话框里的Cardinalities选项卡中，存在一个Cardinalities选项区，可以用来设置实体间的各种关系，它们分别为：

- One-One选项：设置实体间的关系为一对一。
- One-Many选项：设置实体间的关系为一对多。
- Many-One选项：设置实体间的关系为多对一。
- Many-Many选项：设置实体间的关系为多对多。

最终，关于用户实体和订单实体间的关系如图3-33所示。

5. 创建和设置其他实体间的关系

通过设置用户实体与订单实体间关系的方式，设计在线购物系统的其他实体间的关系，它们分别为订单实体与订单明细实体间关系、订单明细实体和商品实体间关系、商品实体和商品类型实体间关系。

1）关于订单实体与订单明细实体之间关系的 Cardinalities 选项卡的具体设置信息如图 3－34所示。

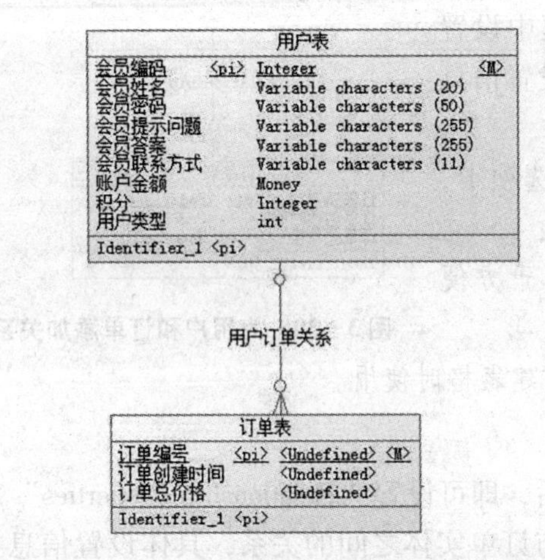

图 3－33 用户实体与订单实体间的关系

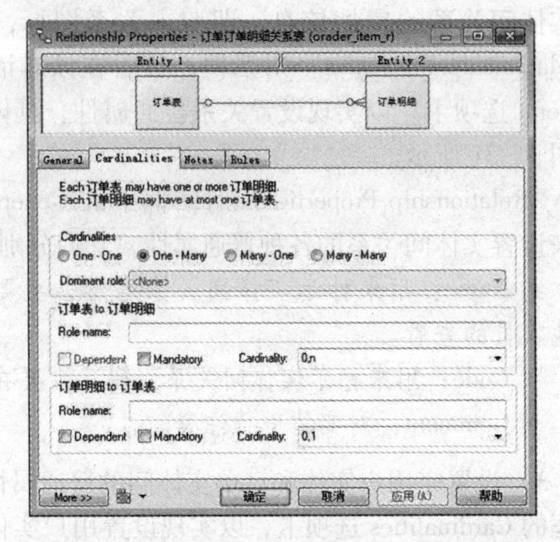

图 3－34 订单实体与订单明细实体之间的关系

2）关于订单明细实体与商品实体之间关系的 Cardinalities 选项卡的具体设置信息如图 3－35所示。

3）关于商品实体与商品类型实体之间关系的 Cardinalities 选项卡的具体设置信息如图 3－36所示。

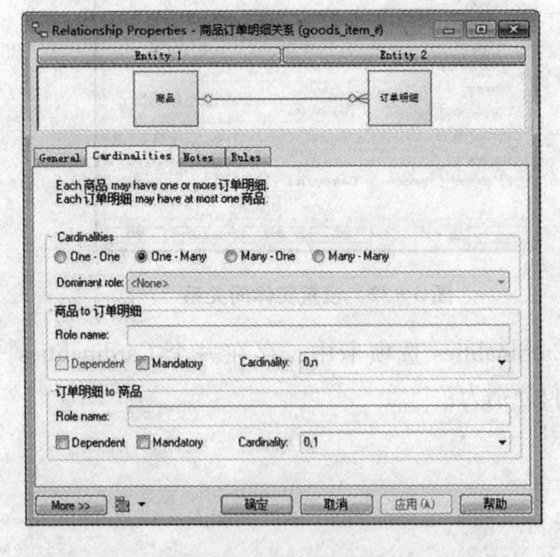

图 3－35 订单明细实体与商品实体之间的关系

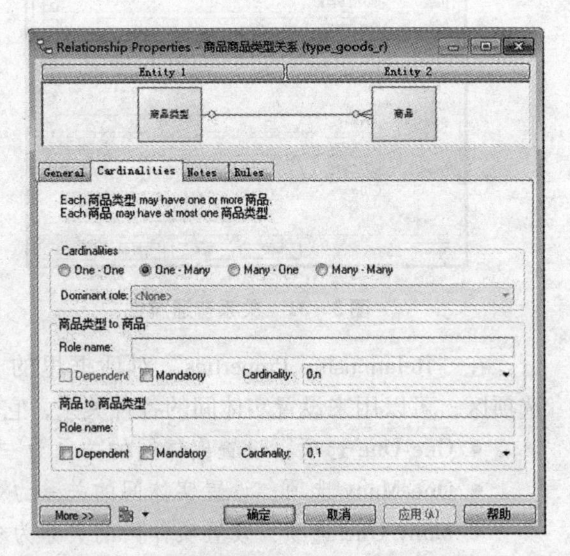

图 3－36 商品实体与商品类型实体之间的关系

至此，关于在线购物系统的概念数据模型设置完成，最终效果如图 3－37 所示。

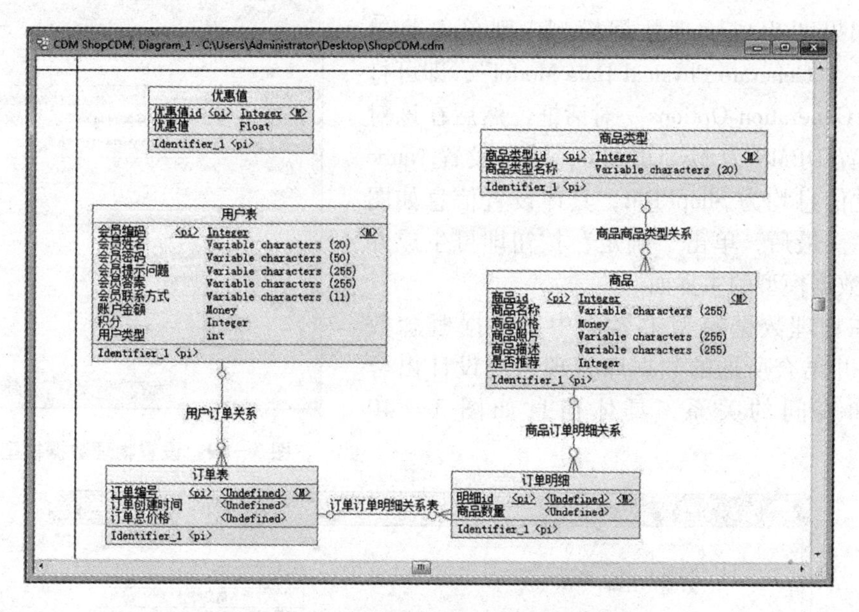

图3-37 在线购物系统的概念数据模型

3.3.2 利用PowerDesigner软件设计物理数据模型

所谓物理数据模型，就是根据具体计算机系统（DBMS和硬件等）的特点，为给定的概念数据模型确定合理的存储结构和存取方法。所谓“合理”主要有两个含义，一个是要使设计出的物理数据库占用较少的存储空间；另一个是对数据库的操作具有尽可能高的速度。

当概念数据模型设计完成后，利用PowerDesigner软件可以很容易地将概念数据模型图（CDM）转换成物理数据模型图（PDM），具体转换步骤如下：

1）利用PowerDesigner软件打开概念数据模型图（CDM），其主界面如图3-38所示。

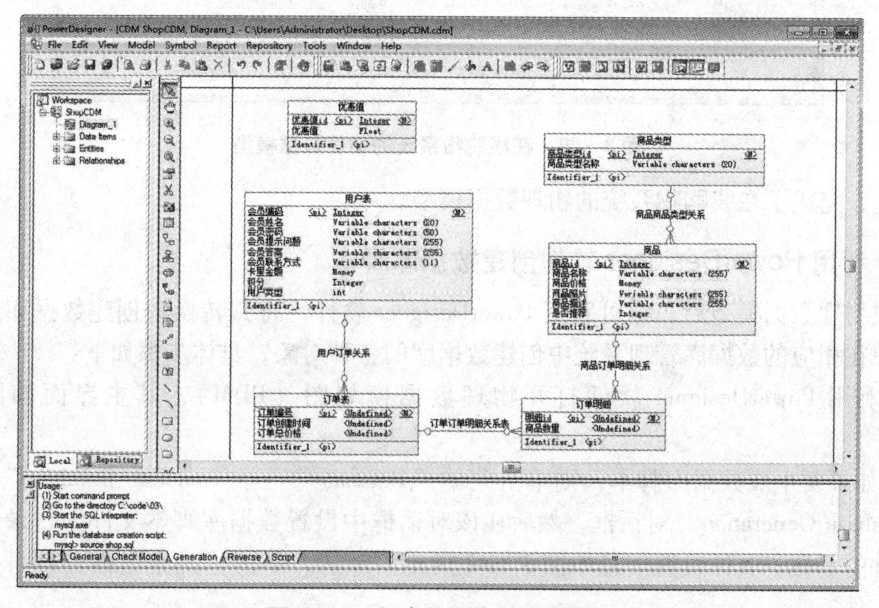

图3-38 概念数据模型的主界面

2）如果要生成物理数据模型，则单击菜单“Tools”→“Generate Physical Data Model”，即可打开“PDM Generation Options”对话框，然后在该对话框中设置 DBMS 为 MySQL 5.0，同时设置 Name 和 Code 的信息均为 ShopPDM，具体设置信息如图 3－39所示。最后，单击“确定”按钮即可生成并进入物理数据模型的主界面。

3）在物理数据模型主界面中，根据概念数据模型，并结合所选的数据库管理系统设计出合理的表和表间的关系，具体信息如图 3－40 所示。

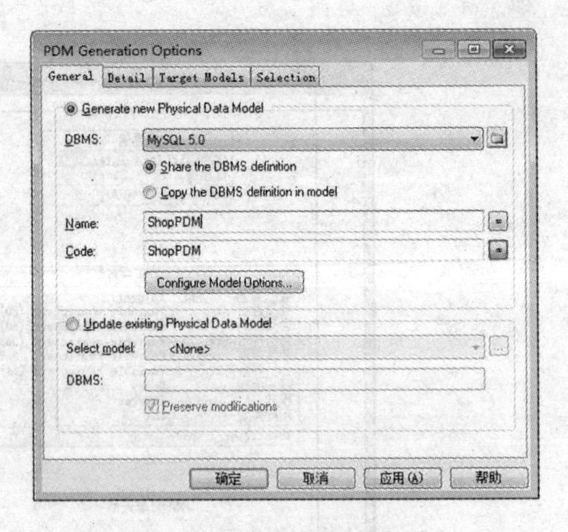

图 3－39　设置物理数据模型选项

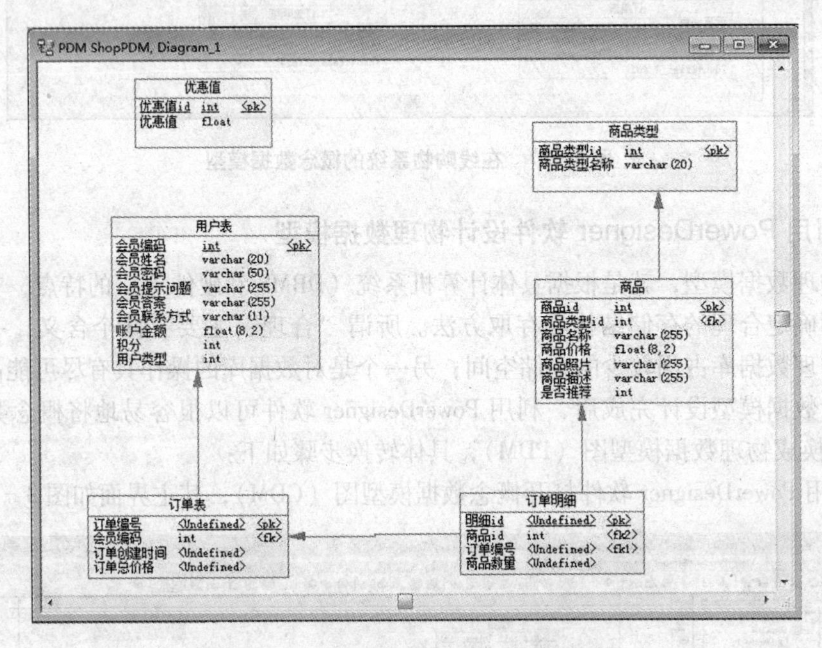

图 3－40　在线购物系统的物理数据模型

至此，完成了在线购物系统的物理数据模型。

3.3.3　利用 PowerDesigner 软件创建数据库脚本

生成物理数据模型后，即可利用 PowerDesigner 软件，将其转换为创建数据库脚本，以方便用户在相应的数据库管理系统中创建数据库的各种对象，具体步骤如下：

1）利用 PowerDesigner 软件打开物理数据模型图（PDM），其主界面如图 3－41 所示。

2）如果要生成数据库脚本，则单击菜单“Database”→“Generate Database”，即可打开“Database Generation”对话框，然后在该对话框中设置数据库脚本文件的目录和数据库脚本文件的名称，具体设置信息如图 3－42 所示。最后，单击“确定”按钮即可生成数据库脚本文件。

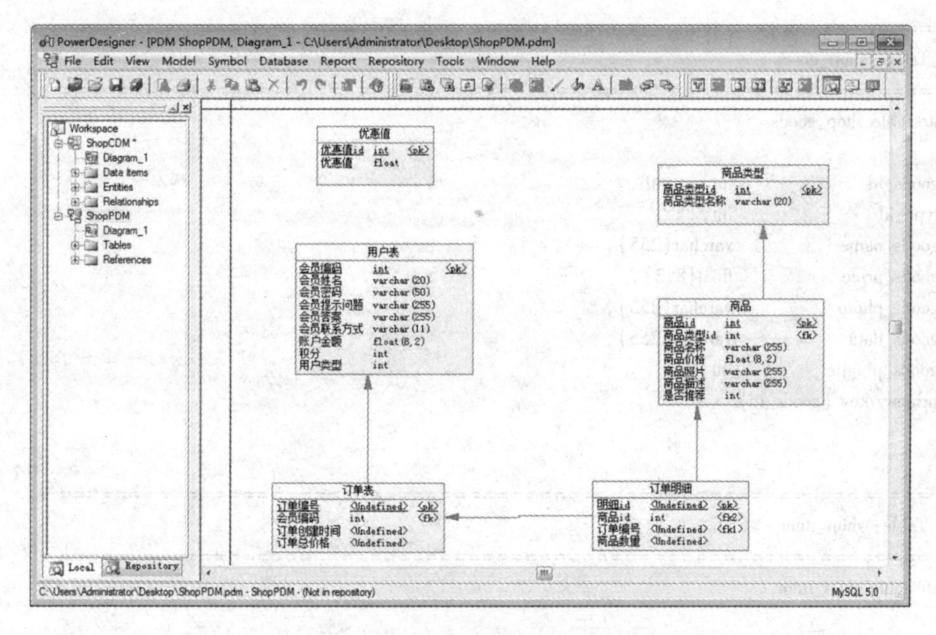

图 3-41 物理数据模型主界面

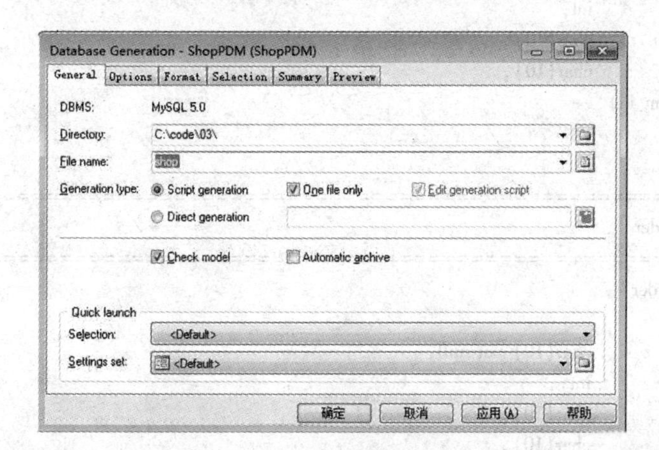

图 3-42 设置数据库脚本文件

3）打开数据库脚本文件 C:\code\03\shop.sql，其具体内容如下所示。

```
/*==============================================================*/
/* DBMS name:      MySQL 5.0                                    */
/* Created on:     2014/4/21 11:55:56                           */
/*==============================================================*/

drop table if exists shop_goods;
drop table if exists shop_item;
drop table if exists shop_order;
drop table if exists shop_preferential;
drop table if exists shop_type;
drop table if exists shop_user;
```

```
/* ================================================================ */
/* Table: shop_goods                                                */
/* ================================================================ */
create table shop_goods
(
   goods_id              int not null,
   type_id               int,
   goods_name            varchar(255),
   goods_price           float(8,2),
   goods_photo           varchar(255),
   goods_data            varchar(255),
   goods_pingjia         int,
   primary key (goods_id)
);

/* ================================================================ */
/* Table: shop_item                                                 */
/* ================================================================ */
create table shop_item
(
   item_id               char(10) not null,
   goods_id              int,
   order_id              char(10),
   item_number           char(10),
   primary key (item_id)
);

/* ================================================================ */
/* Table: shop_order                                                */
/* ================================================================ */
create table shop_order
(
   order_id              char(10) not null,
   user_id               int,
   order_cdate           char(10),
   order_sum             char(10),
   primary key (order_id)
);

/* ================================================================ */
/* Table: shop_preferential                                         */
/* ================================================================ */
create table shop_preferential
(
   preferential_id       int not null,
   preferential_number   float,
   primary key (preferential_id)
);

/* ================================================================ */
/* Table: shop_type                                                 */
```

```
/* ============================================================ */
create table shop_type
(
   type_id                    int not null,
   type_name                  varchar(20),
   primary key (type_id)
);

/* ============================================================ */
/* Table: shop_user                                           */
/* ============================================================ */
create table shop_user
(
   user_id                    int not null,
   user_name                  varchar(20),
   user_password              varchar(50),
   user_question              varchar(255),
   user_answer                varchar(255),
   user_tel                   varchar(11),
   user_money                 float(8,2),
   user_jifen                 int,
   user_flag                  int comment '1:表示会员
                                  0:表示管理员',
   primary key (user_id)
);

alter table shop_user comment '关于用户表';
alter table shop_goods add constraint FK_type_goods_r foreign key (type_id)
      references shop_type (type_id) on delete restrict on update restrict;
alter table shop_item add constraint FK_goods_item_r foreign key (goods_id)
      references shop_goods (goods_id) on delete restrict on update restrict;
alter table shop_item add constraint FK_orader_item_r foreign key (order_id)
      references shop_order (order_id) on delete restrict on update restrict;
alter table shop_order add constraint FK_user_order_r foreign key (user_id)
      references shop_user (user_id) on delete restrict on update restrict;
```

【代码说明】

上述数据库脚本不仅创建了6个表，而且还设置了这些表间的关系，即约束。

至此，成功将在线购物系统的物理数据模型生成数据库脚本。

3.3.4 数据库设计说明书

在数据库设计说明书里，主要是对在线购物系统的数据库进行分析和设计，并列出数据库表的详细逻辑和物理结构，以供数据库管理员和软件开发人员阅读。

1. 标识符和状态

数据库软件：MySQL-5.0.51a

系统要求建立的数据库名称：Mail

数据库服务器版本：5.0.51a-community-nt-log

数据库协议版本：10

数据库服务器：localhost via TCP/IP

数据库用户：root@ localhost

MySQL 字符集：UTF－8 Unicode（utf8）

MySQL 连接校对：utf8_ unicode_ ci

MySQL 客户端版本：5.0.51a

MySQL 客户端使用 PHP 扩展：mysql

MySQL 客户端语言：中文简化版

主题、风格：Original

支持的系统：Windows 操作系统和 Linux 操作系统

2. 使用该数据库的程序

本数据库由“在线购物系统”使用。

3. 约定

本数据库名称：在线购物系统

英文名称：shop

数据库中各个关系表的名称统一为：shop_ xxx，如用户表的表名为“shop_ user”；每个表中各字段名称为：表名_ 属性含义，如用户表中用户名字段为“user_ name”。

4. 概念数据模型图

在线购物系统所涉及的实体共6个，分别为用户实体、订单信息实体、订单明细实体、商品实体、商品类型实体和优惠值实体，关于该系统的概念数据模型图如图3－37所示。

5. 物理数据模型图

在线购物系统所涉及的表有6个，分别为用户表、订单信息表、订单明细表、商品表、商品类型表和优惠值表，关于该系统的物理数据模型图如图3－41所示。

3.4 详细设计

详细设计是在需求分析的基础上，以项目概要设计和数据库设计为依据，对整个项目的实现方案进行说明。

3.4.1 文件夹组件结构

在系统开发前，要先明确系统的目录组织结构，这样可以更好地理解其开发原理。本系统的目录组织结构如图3－43所示。

3.4.2 定义连接数据库和文件上传工具类

由于在线购物系统产生的数据需要保存到数据库，而该系统所采用的技术为 JSP + Servlet + JavaBean，因此需要通过 JDBC 技术来操作数据库。关于连接数据库类的具体设计如图3－44所示。

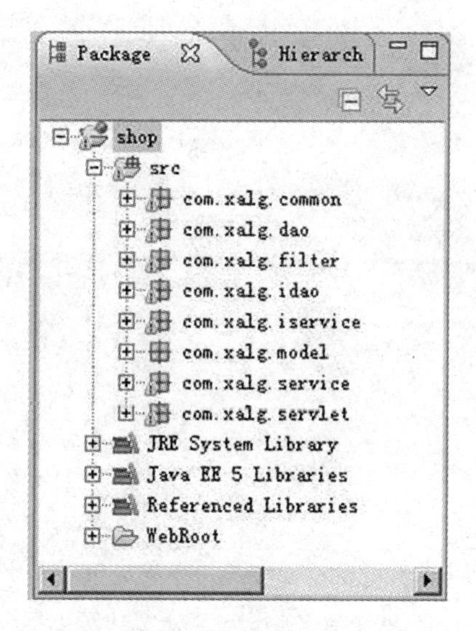

图 3-43 目录组织结构

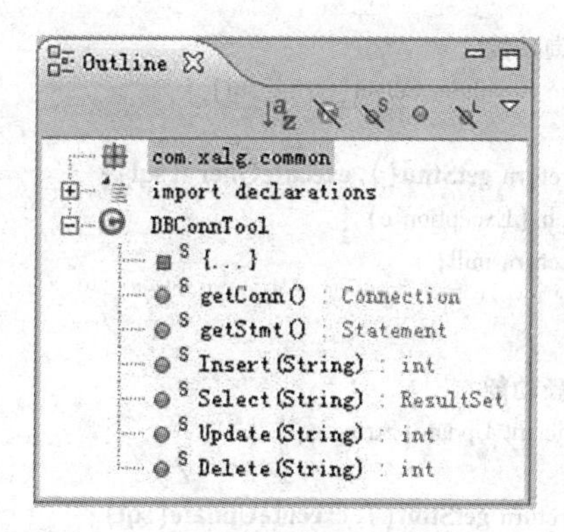

图 3-44 数据库连接工具类

数据库连接类 DBConnTool 属于包 com. xalg. common，其具体内容如下所示。

```
public class DBConnTool{
    //加载驱动
    static {
        try {
            Class.forName("com.mysql.jdbc.Driver").newInstance();
        } catch (Exception e) {
        }
    }
    //获取数据库连接
    public static Connection getConn()
    {
        try {
            String url = "jdbc:mysql://localhost/shop?user=root&password=123";
            Connection conn = DriverManager.getConnection(url);
            return conn;
        } catch (Exception e) {
            return null;
        }
    }
    //获取数据库操作对象
    public static Statement getStmt() {
        try {
            return getConn().createStatement();
        } catch (Exception e) {
            return null;
        }
    }
    //实现插入功能
    public static int Insert(String sql) {
        try {
```

```
            return getStmt().executeUpdate(sql);
        } catch (Exception e) {
            return 0;
        }
    }
    //实现查询功能
    public static ResultSet Select(String sql) {
        try {
            return getStmt().executeQuery(sql);
        } catch (Exception e) {
            return null;
        }
    }
    //实现更新功能
    public static int Update(String sql) {
        try {
            return getStmt().executeUpdate(sql);
        } catch (Exception e) {
            return 0;
        }
    }
    //实现删除功能
    public static int Delete(String sql) {
        try {
            return getStmt().executeUpdate(sql);
        } catch (Exception e) {
            return 0;
        }
    }
}
```

【代码说明】

在上述代码中，定义了1个静态块和6个方法。其中，静态块实现加载驱动功能；方法getConn获取数据库Conn对象；方法getStmt获取数据库操作对象；方法Insert实现插入操作；方法Select实现查询操作；方法Update实现更新操作；方法Delete实现删除操作。

关于文件上传类的具体设计如图3-45所示。

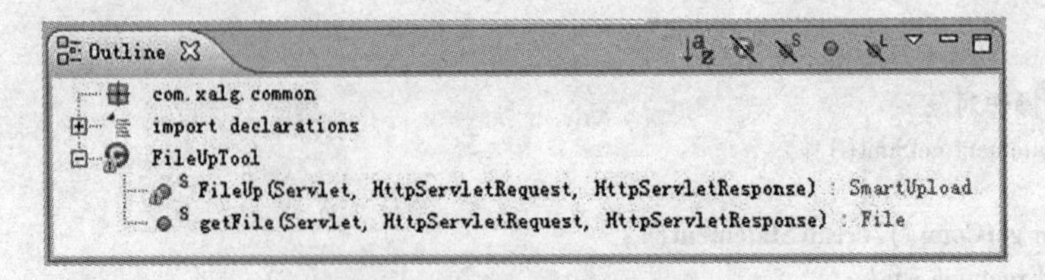

图3-45 文件上传工具类

文件上传类FileUpTool属于包com.xalg.common，其具体内容如下所示。

```
public class FileUpTool {
    //返回文件上传工具类对象
    public static SmartUpload FileUp(Servlet servlet,
            HttpServletRequest request, HttpServletResponse response)
```

```
            throws ServletException, IOException, SQLException,
            SmartUploadException {
        // 产生上传操作对象
        SmartUpload su = new SmartUpload();
        JspFactory fac = JspFactory.getDefaultFactory();
        PageContext pageContext = fac.getPageContext(servlet, request,
            response, null, false, 0, true);
        // 初始化上传对象
        su.initialize(pageContext);
        // 设置允许上传的文件类型
        String allowed = "jpeg,gif,jpg,bmp,png";
        // 不允许上传的文件类型
        String denied = "jsp,asp,php,aspx,html,htm,exe,bat,doc,xls,ppt";
        File file1 = null;                              // 初始化上传文件对象
        int file_size = 10 * 1024 * 1024;               // 定义允许上传文件的大小
        su.setAllowedFilesList(allowed);                // 设置允许上传文件的类型
        su.setDeniedFilesList(denied);                  // 设置禁止上传文件的类型
        su.setMaxFileSize(file_size);                   // 设置最大的上传文件大小
        su.setCharset("gb2312");                        // 设置字符编码
        su.upload();                                    // 执行上传操作
        return su;
    }
    //获取所上传的文件对象
    public static File getFile(Servlet servlet, HttpServletRequest request,
            HttpServletResponse response) throws ServletException, IOException,
            SQLException, SmartUploadException {
        File file = null;
        file = FileUp(servlet, request, response).getFiles().getFile(0);
        return file;
    }
}
```

【代码说明】

在上述代码中，定义了两个方法。其中，方法 FileUp 实现上传文件功能；方法 getFile 获取上传后的文件对象。

3.4.3 创建 Web 应用过滤器

在线购物系统的代码中存在两个过滤器，其中一个过滤器实现设置编码格式功能，另一个过滤器实现注册校验功能。

1. 设置请求和响应的编码格式

过滤器类 MyCharacterSet 属于包 com.xalg.filter，其具体内容如下所示。

```
public class MyCharacterSet extends HttpServlet implements Filter {
    // 过滤器配置对象
    private FilterConfig filterConfig;
    // 初始化方法
    public void init(FilterConfig filterConfig) throws ServletException {
        this.filterConfig = filterConfig;
    }
    // 过滤方法
```

```
    public void doFilter(ServletRequest request, ServletResponse response,
            FilterChain filterChain) {
        try {
            // 执行的过滤操作
            request.setCharacterEncoding("gb2312");
            response.setCharacterEncoding("gb2312");
            filterChain.doFilter(request, response);
        } catch (Exception e) {
            filterConfig.getServletContext().log(e.getMessage());
        }
    }
    // 销毁方法
    public void destroy() {
        System.out.println("销毁...");
    }
}
```

关于类 MyCharacterSet 的配置信息如下所示：

```
<filter>
    <filter-name>MyCharSet</filter-name>
    <filter-class>com.xalg.filter.MyCharacterSet</filter-class>
</filter>
<filter-mapping>
    <filter-name>MyCharSet</filter-name>
    <url-pattern>/*</url-pattern>
</filter-mapping>
```

【代码说明】

在上述代码中，在方法 doFilter 里设置请求和影响的编码格式均为 gb2312，同时设置所有请求都需要经过过滤器来处理。

2. 注册校验功能

过滤器类 RegFilter 属于包 com.xalg.filter，其具体内容如下所示。

```
public class RegFilter extends HttpServlet implements Filter {
    // 过滤器配置对象
    private FilterConfig filterConfig;
    // 初始化方法
    public void init(FilterConfig filterConfig) throws ServletException {
        this.filterConfig = filterConfig;
    }
    // 过滤方法
    public void doFilter(ServletRequest request, ServletResponse response,
            FilterChain filterChain) {
        try {
            // 设置编码格式
            request.setCharacterEncoding("gb2312");
            response.setContentType("text/html;charset=gb2312");
            PrintWriter out = response.getWriter();
            // 获取注册信息
            String name = request.getParameter("user");
```

```
String pass = request.getParameter("pass");
String question = request.getParameter("question");
String answer = request.getParameter("answer");
String tel = request.getParameter("tel");
// 获取处理地址
String reg_url = request.getParameter("reg_url");
// 创建各种判断变量
boolean b1 = false, b2 = false, b3 = false, b4 = false, b5 = false;
// 设置出错信息
String user_error = "", pass_error = "", question_error = "", answer_error = "", tel_error = "";
UserImp ui = new UserImp();
// 检测用户名是否存在
b1 = ui.findUser(name);
if (b1) {
    user_error = "用户名重复!";
}
// 检测密码
if (pass.length() < 5) {
    b2 = true; // 这个标记满足
    pass_error = "密码不能小于5位!";
}
// 检测密码提示问题
if (question.equals("")) {
    b3 = true;
    question_error = "密码提示问题不能为空!";
}
// 检测密码提示问题答案
if (answer.equals("")) {
    b4 = true;
    answer_error = "答案不能为空!";
}
// 检测手机号码
if (tel.length() != 11) {
    b5 = true;
    tel_error = "手机号格式错误!";
}
// 如果出错,则将在注册页面显示出错信息
if (b1 || b2 || b3 || b4 || b5) {
    RequestDispatcher rd = request.getRequestDispatcher(reg_url
            + "?user_error=" + user_error + "&pass_error="
            + pass_error + "&question_error=" + question_error
            + "&answer_error=" + answer_error + "&tel_error="
            + tel_error + "&user=" + name + "&pass=" + pass
            + "&question=" + question + "&answer=" + answer
            + "&tel=" + tel);
    rd.include(request, response);
    return;
}
    filterChain.doFilter(request, response); // 执行过滤
} catch (Exception e) {
    filterConfig.getServletContext().log(e.getMessage());
}
```

```
    }
    // 销毁方法
    public void destroy() {
        System.out.println("销毁...");
    }
}
```

关于类 RegFilter 的配置信息如下所示：

```
<filter>
    <filter-name>myregfilter</filter-name>
    <filter-class>com.xalg.filter.RegFilter</filter-class>
</filter>
<filter-mapping>
    <filter-name>myregfilter</filter-name>
    <url-pattern>/Reg</url-pattern>
</filter-mapping>
```

【代码说明】

在上述代码中，在方法 doFilter 里首先设置请求和响应的编码格式，获取注册表里的信息，然后对获取到的信息进行校验，如果校验失败就转到注册页面，否则交给下一个过滤器处理。只有/Reg 请求才经过过滤器来处理。

3.4.4 详细设计说明书

详细设计说明书，又称为程序设计说明书，主要用来描述一个软件系统各个层次中的每个程序（每个模块或子程序）的设计考虑。如果一个软件系统比较简单，层次很少，本文件可以不单独编写，有关内容可合并到概要设计说明书中。

在具体编写详细设计说明书时，每个模块的详细信息包括：模块描述、功能、性能、输入项、输出项、算法、流程逻辑、接口、存储分配、注释设计、限制条件、测试计划和尚未解决的问题。该说明书目的是明确代码工程师的开发思路，并为测试工程师提供一定的测试依据。有关注册模块的详细设计说明书如下。

1. 模块描述

身份注册是购物用户在在线购物系统上所需完成的第一个步骤，程序获取用户注册过程中的必填信息，进行有效性验证，然后存入数据库，作为会员用户以后登录和信息查询的依据。

2. 功能

关于注册功能的“输入—处理—输出”（IPO）图，如图 3-46 所示。

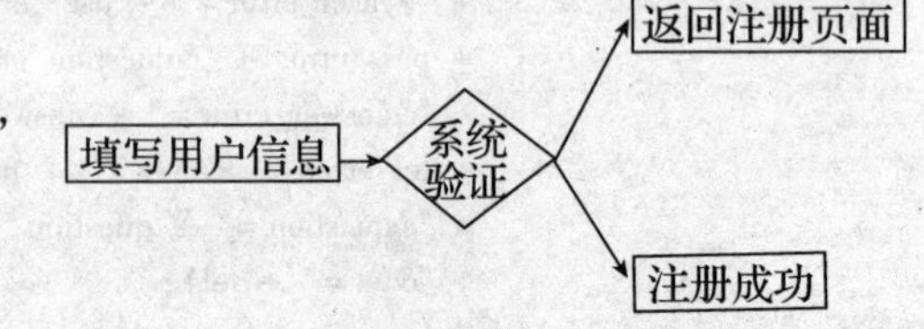

图 3-46 注册功能的 IPO 图

3. 性能

说明注册模块的全部性能要求，包括对精度、灵活性和时间特性的要求，具体内容如下：

- 客户端的 JavaScript 代码可以识别用户的非法输入（客户端校验），在提交后经过过滤器进行数据的有效性验证（服务器端校验）。实现校验包含用户名重复、密码长度限制、密码提示问题不能为空、答案不能为空、手机号格式错误。同时提示出错信息，为便用户修

改错误的输入。

- 服务器端收到正确的用户注册信息，将其准确无误地存入用户信息表。
- 数据库的录入要及时，保证用户注册后可及时登录购物。

4. 输入项

说明注册模块中每一个输入项的特性，包括名称、标识、数据的类型和格式、数据值的有效范围、输入的方式、数量和频度、输入媒体、输入数据的来源和安全保密条件等，具体内容见表3-13。

表3-13 输入项特性

标识符	类型	说明
用户名	字符串	登录成功后，将会显示该用户名
密码	字符串	由字母、数字和符号组成，数据库中以 password( ) 加密存储
密码提示问题	字符串	系统默认提供3个提示问题
答案	字符串	由字母、数字、汉字、下划线组成
联系方式	字符串	必须是11位数字

5. 输出项

说明注册模块中每一个输出项的特性，包括名称、标识、数据的类型和格式、数据值的有效范围、输出的形式、数量和频度、对输出图形及符号的说明、安全保密条件等，具体内容与表3-13输入项特性的内容相同。

用户名、密码、密码提示问题、答案和联系方式选项均存入用户信息表。

6. 算法

说明注册模块所选用的算法、具体的计算公式以及计算步骤。

主要验证算法由客户端 JavaScript 来处理，通过服务器端的 Servlet 程序访问数据库，如果为已注册的用户名，则将提示用户换用其他用户名。在客户端 JavaScript 程序和过滤器里，利用正则表达式完成对用户名和联系电话的有效性验证。

7. 流程逻辑

利用图表（如流程图、判定表等）辅以必要的说明来说明注册模块的逻辑流程，如图3-47所示。

8. 接口

用图的形式说明注册功能所隶属的上一层模块及隶属于本程序的下一层模块和子程序，说明参数赋值和调用方式，同时说明与本程序直接关联的数据结构（数据库、数据文卷），如图3-48所示。

9. 存储分配

由于注册功能程序仅涉及若干局部变量，因此没有特殊的存储要求。

10. 注释设计

客户端的每一个 JavaScript 函数都注释了详细功能；Servlet 程序中的每一个变量和方法 doPost 中的主要代码也都进行了注释。

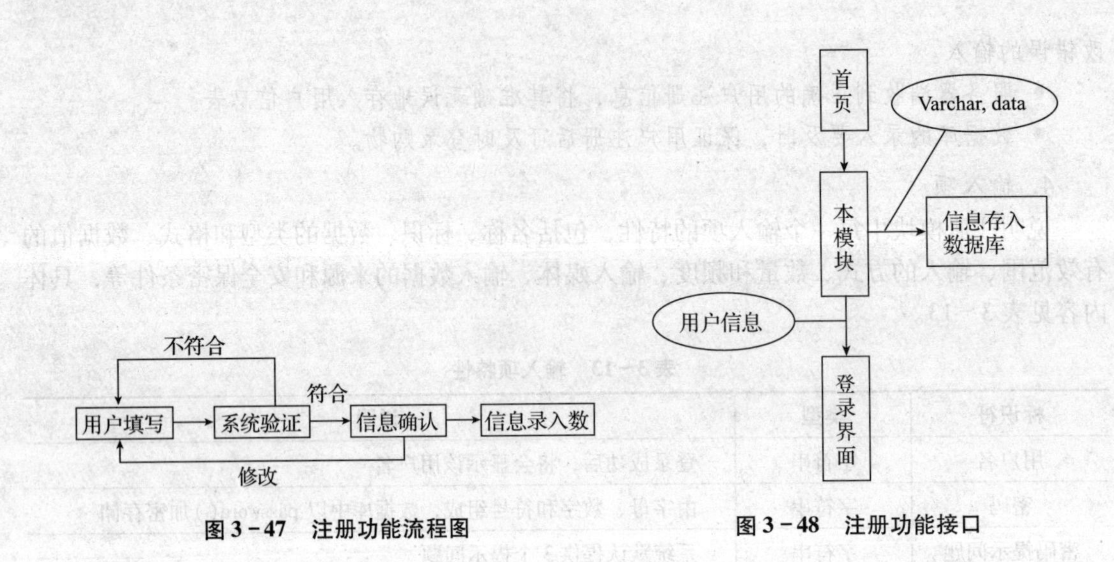

图 3-47　注册功能流程图　　图 3-48　注册功能接口

3.5 总 结

本章介绍了在线购物系统的分析和设计过程。首先是如何编写在线购物系统的可行性研究报告和软件需求说明书，对于前者主要考虑在线购物系统的经济可行性、技术可行性和社会可行性；对于后者主要是分析在线购物系统的功能和性能。接下来，详细说明如何编写概要设计说明书、数据库设计说明书和详细设计说明书。在概要设计说明书中，需要涉及UML中的类图；在数据库设计说明书中，需要涉及UML中的ER图；在详细设计说明书中，需要涉及UML中的流程图。

请读者参考本章详细设计说明书中的注册模块，编写在线购物系统中其他模块功能的实现方案。

第4章将学习在线购物系统的编码实现。

第4章

在线购物系统的业务模型(M)和控制层(C)实现

本章导读

教学目标

本章将使用 Servlet、JSP 和 JavaBean 等技术，以 MVC 解决方案为导向详细介绍在线购物系统的代码实现。读者可以通过本章的内容，掌握在线购物系统中实体层、数据访问层、业务逻辑层和控制层的实现。

4.1 任务说明

经过分析和设计阶段后，接下来将进入在线购物系统的代码实现阶段。本章将严格遵守 MVC 解决方案的代码流程组织任务，具体任务如下：

1）严格遵守在线购物系统的概要设计说明书，实现本系统的实体模型层（com. xalg. model）。由于篇幅的问题，本书只实现了部分实体类。

2）实现在线购物系统的数据访问层（com. xalg. idao 和 com. xalg. dao），其是基于该系统的实体模型层。

3）严格遵守在线购物系统的详细设计说明书，实现在线购物系统的业务逻辑层（com. xalg. iservice 和 com. xalg. service），其是基于该系统的数据访问层。

4）实现在线购物系统的控制层（com. xalg. servlet），其是基于该系统的业务逻辑层。

4.2 技术要点

Java Web 技术主要是指 JSP 和 Servlet，这两项技术也是 Java Web 的核心技术。目前，支持 JSP 和 Servlet 的 Web 服务器非常多，如轻量级的 Tomcat 和重量级的 JBoss、Weblogic 等。本书将采用 Tomcat 作为 Web 服务器，本节将详细介绍 Tomcat 下的 Java Web 程序的组成和结构。

4.2.1 认识 Java Web 程序的基本组成

在一个典型的 Java Web 程序中应该包含 Servlet、JSP 页面、HTML 页面、Java 类等 Web 组件。总之，一个 Java Web 应用程序是由一个或多个 Web 组件组成的集合。这些 Web 组件一般被打包在一起，并在 Web 容器中运行。下面是一个典型 Java Web 应用程序的组成列表：

- Servlet。
- Java Server Pages（JSP）。
- JSP 标准标签（JSTL）和定制标签。
- 在 Web 应用程序中使用的 Java 类。
- 静态的文件，包括 HTML、图像、JavaScript 和 CSS 等。
- 描述 Web 应用程序的元信息（web. xml）。

4.2.2 认识 Java Web 程序的目录结构

通常一个 Java Web 应用程序中的所有文件会放在一个目录下。Tomcat 的默认 Web 根目录是 <Tomcat 安装目录> \ webapps。所有放在该目录下的 Java Web 应用程序都会自动发布。假设有一个论坛系统的根目录是 shop，则该系统通常会有如下的目录结构。

- shop：论坛系统的根目录。
- shop \ WEB-INF：保存论坛系统的一些配置文件、Java 类和 jar 包等资源。
- shop \ WEB-INF \ classes：保存论坛系统所需的 Java 类（. class 文件）。
- shop \ WEB-INF \ lib：保存论坛系统所需的 jar 包。

除此之外，在 shop \ WEB-INF 目录下一般会有一个 web. xml 文件用于配置 Java Web 系统。

4.2.3 了解 Java Web 程序的配置文件

配置文件是所有 Java Web 应用程序的支柱。这里的配置文件主要是指位于 WEB-INF 目录的 web. xml 文件，该文件几乎配置了 Java Web 应用程序需要的所有东西。除此之外，在 <Tomcat 安装目录> \ conf 目录中还有一个 web. xml 文件，这个配置文件对于当前的 Tomcat 服务器来说是全局的。也就是说，在这个 web. xml 文件中配置的信息将对所有运行在当前 Tomcat 服务器中的 Java Web 应用程序有效。web. xml 文件中配置的主要内容如下：

- ServletContext 初始化参数。
- Session 配置。
- Servlet/JSP 定义。
- Servlet/JSP 映射。

- 标签库引用。
- MIME 类型映射。
- 欢迎页。
- 错误页。
- 安全信息。

4.3 用户模块的实现

在线购物系统中，关于用户模块中所涉及的功能包含购物用户注册、会员用户登录、会员用户退出、找回会员密码、分页显示会员用户信息、修改会员用户信息、删除单个会员用户信息、删除批量会员用户信息、管理员用户退出等。

4.3.1 用户实体类

1. 用户实体类设计

用户实体类 User. java 位于包 com. xalg. model，其具体代码如下所示。

```
public class User {
    private int id;                          // 用户编号
    private String name;                     // 用户姓名
    private String password;                 // 用户密码
    private String question;                 // 用户提示问题
    private String answer;                   // 用户答案
    private String tel;                      // 用户联系方式
    private double money;                    // 用户账户金额
    private int jifen;                       // 用户积分
    private int flag;                        // 用户类型
    //省略构造函数
    ......
    //省略 getXXX 和 setXXX 方法
    ......
}
```

【代码说明】

在上述代码中，对于属性 flag，如果值为 0，则该用户为管理员；如果值 1，则该用户为注册成功的会员。

2. 用户分页信息边界类设计

用户分页信息边界类 PageModel. java 位于包 com. xalg. model，其具体代码如下所示。

```
public class PageModel<T> {
    private List<T> list;                    // 结果集容器
    private int totalRecords;                // 记录数
    private int pageSize;                    // 每页多少条数据
    private int pageNo;                      // 请求页号
    //返回总页数
    public int getTotalPages() {
        return (totalRecords + pageSize - 1) / pageSize;
    }
    //获取首页号
```

```
    public int getTopPageNo() {
        return 1;
    }
    //获取上一页号
    public int getPreviousPageNo() {
        if (this.pageNo <= 1) {
            return 1;
        }
        return this.pageNo - 1;
    }
    //获取下一页号
    public int getNextPageNo() {
        if (this.pageNo >= getButtomPageNo()) {
            return getButtomPageNo();
        }
        return this.pageNo + 1;
    }
    //获取尾页号
    public int getButtomPageNo() {
        return getTotalPages();
    }
    //省略构造函数
    ……
    //省略 getXXX 和 setXXX 方法
    ……
}
```

【代码说明】

在上述代码中，属性 list 主要用于保存分页中的所有实体类对象。

注意，在概要设计说明书中并没有关于分页信息类的设计，这是由于该类不属于实体类，而属于边界类。实体类数据会保存到数据库中，而边界类数据则不会保存到数据库中。

4.3.2 用户数据访问类的实现过程

用户数据访问类 UserDao 位于包 com.xalg.dao，实现了包 com.xalg.idao 中的接口 IUserDao，该类提供了关于表 shop_user 的增、删、改、查等方法，主要包含插入用户记录方法、通过用户名和密码查寻用户记录方法、通过用户名和密码查找用户权限方法、通过用户名、密码提示问题和答案查寻记录方法、通过用户名更新密码方法、查询用户记录数方法、查询分页单位内记录方法、更新用户记录方法、删除用户记录方法、通过用户名查寻记录方法和根据用户名更新记录方法等。

1. 插入用户记录

该方法用来实现向表 shop_user 中插入一条记录，以用户对象为参数，返回结果为布尔类型，表示用户记录是否插入成功。主要通过执行插入 SQL 语句来实现功能，具体代码如下所示。

```
public boolean addUser(User u) {
    try {
        //获取用户各属性值
        String name1 = u.getName();
        String pass = u.getPassword();
        String question1 = u.getQuestion();
        String answer1 = u.getAnswer();
        String tel = u.getTel();
        double money = u.getMoney();
        int jifen = u.getJifen();
        int flag = u.getFlag();
        //实现编码转换
        String name = new String(name1.getBytes("gb2312"), "8859_1");
        String question = new String(question1.getBytes("gb2312"), "8859_1");
        String answer = new String(answer1.getBytes("gb2312"), "8859_1");
        //拼接 insert 插入 SQL 语句
        String sql = "insert into shop_user(name,password,question,answer,tel,money,jifen,flag) values('"
                + name
                + "',password('"
                + pass
                + "'),'"
                + question
                + "','"
                + answer
                + "','"
                + tel
                + "',"
                + money
                + ","
                + jifen
                + ","
                + flag + ")";
        //调用工具类 DBConnTool 执行 SQL 语句
        int result = DBConnTool.Insert(sql);
        if (result >0)                          //根据 SQL 执行结果,返回插入结果
            return true;
        else
            return false;
    } catch (Exception e) {
        return false;
    }
}
```

【代码说明】

在上述代码中，首先通过传入的用户对象，拼接插入 SQL 语句变量 sql，然后通过调用工具类 DBConnTool 中的 insert 方法执行插入 SQL 语句，实现插入用户记录的功能。最后，通过返回影响记录数进行判断，如果影响记录数大于 0 则返回 true，否则返回 false。

2. 通过用户名和密码查寻用户记录

该方法用来实现查询表 shop_ user 中记录的功能，以用户名和密码为参数，返回结果为

布尔类型，表示该用户记录是否存在。主要通过执行查询 SQL 语句来实现功能，具体代码如下所示。

```
public boolean findUser(String name1, String pass) {
    boolean flag = false;                                    //创建用户记录是否存在变量
    try{
        //实现编码转换
        String name = new String(name1.getBytes("gb2312"), "8859_1");
        //拼接 select 查询 SQL 语句
        String sql = "select * from shop_user where name = '" + name
                + "' and password = password('" + pass + "')";
        //调用工具类 DBConnTool 执行 SQL 语句,返回结果集对象
        ResultSet rs = DBConnTool.Select(sql);
        if (rs.next())                                       //根据结果集记录数进行判断
            flag = true;                                     //设置变量 flag 为真
            return flag;
        else
            return flag;
    } catch (Exception e) {
        return flag;
    }
}
```

【代码说明】

在上述代码中，首先通过传入的用户名和密码，拼接查询 SQL 语句变量 sql，然后通过调用工具类 DBConnTool 中的 select 方法执行查询 SQL 语句，最后通过返回结果集中是否存在记录进行判断，如果存在则修改变量 flag 的值为 true 并返回，否则返回变量 flag 的默认值 flase。

3. 通过用户名和密码查找用户权限

该方法用来实现查询表 shop_ user 中记录的功能，以用户名和密码为参数，返回结果为整数类型，表示用户的权限。主要通过执行查询 SQL 语句来实现功能，具体代码如下所示。

```
public int getQuanxian(String name1, String pass) {
    int flag = -1;                                      //创建用户权限变量
    try {
        //实现编码转换
        String name = new String(name1.getBytes("gb2312"), "8859_1");
        //拼接 select 查询 SQL 语句
        String sql = "select * from shop_user where name = '" + name
                + "' and password = password('" + pass + "')";
        //调用工具类 DBConnTool 执行 SQL 语句,返回结果集对象
        ResultSet rs = DBConnTool.Select(sql);
        if (rs.next()) {                                //根据结果集记录数进行判断
            flag = rs.getInt("flag");
        }
        return flag;
    } catch (Exception e) {
        return flag;
    }
}
```

【代码说明】

在上述代码中，首先通过传入的用户名和密码，拼接查询SQL语句变量sql，然后通过调用工具类DBConnTool中的select方法执行查询SQL语句，最后通过返回结果集中是否存在记录进行判断，如果存在则获取该记录中的权限字段值，否则返回默认值-1。

4. 通过用户名、密码提示问题和答案查寻记录

该方法用来实现查询表shop_user中用户记录的功能，以用户名、密码提示问题和答案为参数，返回结果为布尔类型，表示是否存在该用户记录。主要通过执行查询SQL语句来实现功能，具体代码如下所示。

```
public boolean authInfo(String name1, String question1, String answer1) {
    try {
        //实现编码转换
            String name = new String(name1.getBytes("gb2312"), "8859_1");
            String question = new String(question1.getBytes("gb2312"), "8859_1");
            String answer = new String(answer1.getBytes("gb2312"), "8859_1");
            //拼接select查询SQL语句
            String sql = "select * from shop_user where name = '" + name
                    + "' and question = '" + question + "' and answer = '" + answer
                    + "'";
            //调用工具类DBConnTool执行SQL语句,返回结果集对象
            ResultSet rs = DBConnTool.Select(sql);
            if (rs.next())                                    //根据结果集记录数进行判断
                return true;
            else
                return false;
    } catch (Exception e) {
            return false;
    }
}
```

【代码说明】

在上述代码中，首先通过传入的用户名、密码提示问题和答案，拼接查询SQL语句变量sql，然后通过调用工具类DBConnTool中的select方法执行查询SQL语句，最后通过返回结果集中是否存在记录进行判断，如果存在则返回true，否则返回false。

5. 通过用户名更新密码

该方法用来实现更新表shop_user中记录的功能，以用户名和密码为参数，返回结果为布尔类型，表示是否修改密码成功。主要通过执行更新SQL语句来实现功能，具体代码如下所示。

```
public boolean modifyPassword(String name1, String pass) {
    try {
        //实现编码转换
        String name = new String(name1.getBytes("gb2312"), "8859_1");
        //拼接select查询SQL语句
        String sql = "update shop_user set password = password('" + pass
                + "') where name = '" + name + "'";
        //调用工具类DBConnTool执行SQL语句,返回结果集对象
        int result = DBConnTool.Update(sql);
```

```
            if (result  >0)                                      //根据影响记录数进行判断
                return true;
            else
                return false;
        }catch (Exception e) {
            return false;
        }
}
```

【代码说明】

在上述代码中，首先通过传入的用户名和密码，拼接查询 SQL 语句变量 sql，然后通过调用工具类 DBConnTool 中的 update 方法执行更新 SQL 语句，最后通过返回影响记录数进行判断，如果影响记录数大于 0 则返回 true，否则返回 false。

6. 查询用户记录数

该方法用来实现查询表 shop_ user 中字段 flag 值不为 0 的记录数的功能，返回结果为整数类型，表示记录数。主要通过执行查询 SQL 语句来实现功能，具体代码如下所示。

```
public int getTotalRecords() throws SQLException {
    //创建查询字段 flag 值不为 0 查询 SQL 语句
    String sql = "select count( * ) from shop_user where flag! = 0";
    int count = 0;                                        //创建表示记录数变量 count
    try {
        //调用工具类 DBConnTool 执行 SQL 语句,返回结果集对象
        ResultSet rs = DBConnTool. Select(sql);
        if (rs. next()) {                                 //判断 SQL 语句执行结果
            count = rs. getInt(1);                        //为变量 count 赋值
        }
    } catch (Exception e) {
        return 0;
    }
    return count;
}
```

【代码说明】

在上述代码中，首先创建查询 SQL 语句变量 sql 和表示记录数变量 count，然后通过调用工具类 DBConnTool 中的 select 方法执行查询 SQL 语句，最后获取结果集中的数据，并赋值给变量 count。

7. 查询分页单位内记录

该方法用来实现查询表 shop_ user 中分页单位内用户记录的功能，以请求页号和每页记录数为参数，返回结果为分页边界类类型。主要通过执行查询 SQL 语句来实现功能，具体代码如下所示。

```
public PageModel<User> findAllUser(int pageNo, int pageSize) {
    PageModel<User> pageModel = null;                          //创建分页边界类实例
    List<User> userList = new ArrayList<User>();               //创建保存用户记录的容器对象
    try {
        int start = (pageNo - 1) * pageSize;                   //请求页中开始记录用户编号
        //拼接分页查询 SQL 语句
```

```
        String sql ="select * from shop_user where flag!=0 limit "+start
                +","+pageSize;
        //调用工具类 DBConnTool 执行 SQL 语句,返回结果集对象
        ResultSet rs = DBConnTool.Select(sql);
        while (rs.next()) {                                    //遍历结果集对象 rs
            //获取用户记录中各字段的值
            int id = rs.getInt("id");
            String name1 = rs.getString("name");
            String password = rs.getString("password");
            String question1 = rs.getString("question");
            String answer1 = rs.getString("answer");
            String tel = rs.getString("tel");
            double money = rs.getDouble("money");
            int jifen = rs.getInt("jifen");
            int flag = rs.getInt("flag");
            //实现编码转换
            String name = new String(name1.getBytes("8859_1"),"gb2312");
            String question = new String(question1.getBytes("8859_1"),
                    "gb2312");
            String answer = new String(answer1.getBytes("8859_1"),"gb2312");
            //在用户对象中封装各字段中的值
            User u = new User(id, name, password, question, answer, tel,
                    money, jifen, flag);
            userList.add(u);                                   //添加用户对象到容器对象
        }
        //为对象 pageModel 赋值,并为该对象的各属性赋值
        pageModel = new PageModel<User>();
        pageModel.setList(userList);
        pageModel.setTotalRecords(getTotalRecords(DBConnTool.getConn()));
        pageModel.setPageNo(pageNo);
        pageModel.setPageSize(pageSize);
        return pageModel;
    } catch (Exception e) {
        return null;
    }
}
```

【代码说明】

在上述代码中，首先创建分页边界类实例对象 pageModel、保存用户记录容器对象 userList 和拼接分页查询 SQL 语句变量 sql，然后通过调用工具类 DBConnTool 中的 select 方法执行查询 SQL 语句，并返回查询的结果集。最后，通过遍历结果集中的记录，将记录中各字段的值封装到 User 对象里，并将该对象保存到对象 userList 中，同时为对象 pageModel 赋值并返回。

8. 更新用户记录

该方法用来实现修改表 shop_ user 中用户记录的功能，以用户实体对象为参数，返回结果为布尔类型，表示是否成功修改用户信息。主要通过执行更新 SQL 语句来实现功能，具体代码如下所示。

```
public boolean modifyUser(User u) {
    try {
        //获取用户各属性值
        int id = u.getId();
        String name1 = u.getName();
        String question1 = u.getQuestion();
        String answer1 = u.getAnswer();
        String tel = u.getTel();
        //实现编码转换
        String name = new String(name1.getBytes("gb2312"), "8859_1");
        String question = new String(question1.getBytes("gb2312"), "8859_1");
        String answer = new String(answer1.getBytes("gb2312"), "8859_1");
        //拼接 update 更新 SQL 语句
        String sql = "update shop_user set name = '" + name + "', question = '"
                + question + "', answer = '" + answer + "', tel = '" + tel
                + "' where id = " + id;
        //调用工具类 DBConnTool 执行 SQL 语句
        int result = DBConnTool.Update(sql);
        if (result > 0)                       //根据 SQL 语句执行结果,返回更新结果
            return true;
        else
            return false;
    } catch (Exception e) {
        return false;
    }
}
```

【代码说明】

在上述代码中，首先通过传入的用户信息，拼接更新 SQL 语句变量 sql，然后通过调用工具类 DBConnTool 中的 update 方法执行更新 SQL 语句，最后通过返回影响记录数进行判断，如果影响记录数大于 0 则返回 true，否则返回 false。

9. 删除用户记录

该方法用来实现删除表 shop_ user 中用户记录的功能，以用户类型对象的 id 值为参数，返回结果为布尔类型，表示是否成功删除用户记录。主要通过执行删除 SQL 语句来实现功能，具体代码如下所示。

```
public boolean delType(int id) {
    //拼接 delete 删除 SQL 语句
    String sql = "delete from shop_user where id = " + id;
    //调用工具类 DBConnTool 执行 SQL 语句
    int result = DBConnTool.Delete(sql);
    if (result >0)                    //根据 SQL 语句执行结果,返回删除结果
        return true;
    else
        return false;
}
```

【代码说明】

在上述代码中，首先通过传入的用户对象 id 值，拼接删除 SQL 语句变量 sql，然后通过调用工具类 DBConnTool 中的 delete 方法执行删除 SQL 语句，最后通过返回影响记录数进行

判断，如果影响记录数大于0则返回true，否则返回false。

10. 通过用户名查寻记录

该方法用来实现查询表shop_ user中记录的功能，以用户名为参数，返回结果为用户实体类型。主要通过执行查询SQL语句来实现功能，具体代码如下所示。

```
public User getUser(String name1) {
    User u = null;
    try {
        //实现编码转换
        String name = new String(name1.getBytes("gb2312"), "8859_1");
        //拼接select查询SQL语句
        String sql = "select * from shop_user where name = '" + name + "'";
        //调用工具类DBConnTool执行SQL语句,返回结果集对象
        ResultSet rs = DBConnTool.Select(sql);
        if (rs.next()) {                                    //遍历结果集
            //获取记录中各字段的值
            int id = rs.getInt("id");
            String password = rs.getString("password");
            String question1 = rs.getString("question");
            String answer1 = rs.getString("answer");
            String tel = rs.getString("tel");
            double money = rs.getDouble("money");
            int jifen = rs.getInt("jifen");
            int flag = rs.getInt("flag");
            //实现编码转换
            String question = new String(question1.getBytes("8859_1"),
                    "gb2312");
            String answer = new String(answer1.getBytes("8859_1"), "gb2312");
            //封装信息到u对象中
            u = new User(id, name1, password, question, answer, tel, money,
                    jifen, flag);
        }
        return u;
    } catch (Exception e) {
        return null;
    }
}
```

【代码说明】

在上述代码中，首先通过传入的用户名拼接查询SQL语句变量sql，然后通过调用工具类DBConnTool中的select方法执行查询SQL语句，并返回结果集对象。最后，在获取结果集里，将记录中各个字段的值封装到用户实体类对象中并返回该对象。

11. 根据用户名更新记录

该方法用来实现修改表shop_ user中用户记录的功能，以用户名、余额和积分为参数，返回结果为布尔类型，表示是否成功修改用户信息。主要通过执行更新SQL语句来实现功能，具体代码如下所示。

```
public boolean modifyMoney(String name1, double money, int jifen) {
    try {
        //实现编码转换
        String name = new String(name1.getBytes("gb2312"), "8859_1");
        //拼接 select 更新 SQL 语句
        String sql = "update shop_user set money =" + money + ",jifen ="
                + jifen + " where name = '" + name + "'";
        //调用工具类 DBConnTool 执行 SQL 语句,返回结果集对象
        int result = DBConnTool.Update(sql);
        if (result > 0)                                    //根据返回值进行判断
            return true;
        else
            return false;
    } catch (Exception e) {
        return false;
    }
}
```

【代码说明】

在上述代码中，首先通过传入的用户名、余额和积分，拼接更新 SQL 语句变量 sql，然后通过调用工具类 DBConnTool 中的 update 方法执行更新 SQL 语句，最后通过返回影响记录数进行判断，如果影响记录数大于 0 则返回 true，否则返回 false。

4.3.3 用户业务逻辑类的实现过程

用户业务逻辑类 UserService. java 位于包 com. xalg. service 中，实现了包 com. xalg. iservice 中的接口 IUserService，该类通过调用数据访问层里类 UserDao 中的各种方法实现关于用户模块的各种业务逻辑功能，具体代码如下所示。

```
public class UserService implements IUserService {
    //创建数据访问层类实例
    private IUserDao ud = new UserDao();
    private IPreferentialDao dd = new PreferentialDao();
    // 注册用户
    public boolean registerUser(User u) {
        boolean flag = false;
        flag = ud.addUser(u);
        return flag;
    }
    // 登录功能,返回值:0 为超级管理员;1 为普通用户; -1 为没有权限
    public int loginUser(String name, String pass) {
        int flag = -1;
        boolean loginFlag = ud.findUser(name, pass);
        if (loginFlag) {
            flag = ud.getQuanxian(name, pass);
        }
        return flag;
    }
    // 找回密码——校验用户权限
    public boolean authInfo(String name, String question, String answer) {
        boolean flag = false;
```

```
    flag = this. ud. authInfo( name, question, answer) ;
        return flag;
    }
    //找回密码——重新设置用户密码
    public boolean resetPassword( String name, String pass) {
        boolean flag = false;
        flag = ud. modifyPassword( name, pass) ;
    return flag;
    }
    // 分页查询功能
    public PageModel < User > listByPage( int pageNo, int pageSize) {
        return this. ud. findAllUser( pageNo, pageSize) ;
    }
    // 修改用户信息
    public boolean modifyUser( User u) {
        boolean flag = false;
        flag = ud. modifyUser( u) ;
        return flag;
    }
    // 删除用户功能
    public boolean delUser( int id) {
        boolean flag = false;
        flag = ud. delUser( id) ;
        return flag;
    }
    // 充值功能
    public boolean setChongzhi( String username, double money) {
        boolean flag = false;
        User user = this. ud. getUser( username) ;           // 获取用户信息
        int youhui = dd. getYouHui( ) ;                      // 获取优惠值系统
        money = money * youhui;
        flag = this. ud. modifyMoney( user. getName( ), user. getMoney( ) + money,
                    user. getJifen( ) ) ;
        return flag;
    }
    // 结款功能——根据用户名查找用户信息功能
    public User getUser( String name1) {
        return this. ud. getUser( name1) ;
    }
    // 结款功能——更新用户余额和积分功能
    public boolean modifyMoney( String name, double money, int jifen) {
        boolean flag = false;
        flag = this. ud. modifyMoney( name, money, jifen) ;
        return flag;
    }
}
```

【代码说明】

在上述代码中，为了降低层与层之间的耦合性，类 UserService 中通过接口编程的方式引入数据访问层的类 UserDao 和类 PreferentialDao。之所以创建 PreferentialDao 实例，是因为为用户充值时，需要获取优惠值。关于该类的具体代码，请查看后续内容。

4.3.4 前台用户模块控制层实现

在线购物系统的前台中，关于用户模块中所涉及的功能包含购物用户注册功能、会员用户登录功能、会员用户退出功能和找回会员密码功能。关于处理这些功能请求的控制类分别如下。

1. 购物用户注册功能

当购物用户发出注册请求后，就会交给类 Register. java 来处理，该类通过调用用户业务逻辑类中的方法 registerUser 来实现注册功能。类 Register 位于包 com. xalg. servlet 中，其具体代码如下所示。

```
public class Register extends HttpServlet {
    IUserService us = new UserService();                    //创建 UserService 类实例
    //处理注册请求
    public void doPost(HttpServletRequest request, HttpServletResponse response)
            throws ServletException, IOException {
        response. setContentType("text/html");
        PrintWriter out = response. getWriter();
        //获取注册页面用户输入信息
        String user = request. getParameter("user");
        String pass = request. getParameter("pass");
        String question = request. getParameter("question");
        String answer = request. getParameter("answer");
        String tel = request. getParameter("tel");
        int money = 0;                                      //新注册的用户账户中都是 0 元
        int jifen = 0;                                      //新注册的用户积分为 0
        int flag = 1;                                       //新注册的用户都是普通用户类型
        //封装用户信息到实体类 User
        User u = new User(user,pass,question,answer,tel,money,jifen,flag);
        //调用业务逻辑层的注册方法实现注册功能
        boolean b = us. registerUser(u);
        if(b)                                               //注册成功
        {
            //弹出用户注册成功的提示信息
            out. println("<script>alert('用户注册成功!')</script>");
            //返回首页
            response. setHeader("Refresh","1;url = index. jsp");
        }
    }
}
```

【代码说明】

在上述代码中，首先通过请求对象 request 获取注册页面输入的注册用户信息，同时封装这些信息于实体对象 u 中，然后通过调用用户业务逻辑类对象 us 中的方法 registerUser 将对象 u 所封装的信息添加到数据库中。最后，根据该方法的返回结果实现页面跳转，如果注册成功（即返回值为真），则弹出“用户注册成功”提示信息，同时返回系统首页。

关于类 Register 的代码如下所示。

```
<servlet>
  <servlet-name>Reg</servlet-name>                          <!-- servlet 的名称 -->
  <servlet-class>com.xalg.servlet.Register</servlet-class><!-- servlet 的全称类名 -->
  </servlet>
<servlet-mapping>
  <servlet-name>Reg</servlet-name>                          <!-- servlet 的名称 -->
  <url-pattern>/Reg</url-pattern>                           <!-- 映射到 servlet 的 URL -->
</servlet-mapping>
```

发出用户注册请求的页面为 reg.jsp，用户在系统首页中，单击“用户登录”部分的“用户注册”超链接即可进入注册页面，如图 4-1 所示。

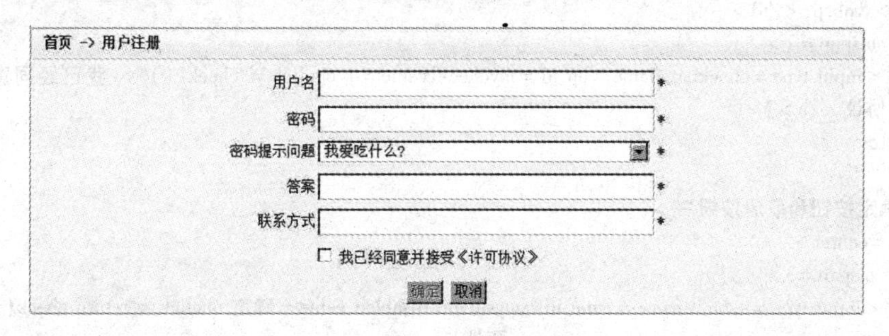

图 4-1　注册页面

关于 reg.jsp 页面的关键代码如下。

```
<form action=Reg method=post name=f>
  <table border=0 align=center style="line-height:35px">
  <!-- 用户名输入文本框 -->
  <tr>
      <td align=right>用户名</td>
      <td><input type=text name=user class=bg value=${param.user}></td>
      <td align=left><div id=user_error>*</div></td>
  </tr>
  <!-- 密码输入文本框 -->
  <tr>
      <td align=right>密码</td>
      <td><input type=password name=pass class=bg value=${param.pass}></td>
      <td align=left><div id=user_error>*</div></td>
  </tr>
  <!-- 密码提示问题下拉列表框 -->
  <tr>
      <td align=right>密码提示问题</td>
      <td><select name=question class=bg>
          <option value=我爱吃什么？>我爱吃什么？</option>
          <option value=我的宠物名字？>我的宠物名字？</option>
          <option value=我喜欢的歌？>我喜欢的歌？</option>
      </select></td>
      <td align=left><div id=user_error>*</div></td>
  </tr>
  <!-- 答案输入文本框 -->
  <tr>
      <td align=right>答案</td>
```

```
        <td><input type=text name=answer class=bg value= ${param.answer}></td>
        <td align=left><div id=user_error>*</div></td>
    </tr>
    <!-- 联系方式输入文本框 -->
    <tr>
        <td align=right>联系方式</td>
        <td><input type=text name=tel class=bg value= ${param.tel}></td>
        <td align=left><div id=user_error>*</div></td>
    </tr>
    <!-- 许可协议复选框 -->
    <tr>
        <td> </td>
        <td colspan=2>
            <input type=checkbox name=op id=mycheck value=1 onclick="check1()"> 我已经同意并接受《<a
href=#>许可协议</a>》
        </td>
    </tr>
    <!-- 确定按钮和取消按钮 -->
    <tr align=center>
        <td colspan=3>
            <input type=submit name=enter id=mysubmit disabled value=确定 onclick="return check()">
            <input type=reset name=enter value=取消>
        </td>
    </tr>
    </table>
</form>
```

【代码说明】

在上述代码中，整个表单布局采用表格的形式进行布局，每一行包含3部分内容，分别为内容标识符、表单标签和必填*标记。首先设置表单请求处理 Servlet 的映射 URL 为 Reg，然后设计表单的内容："用户名"文本框、"密码"文本框、"密码提示问题"下拉列表框、"答案"文本框、"联系方式"文本框、接受许可协议复选框、"确定"和"取消"按钮。

注意，在在线购物系统的编码实现阶段，应该以功能为单位进行实现，即完整实现一个功能的实体模型层（模型）、数据库访问层、业务逻辑层、控制层和表现层后，才能实现其他功能。本书在具体设计时，将所有功能的表示层页面都统一安排在第5章。

2. 会员用户登录功能

当会员用户发出登录请求后，就会交给类 Login. java 来处理，该类通过调用用户业务逻辑类中的方法 loginUser 来实现登录功能。类 Login 位于包 com. xalg. servlet 中，其具体代码如下所示。

```
public class Login extends HttpServlet {
    IUserService us = new UserService();              //创建 UserService 类实例
    //处理登录请求
    public void doPost(HttpServletRequest request, HttpServletResponse response)
            throws ServletException, IOException {
        response.setContentType("text/html");
        PrintWriter out = response.getWriter();
        //获取登录信息
```

```
        String name = request. getParameter("user");
        String pass = request. getParameter("pass");
        //创建 Session 对象
        HttpSession session = request. getSession();
        //调用业务逻辑层的注册方法来实现注册功能
        int flag = us. loginUser(name, pass);
        if (flag != -1) {                               //登录成功
            //弹出登录成功的提示信息
            out. println("<script>alert('验证成功!')</script>");
            //保存用户名和用户权限到 session 对象
            session. setAttribute("username", name);
            session. setAttribute("flag", flag);
            if (flag = =0)                              //当拥有管理员权限
                response. setHeader("Refresh", "1;url = admin/index. jsp");
            else                                        //当拥有会员权限
                response. setHeader("Refresh", "1;url = index. jsp");
        } else {                                        //登录失败
            //弹出登录失败的提示信息
            out. println("<script>alert('您是无权用户!')</script>");
            response. setHeader("Refresh", "1;url = index. jsp");
        }
    }
}
```

【代码说明】

在上述代码中，首先通过请求对象 request 获取登录页面输入的用户信息，同时创建保存登录用户信息的 session 对象，然后通过调用用户业务逻辑类对象 us 中的方法 loginUser 查看数据库中是否存在获取到的用户信息。最后根据该方法的返回结果进行相应操作，如果登录成功的同时，用户拥有管理员权限，则除了跳转到后台首页外，还保存用户信息和权限到 session 对象；如果登录成功的同时，用户拥有会员权限，则除了跳转到显示用户信息的前台首页外，还保存用户信息和权限到 session 对象；如果登录不成功，则除了弹出登录失败的信息框外，还会跳转到前台首页。

关于类 Login 的代码如下所示。

```
<servlet>
    <servlet-name>Login </servlet-name>                         <!-- servlet 的名称 -->
    <servlet-class>com. xalg. servlet. Login </servlet-class>   <!-- servlet 的全称类名 -->
</servlet>
<servlet-mapping>
    <servlet-name>Login </servlet-name>                         <!-- servlet 的名称 -->
    <url-pattern>/Login</url-pattern>                           <!-- 映射到 servlet 的 URL -->
</servlet-mapping>
```

发出用户登录请求为前台首页 index. jsp 中左边的登录模块部分，详细内容可以查看 5.4 节的内容。

3. 会员用户退出功能

当会员用户发出退出请求后，就会交给类 Exit1 来处理，该类通过调用 HttpSession 对象的方法 removeAttribute 来实现退出功能。类 Exit1 位于包 com. xalg. servlet 中，其具体代码如下所示。

```
public class Exit1 extends HttpServlet {
    //处理会员用户的退出请求
    public void doGet(HttpServletRequest request, HttpServletResponse response)
            throws ServletException, IOException {
        response.setContentType("text/html");
        PrintWriter out = response.getWriter();
        //获取 session 对象
        HttpSession session = request.getSession(false);
        //移除 session 对象里关于登录会员用户的信息
        session.removeAttribute("username");
        session.removeAttribute("flag");
        //删除 session
        session.invalidate();
        //跳转到前台首页
        response.sendRedirect("index.jsp");
        out.flush();
        out.close();
    }
}
```

【代码说明】

在上述代码中，首先获取 session 对象，然后将该对象中关于登录会员用户的信息移除，同时删除该对象，最后跳转到前台首页 index. jsp。

关于类 Exit1 的代码如下所示。

```
<servlet>
  <servlet-name> Exit1 </servlet-name>                    <!-- servlet 的名称 -->
  <servlet-class>com.xalg.servlet.Exit1 </servlet-class>  <!-- servlet 的全称类名 -->
  </servlet>
  <servlet-mapping>
    <servlet-name>Exit1 </servlet-name>                   <!-- servlet 的名称 -->
    <url-pattern>/Exit1 </url-pattern>                    <!--映射到 servlet 的 URL -->
  </servlet-mapping>
```

发出用户退出请求为前台首页 index. jsp 中所包含的导航模块页面 daohang. jsp，详细内容可以查看 5. 4 节的内容。

4. 找回会员密码功能

当会员用户忘记自己的密码时，可以通过自己的用户名和密码提示问题找回密码，具体找回步骤如下：

1）在“忘记密码”页面，通过输入会员用户名与密码提示问题和答案校验会员用户是否具有找回密码的权限。

2）如果会员用户具有找回密码的权限，则可以在“重置密码”页面中重新设置会员用户密码。

验证会员找回密码权限的请求，会交给类 Forget 来处理，该类通过调用用户业务逻辑类中的方法 authInfo 来实现权限校验功能。类 Forget 位于包 com. xalg. servlet 中，其具体代码如下所示。

```
public class Forget extends HttpServlet {
    IUserService us = new UserService();                          //创建 UserService 类实例
                                                                  //处理验证找回密码权限的请求
    public void doPost(HttpServletRequest request, HttpServletResponse response)
            throws ServletException, IOException {
        response.setContentType("text/html");
        PrintWriter out = response.getWriter();
        //获取找回密码页面用户输入的信息
        String name = request.getParameter("user");
        String question = request.getParameter("question");
        String answer = request.getParameter("answer");
        //创建保存用户名信息上下文对象
        ServletContext context = getServletContext();
        //调用业务逻辑层的校验会员权限方法来实现校验功能
        boolean b = us.authInfo(name, question, answer);
        if (b) {                                                  //校验成功
            //弹出会员校验成功的提示信息
            out.println("<script>alert('基本信息验证正确!')</script>");
            //保存会员用户信息到上下文对象里
            context.setAttribute("current_name", name);
            //返回重置密码页面
            response.setHeader("Refresh", "1;url=resetpass.jsp");
        } else {                                                  //校验失败
            //弹出会员校验失败的提示信息
            out.println("<script>alert('基本信息有误!')</script>");
            //返回忘记密码页面
            response.setHeader("Refresh", "1;url=forget.jsp");
        }
        out.flush();
        out.close();
    }
}
```

【代码说明】

在上述代码中，首先通过请求对象 request 获取找回密码页面输入的会员用户名信息与所选择的密码提示问题和答案，同时创建保存用户信息的 context 对象，然后通过调用用户业务逻辑类对象 us 中的方法 authInfo 查看数据库中是否存在与之匹配的会员用户记录信息。最后根据该方法的返回结果进行相应操作，如果登录成功的同时，用户拥有管理员权限，则除了跳转到后台首页外，还保存用户信息和权限到 session 对象；如果校验权限成功，则除了跳转到重置密码页面外，还保存用户信息到 context 对象；如果登录不成功，则除了弹出校验权限失败信息框外，还会跳转到找回密码页面。

关于类 Forget 的代码如下所示。

```
<servlet>
  <servlet-name>Forget</servlet-name>                          <!-- servlet 的名称 -->
  <servlet-class>com.xalg.servlet.Forget</servlet-class>       <!-- servlet 的全称类名 -->
</servlet>
<servlet-mapping>
  <servlet-name>Forget</servlet-name>                          <!-- servlet 的名称 -->
  <url-pattern>/Forget</url-pattern>                           <!--映射到 servlet 的 URL -->
</servlet-mapping>
```

发出验证会员找回密码权限的请求为前台页面 forget. jsp，详细内容可以查看 5.4 节的内容。

当具有找回密码权限会员用户发出重置密码的请求后，就会交给类 Resetpass 来处理，该类通过调用用户业务逻辑类中的方法 resetPassword 来实现重置密码功能。类 Resetpass 位于包 com. xalg. servlet 中，其具体代码如下所示。

```
public class Resetpass extends HttpServlet {
    IUserService us = new UserService();                          //创建 UserService 类实例
    //处理重置密码的请求
    public void doPost(HttpServletRequest request, HttpServletResponse response)
            throws ServletException, IOException {
        response.setContentType("text/html");
        PrintWriter out = response.getWriter();
        //获取会员用户名信息
        String name = (String)context.getAttribute("current_name");
        //获取会员用户重新设置的密码
        String pass = request.getParameter("pass2");
        //调用业务逻辑层的重新设置密码方法来实现重置密码的功能
        boolean b = us.resetPassword(name, pass);
        if (b)                                                    //重置密码成功
            out.println("<script>alert('密码修改成功,请牢记!')</script>");
        else                                                      //重置密码不成功
            out.println("<script>alert('密码修改失败!')</script>");
        //返回首页
        response.setHeader("Refresh", "1;url=index.jsp");
        out.flush();
        out.close();
    }
}
```

【代码说明】

在上述代码中，首先通过请求对象 request 获取重新设置密码页面输入的新密码信息，同时获取容器对象 context 所保存的会员用户信息，然后通过调用用户业务逻辑类对象 us 中的方法 resetPassword 修改数据库中该会员用户记录里的密码信息。再后根据该方法的返回结果进行相应操作，如果修改密码成功，则弹出密码修改成功信息框；如果修改密码不成功，则弹出密码修改失败信息框。最后跳转到前台首页。

关于类 Resetpass 的代码如下所示。

```
<servlet>
    <servlet-name> Resetpass </servlet-name>                      <!-- servlet 的名称 -->
    <servlet-class> com.xalg.servlet.Resetpass </servlet-class>   <!-- servlet 的全称类名 -->
</servlet>
<servlet-mapping>
    <servlet-name> Resetpass </servlet-name>                      <!-- servlet 的名称 -->
    <url-pattern>/Resetpass </url-pattern>                        <!-- 映射到 servlet 的 URL -->
</servlet-mapping>
```

发出重置密码请求为前台页面 resetpass. jsp，详细内容可以查看 5.4 节的内容。

4.3.5 后台用户模块控制层实现

在线购物系统的后台中，关于用户模块中所涉及的功能包含分页显示会员用户信息功能、修改会员用户信息功能、删除单个会员用户信息功能、删除批量会员用户信息功能和管理员用户退出功能。关于处理这些功能请求的控制类分别如下。

1. 分页显示会员用户信息功能

当管理员用户发出查看会员用户信息请求后，就会交给类 User_ List 来处理，该类通过调用用户业务逻辑类中的方法 listByPage 来实现分页显示会员用户信息的功能。类 User_ List 位于包 com. xalg. servlet 中，其具体代码如下所示。

```
public class User_List extends HttpServlet {
    IUserService us = new UserService();                          //创建 UserService 类实例
    //处理用户分页显示请求
    public void doGet(HttpServletRequest request, HttpServletResponse response)
            throws ServletException, IOException {
        //设置请求页号,默认值为 1
        int pageNo = 1;
        //获取请求页号字符串
        String pageNoString = request.getParameter("pagenum");
        //判断请求页号字符串
        if (pageNoString != null&&!"".equals(pageNoString)) {
            pageNo = Integer.parseInt(pageNoString);
        }
        int pageSize = 3;                                         //设置页面显示的数据数
        //创建保存分页用户数据的 session 对象
        HttpSession session = request.getSession();
        //调用业务逻辑层的查询分页中用户数据的功能
        PageModel<User> pageModel = us.listByPage(pageNo, pageSize);
        //保存用户分页对象到 session 对象中
        session.setAttribute("pageuser", pageModel);
        //跳转到查看用户信息页面
        response.sendRedirect("/shop/admin/user_man.jsp");

    }
}
```

【代码说明】

在上述代码中，首先创建表示请求页号和每页中显示用户数据数变量 pageNo 和 pageSize，如果请求页号值不为 null 和空字符串，则设置其为 pageNo 的值，否则该变量的值为默认值 1。然后通过调用用户业务逻辑类对象 us 中的方法 listByPage 来获取所请求页号的用户分页对象，同时将该对象保存到容器 session 中。最后跳转到查看用户信息页面。

关于类 User_ List 的代码如下所示：

```
<servlet>
    <servlet-name> User_List </servlet-name>                        <!-- servlet 的名称 -->
    <servlet-class>com.xalg.servlet.User_List </servlet-class>      <!-- servlet 的全称类名 -->
</servlet>
<servlet-mapping>
    <servlet-name> User_List </servlet-name>                        <!-- servlet 的名称 -->
    <url-pattern> /servlet/User_List </url-pattern>                 <!--映射到 servlet 的 URL -->
</servlet-mapping>
```

发出查看会员用户信息请求为后台页面 admin \ left. jsp，详细内容可以查看 5. 4 节的内容。

2. 修改会员用户信息功能

当管理员用户发出修改会员用户信息请求后，就会交给类 User_ modify 来处理，该类通过调用用户业务逻辑类中的方法 modifyUser 来实现修改会员用户信息的功能。类 User_ modify 位于包 com. xalg. servlet 中，其具体代码如下所示。

```
public class User_modify extends HttpServlet {
    IUserService us = new UserService();                //创建 UserService 类实例
    //处理修改会员用户信息请求
    public void doPost(HttpServletRequest request, HttpServletResponse response)
            throws ServletException, IOException {
        response.setContentType("text/html");
        PrintWriter out = response.getWriter();
        //获取所要修改会员用户的 id
        int id = Integer.parseInt(request.getParameter("id"));
        //获取修改后的会员用户信息
        String name = request.getParameter("user");
        String question = request.getParameter("question");
        String answer = request.getParameter("answer");
        String tel = request.getParameter("tel");
        //封装信息到对象 u
        User u = new User(id, name, question, answer, tel);
        //调用业务逻辑层的修改会员用户信息方法来实现修改会员用户的功能
        boolean b = us.modifyUser(u);
        if(b) {                                         //修改会员用户信息成功
            out.println("<script>alert('修改成功!')</script>");
    } else {                                            //修改会员用户信息失败
            out.println("<script>alert('修改失败!')</script>");
        }
        response.setHeader("Refresh", "1;url=/shop/servlet/User_List");
        out.flush();
        out.close();
    }
}
```

【代码说明】

在上述代码中，首先创建表示所要修改会员用户变量 id 和获取该会员用户修改后的信息内容，同时封装这些信息到用户类型对象里。然后通过调用用户业务逻辑类对象 us 中的方法 modifyUser 来实现修改会员用户信息的功能。最后根据该方法的返回结果进行相应操作，如果修改会员用户信息成功，则弹出修改成功信息框；如果修改会员用户信息不成功，则弹出修改失败信息框，同时跳转到显示会员用户信息页面。

关于类 User_ modify 的代码如下所示。

```
<servlet>
  <servlet-name> User_modify </servlet-name>                              <!-- servlet 的名称 -->
  <servlet-class>com.xalg.servlet.User_modify </servlet-class>            <!-- servlet 的全称类名 -->
</servlet>
<servlet-mapping>
  <servlet-name> User_modify </servlet-name>                              <!-- servlet 的名称 -->
  <url-pattern> /admin/User_modify </url-pattern>                         <!--映射到 servlet 的 URL -->
</servlet-mapping>
```

发出修改会员用户信息请求为后台页面 admin \ user_ man. jsp，详细内容可以查看 5.4 节的内容。具体修改会员用户信息的页面为后台页面 admin \ user_ modify. jsp，详细内容也可以查看 5.4 节的内容。

3. 删除单个会员用户信息功能

当管理员用户发出删除单个会员用户请求后，就会交给类 User_ del 来处理，该类通过调用用户业务逻辑类中的方法 delUser 来实现删除单个会员用户的功能。类 User_ del 位于包 com. xalg. servlet 中，其具体代码如下所示。

```
public class User_del extends HttpServlet {
    IUserService us = new UserService( );                    //创建 UserService 类实例
    //处理删除会员用户请求
    public void doGet(HttpServletRequest request, HttpServletResponse response)
            throws ServletException, IOException {
        response.setContentType("text/html");
        PrintWriter out = response.getWriter( );
        //获取所要删除会员用户的 id
        int id = Integer.parseInt(request.getParameter("id"));
        //调用业务逻辑层的删除用户方法来实现删除单个会员用户的功能
        boolean b = us.delUser(id);
        if (b) {
            out.println("<script>alert('删除成功!')</script>");
        } else {
            out.println("<script>alert('删除失败!')</script>");
        }
        response.setHeader("Refresh", "1;url=/shop/servlet/User_List");
        out.flush( );
        out.close( );
    }
}
```

【代码说明】

在上述代码中，首先创建表示所要删除会员用户变量 id，然后通过调用用户业务逻辑类对象 us 中的方法 delUser 来实现删除会员用户信息的功能。最后根据该方法的返回结果进行相应操作，如果删除会员用户信息成功，则弹出删除成功信息框；如果删除会员用户信息不成功，则弹出删除失败信息框，同时跳转到显示会员用户信息页面。

关于类 User_ del 的代码如下所示。

```
<servlet>
  <servlet-name> User_del </servlet-name>                         <!-- servlet 的名称 -->
  <servlet-class>com.xalg.servlet.User_del</servlet-class>        <!-- servlet 的全称类名 -->
</servlet>
<servlet-mapping>
  <servlet-name> User_del </servlet-name>                         <!-- servlet 的名称 -->
  <url-pattern> /admin/User_del </url-pattern>                    <!-- 映射到 servlet 的 URL -->
</servlet-mapping>
```

发出删除单个会员用户信息请求为后台页面 admin \ user_ man. jsp，详细内容可以查看 5.4 节的内容。

4. 删除批量会员用户信息功能

当管理员用户发出删除批量会员用户信息请求后，就会交给类 User_ delall 来处理，该类通过调用用户业务逻辑类中的方法 delUser 来实现删除批量会员用户信息的功能。类 User_ delall 位于包 com. xalg. servlet 中，其具体代码如下所示。

```
public class User_delall extends HttpServlet {
    IUserService us = new UserService();                    //创建 UserService 类实例
    //处理批量删除会员用户请求
    public void doGet(HttpServletRequest request, HttpServletResponse response)
            throws ServletException, IOException {
        response.setContentType("text/html");
        PrintWriter out = response.getWriter();
        //获取所要删除的会员用户的 id 字符串
        String str = request.getParameter("str");
        String s[] = str.split("|");
        String temp = "";
        for (int i = 0; i < s.length; i++) {
            if (! s[i].equals("")) {
                if (! s[i].equals("|")) {
                    temp = temp + s[i];
                } else {
                    int id = Integer.parseInt(temp);
                    us.delUser(id);
                    temp = "";
                }
            }
        }
        out.println("<script>alert('批量删除成功!')</script>");
        out.println("正在跳转,请稍候…");
        response.setHeader("Refresh", "1;url=/shop/servlet/User_List");
        out.flush();
        out.close();
    }
}
```

【代码说明】

在上述代码中，首先创建表示所要删除会员用户的 id 组合字符串变量 str，然后通过 for 循环遍历会员用户 id 组，通过调用用户业务逻辑类对象 us 中的方法 delUser 来实现删除会员用户信息的功能。最后如果删除会员用户信息成功，则弹出批量删除成功信息框，同时跳转到显示会员用户信息页面。

关于类 User_ delall 的代码如下所示。

```
<servlet>
  <servlet-name> User_delall </servlet-name>                          <!-- servlet 的名称 -->
  <servlet-class>com.xalg.servlet.User_delall </servlet-class>        <!-- servlet 的全称类名 -->
</servlet>
<servlet-mapping>
  <servlet-name> User_delall </servlet-name>                          <!-- servlet 的名称 -->
  <url-pattern> /admin/User_delall </url-pattern>                     <!-- 映射到 servlet 的 URL -->
</servlet-mapping>
```

发出删除批量会员用户信息请求为后台页面 user_ man. jsp，详细内容可以查看 5. 4 节的内容。

5. 管理员用户退出功能

当管理员用户发出退出请求后，就会交给类 Exit 来处理，该类通过调用 HttpSession 对象的方法 removeAttribute 来实现退出功能。类 Exit 位于包 com. xalg. servlet 中，其具体代码如下所示。

```
public class Exit extends HttpServlet {
    //处理管理员用户退出请求
    public void doGet(HttpServletRequest request, HttpServletResponse response)
            throws ServletException, IOException {
        response.setContentType("text/html");
        PrintWriter out = response.getWriter();
        //获取 session 对象
        HttpSession session = request.getSession(false);
        //移除 session 对象中关于登录会员用户的信息
        session.removeAttribute("username");
        session.removeAttribute("flag");
        //删除 session
        session.invalidate();
        //跳转到前台首页
        response.sendRedirect("../index.jsp");
        out.flush();
        out.close();
    }
}
```

【代码说明】

在上述代码中，首先获取 session 对象，然后移除该对象中关于登录管理员用户的信息，同时删除该对象，最后跳转到前台首页 index. jsp。

关于类 Exit 的代码如下所示。

```
<servlet>
    <servlet-name> Exit </servlet-name>                    <!-- servlet 的名称 -->
    <servlet-class>com.xalg.servlet.Exit</servlet-class>   <!-- servlet 的全称类名 -->
</servlet>
<servlet-mapping>
    <servlet-name>Exit</servlet-name>                      <!-- servlet 的名称 -->
    <url-pattern>/Exit</url-pattern>                       <!--映射到 servlet 的 URL -->
</servlet-mapping>
```

发出管理员用户退出请求为后台页面 admin \ left. jsp，详细内容可以查看 5. 4 节的内容。

4.4 优惠值模块的实现

在线购物系统中，关于优惠值模块中所涉及的功能包含用户中心页面的向账户中充值功能和设置优惠值系数功能。

4.4.1 优惠值实体类的实现过程

优惠值实体类 Preferential 位于包 com. xalg. model 中，其具体代码如下所示。

```
public class Type {
    private int id;                    // 优惠值编号
    private int youhui;                // 优惠值系数
    //省略构造函数
    ......
    //省略 getXXX 和 setXXX 方法
    ......
}
```

4.4.2 优惠值数据访问类的实现过程

优惠值数据访问类 PreferentialDao 位于包 com. xalg. dao 中，实现了包 com. xalg. idao 中的接口 IPreferentialDao，该类提供了关于表 shop_ preferential 的增删改查方法，主要包含查询优惠值系数方法和更新优惠值记录方法等。

1. 查询优惠值系数方法

该方法用来实现从表 shop_ preferential 中查询记录，返回结果为整数类型，表示优惠值系数。主要通过执行查询 SQL 语句来实现功能，具体代码如下所示。

```
public int getYouHui() {
    int youhui = 1;                                    //创建优惠值系数变量
    try {
    //查询 SQL 语句
    String sql = "select * from shop_preferential";
    //调用工具类 DBConnTool 执行 SQL 语句
    ResultSet rs = DBConnTool. Select(sql);
    if (rs. next()) {                                  //根据 SQL 语句执行结果,返回优惠值系数
        youhui = rs. getInt("youhui");
    }
    return youhui;
  } catch (Exception e) {
    return 1;
  }
}
```

2. 更新优惠值记录方法

该方法用来实现更新表 shop_ preferential 中记录的功能，以优惠值系数为参数，返回结果为布尔类型，表示是否修改优惠值系数成功。主要通过执行更新 SQL 语句来实现功能，具体代码如下所示。

```
public boolean setYouHui(int youhui) {
    //更新 SQL 语句
    String sql = "update shop_preferential set youhui = " + youhui;
    //调用工具类 DBConnTool 执行 SQL 语句
    int result = DBConnTool. Update(sql);
    if (result = = 1)                                 //根据 SQL 语句执行结果,返回更新结果
        return true;
    else
        return false;
}
```

4.4.3 优惠值业务逻辑类的实现过程

优惠值业务逻辑类 PreferentialService 位于包 com. xalg. service 中，实现了包 com. xalg. iservice 中的接口 IPreferentialService，该类通过调用数据访问层中类 PreferentialDao 中的各种方法实现关于优惠值模块的各种业务逻辑功能，具体代码如下所示。

```
public class PreferentialService implements IPreferentialService {
    IPreferentialDao dd = new PreferentialDao();              //创建数据访问层类实例
    //设置优惠值系数功能
    public boolean setYouHui(int youhui) {
        boolean flag = false;
        flag = dd.setYouHui(youhui);
        return flag;
    }
    //获取优惠值系数功能
    public int getYouHui() {
        return this.dd.getYouHui();
    }
}
```

【代码说明】

在上述代码中，本应包含实现会员用户充值功能的方法，但本书将该功能设置到用户业务逻辑类中的方法 setChongzhi 中。

4.4.4 前台优惠值模块控制层实现

在线购物系统的前台中，关于优惠值模块中所涉及的功能只有一个，即在用户中心页面中向卡中充值功能，不仅涉及优惠值模块，而且涉及用户模块。

当会员用户发出充值请求后，就会交给类 Chongzhi 来处理，该类通过调用用户业务逻辑类中的方法 setChongzhi 来实现充值功能。类 Chongzhi 位于包 com. xalg. servlet 中，其具体代码如下所示。

```
public class Chongzhi extends HttpServlet {
    IUserService us = new UserService();                     // 创建 UserService 类实例
    //处理会员用户充值请求
    public void doPost(HttpServletRequest request, HttpServletResponse response)
            throws ServletException, IOException {
        response.setContentType("text/html");
        PrintWriter out = response.getWriter();
        //获取 session 对象
        HttpSession session = request.getSession();
        //获取 session 对象中的用户名变量
        String name1 = (String) session.getAttribute("username");
        if (name1 = = null) {                                 // 当购物用户没有登录时
            out.println("<script>alert('请登录后再充值!')</script>");
            response.setHeader("Refresh", "1;url=index.jsp");
            return;
        }
        int money = Integer.parseInt(request.getParameter("num"));     // 输入的金额
        //调用用户业务逻辑层的充值方法来实现充值功能
```

```
        boolean result = us.setChongzhi(name1, money);
        if (result) {                                                   // 充值成功
            out.println("<script>alert('充值成功!')</script>");
            response.setHeader("Refresh", "1;url = index.jsp");
        } else {                                                        // 充值不成功
            out.println("<script>alert('充值失败!')</script>");
            response.setHeader("Refresh", "1;url = yhzx.jsp");
        }
    }
}
```

【代码说明】

在上述代码中，首先通过请求对象 request 获取会员用户登录的用户名信息，如果用户名为空，则弹出未登录信息，然后跳转到首页；如果用户名不为空，则获取所输入的金额，然后调用用户业务逻辑类对象 us 中的方法 setChongzhi 将所充金额值修改到数据库中。最后根据该方法的返回结果实现页面跳转，如果充值成功（即返回值为真），则弹出“充值成功”提示信息，同时返回系统主页；如果充值不成功，则弹出“充值不成功”提示信息，同时返回系统主页。

关于类 Chongzhi 的代码如下所示。

```
<servlet>
    <servlet-name>Chongzhi</servlet-name>                    <!-- servlet 的名称 -->
    <servlet-class>com.xalg.servlet.Chongzhi</servlet-class> <!-- servlet 的全称类名 -->
</servlet>
<servlet-mapping>
    <servlet-name>Chongzhi</servlet-name>                    <!-- servlet 的名称 -->
    <url-pattern>/Chongzhi</url-pattern>                     <!-- 映射到 servlet 的 URL -->
</servlet-mapping>
```

发出用户充值请求的页面为 yhzx.jsp，详细内容可以查看 5.5 节的内容。

4.4.5 后台优惠值模块控制层实现

在线购物系统的后台中，关于优惠值模块中所涉及的功能只有一个，即设置优惠值系数功能。当管理员发出设置优惠系数请求后，就会交给类 Chongzhi_set 来处理，该类通过调用优惠值业务逻辑类中的方法 setYouHui 来实现设置优惠值系统的功能，其具体代码如下所示。

```
public class Chongzhi_set extends HttpServlet {
    IPreferentialService ds = new PreferentialService();        //创建 PreferentialService 类实例
    //处理设置优惠值系数请求
    public void doPost(HttpServletRequest request, HttpServletResponse response)
            throws ServletException, IOException {
        response.setContentType("text/html");
        PrintWriter out = response.getWriter();
        //获取所设置的优惠值系数
        int youhui = Integer.parseInt(request.getParameter("youhui"));
        //调用业务逻辑层的设置优惠值系数方法来实现设置优惠值系数的功能
        boolean b = ds.setYouHui(youhui);
        if(b)                                                   //设置优惠值系数成功
            out.println("<script>alert('充值优惠活动设置成功!')</script>");
```

```
        else                                        //设置优惠值系数不成功
                out.println("<script>alert('充值优惠活动设置失败!')</script>");
            response.setHeader("Refresh","1;url=chongzhi_set.jsp");
            out.flush();
            out.close();
        }
}
```

【代码说明】

在上述代码中，首先通过请求对象 request 获取管理员所设置的优惠值系数，然后调用优惠值业务逻辑类对象 ds 中的方法 setYouHui 将优惠值系统更新到数据库表里。最后，根据该方法的返回结果实现页面跳转，如果设置成功（即返回值为真），则弹出“充值优惠活动设置成功”提示信息；如果设置不成功，则弹出“充值优惠活动设置不成功”提示信息，同时返回优惠值设置页面。

关于类 Chongzhi_set 的代码如下所示。

```
<servlet>
  <servlet-name> Chongzhi_set </servlet-name>                <!-- servlet 的名称 -->
  <servlet-class>com.xalg.servlet.Chongzhi_set </servlet-class>   <!-- servlet 的全称类名 -->
</servlet>
<servlet-mapping>
  <servlet-name> Chongzhi_set </servlet-name>                <!-- servlet 的名称 -->
  <url-pattern> /admin/Chongzhi_set </url-pattern>           <!--映射到 servlet 的 URL -->
</servlet-mapping>
```

发出设置优惠系数请求为后台页面 admin \ left.jsp，详细内容可以查看 5.5 节的内容。

4.5 商品类型模块的实现

在线购物系统中，关于商品类型模块中所涉及的功能包含添加商品类型功能、分页显示商品类型信息功能、修改商品类型功能、删除单个商品类型功能和删除批量商品类型功能。

4.5.1 商品类型实体类的实现过程

商品类型实体类 Type 位于包 com.xalg.model 中，其具体代码如下所示。

```
public class Type {
    private int id;                    // 商品类型编号
    private String name;               // 商品类型名称
    //省略构造函数
    ……
    //省略 getXXX 和 setXXX 方法
    ……
}
```

4.5.2 商品类型数据访问类的实现过程

商品类型数据访问类 TypeDao 位于包 com.xalg.dao 中，实现了包 com.xalg.idao 中的接口 ITypeDao，该类提供了关于表 shop_type 的增、删、改、查功能，主要包含查询所有商品类型记录方法、插入商品类型记录方法、通过 id 查找商品类型记录方法、查找商品类型记录数方法、查找分页单位内记录方法、更新商品类型记录方法、删除商品类型记录方法等。

1. 查询所有商品类型记录方法

该方法用来实现查询表 shop_type 中记录的功能，返回结果为列表集合类型，表示保存商品类型的容器。主要通过执行查询 SQL 语句来实现功能，其具体代码如下所示。

```
public ArrayList listType() {
    ArrayList list = new ArrayList();                //创建保存商品类型对象
    try {
        //拼接 select 查询 SQL 语句
        String sql = "select * from shop_type";
        //调用工具类 DBConnTool 执行 SQL 语句,返回结果集对象
        ResultSet rs = DBConnTool.Select(sql);
        while (rs.next()) {                          //遍历结果集对象
            //获取类型中的信息
            int id = rs.getInt("id");
            String name1 = rs.getString("name");
            //实现编码转换
            String name = new String(name1.getBytes("8859_1"), "gb2312");
            //封装类型信息到商品类型对象
            Type t = new Type(id, name);
            list.add(t);                             //添加商品类型到容器
        }
        return list;
    } catch (Exception e) {
        return null;
    }
}
```

2. 插入商品类型记录方法

该方法用来实现向表 shop_type 中插入一条记录，以商品类型对象为参数，返回结果为布尔类型，表示商品类型记录是否插入成功。主要通过执行插入 SQL 语句来实现功能，其具体代码如下所示。

```
public boolean addType(Type t) {
    try {
        //获取商品类型的各属性值
        String name1 = t.getName();
        String name = new String(name1.getBytes("gb2312"), "8859_1");
        //拼接 insert 插入 SQL 语句
        String sql = "insert into shop_type(name) values('" + name + "')";
        //调用工具类 DBConnTool 执行 SQL 语句
        int result = DBConnTool.Insert(sql);
        if (result == 1)                     //根据 SQL 语句执行结果,返回插入结果
            return true;
        else
            return false;
    } catch (Exception e) {
        return false;
    }
}
```

3. 通过id查找商品类型记录方法

该方法用来实现查询表shop_ type中商品类型记录的功能，以商品类型id为参数，返回结果为布尔类型，表示该商品类型记录是否存在。主要通过执行查询SQL语句来实现功能，其具体代码如下所示。

```
public Type getById(int id) {
    Type t = null;                                          //创建商品类型实例
    try {
        //拼接select查询SQL语句
        String sql ="select * from shop_type where id =" + id;
        //调用工具类DBConnTool执行SQL语句,返回结果集对象
        ResultSet rs = DBConnTool.Select(sql);
        if (rs.next()) {                                    //根据结果集记录数进行判断
            String name1 = rs.getString("name");            //获取商品类型的名字
            //实现编码转换
            String name = new String(name1.getBytes("8859_1"), "gb2312");
            t = new Type(id, name);                         //封装信息到类型对象t
        }
        return t;
    } catch (Exception e) {
        return null;
    }
}
```

4. 查找商品类型记录数方法

该方法用来实现查找表shop_ type中记录数的功能，返回结果为整数类型，表示记录数。主要通过执行查询SQL语句来实现功能，其具体代码如下所示。

```
public int getTotalRecords() throws SQLException {
    //创建查询记录数SQL语句
    String sql ="select count( * ) from shop_type";
    int count = 0;                                      //创建表示记录数的变量count
    try {
        //调用工具类DBConnTool执行SQL语句,返回结果集对象
        ResultSet rs = DBConnTool.Select(sql);
        if (rs.next()) {                                //判断SQL语句执行结果
            count = rs.getInt(1);                       //为变量count赋值
        }
    } catch (Exception e) {
        return 0;
    }
    return count;
}
```

5. 查找分页单位内记录方法

该方法用来实现查找表shop_ type中分页单位内记录的功能，以请求页号和每页记录数为参数，返回结果为分页边界类类型。主要通过执行查询SQL语句来实现功能，其具体代码如下所示。

```
public PageModel < Type > findAllTypes (int pageNo, int pageSize) {
    PageModel < Type > pageModel = null;                      //创建分页边界类实例
    List < Type > typeList = new ArrayList < Type > ( );      //创建保存商品类型记录的容器对象
    try {
        int start = (pageNo - 1) * pageSize;                   //请求页中开始记录用户编号
        //拼接分页查询 SQL 语句
        String sql = "select  *  from shop_type where flag != 0 limit " + start
                + "," + pageSize;
        //调用工具类 DBConnTool 执行 SQL 语句,返回结果集对象
        ResultSet rs = DBConnTool. Select(sql);
        while (rs. next( )) {                                   //遍历结果集对象 rs
            //获取商品类型记录中各字段的值
            int id = rs. getInt("id");
            String name1 = rs. getString("name");
            //实现编码转换
            String name = new String(name1. getBytes("8859_1"), "gb2312");
            //在商品类型对象中封装各字段中的值
            Type t = new Type(id, name);
            typeList. add(t);                                   //添加商品类型对象到容器对象
        }
        //为对象 pageModel 赋值,并为该对象的各属性赋值
        pageModel = new PageModel < Type > ( );
        pageModel. setList(typeList);
        pageModel. setTotalRecords(getTotalRecords( ));
        pageModel. setPageNo(pageNo);
        pageModel. setPageSize(pageSize);
        return pageModel;
    } catch (Exception e) {
        return null;
    }
}
```

6. 更新商品类型记录方法

该方法用来实现更新表 shop_ type 中商品类型记录的功能，以商品类型实体对象为参数，返回结果为布尔类型，表示修改商品类型记录数据是否成功。主要通过执行更新 SQL 语句来实现功能，其具体代码如下所示。

```
public boolean modifyType(Type t) {
    try {
        //获取商品类型的各属性值
        int id = t. getId( );
        String name1 = t. getName( );
        //实现编码转换
        String name = new String(name1. getBytes("gb2312"), "8859_1");
        //拼接 update 更新 SQL 语句
        String sql = "update shop_type set name = '" + name + "' where id ="
                + id;
        //调用工具类 DBConnTool 执行 SQL 语句
        int result = DBConnTool. Update(sql);
        if (result >0)                          //根据 SQL 语句执行结果,返回更新结果
            return true;
```

```
            else
                return false;
        } catch (Exception e) {
            return false;
        }
    }
```

7. 删除商品类型记录方法

该方法用来实现删除表 shop_ type 中商品类型记录的功能，以商品类型对象的 id 值为参数，返回结果为布尔类型，表示删除商品类型记录数据是否成功。主要通过执行删除 SQL 语句来实现功能，其具体代码如下所示。

```
public boolean delType(int id) {
    //拼接 delete 删除 SQL 语句
    String sql = "delete from shop_type where id = " + id;
    //调用工具类 DBConnTool 执行 SQL 语句
    int result = DBConnTool.Delete(sql);
    if (result > 0)                         //根据 SQL 语句执行结果,返回删除结果
        return true;
    else
        return false;
}
```

4.5.3 商品类型业务逻辑类的实现过程

商品类型业务逻辑类 TypeService 位于包 com. xalg. service 中，实现了包 com. xalg. iservice 中的接口 ITypeService，该类通过调用数据访问层中的类 TypeDao 中的各种方法实现关于商品类型模块的各种业务逻辑功能，具体代码如下所示。

```
public class TypeService implements ITypeService {
    private ITypeDao td = new TypeDao();                //创建数据访问层类实例
    // 展示商品类型功能
    public ArrayList<Type> listType() {
        ArrayList<Type> als = new ArrayList<Type>();
        als = (ArrayList<Type>) this.td.listType();
        return als;
    }
    // 添加商品类型功能
    public boolean addType(Type t) {
        boolean flag = false;
        flag = td.addType(t);
        return flag;
    }
    // 分页查询功能
    public PageModel<Type> listByPage(int pageNo, int pageSize) {
        return this.td.findAllTypes(pageNo, pageSize);
    }
    // 修改商品类型功能
    public boolean modifyType(Type t) {
        boolean flag = false;
        flag = td.modifyType(t);
```

```
        return flag;
    }
    // 删除商品类型功能
    public boolean delType(int id) {
        boolean flag = false;
        flag = td.delType(id);
        return flag;
    }
}
```

4.5.4 后台商品类型模块控制层实现

在线购物系统的后台中，关于商品类型模块中所涉及的功能包含添加商品类型功能、分页显示商品类型信息功能、修改商品类型信息功能、删除单个商品类型信息功能和删除批量商品类型信息功能等。关于处理这些功能请求的控制类分别如下。

1. 添加商品类型功能

当管理员发出添加商品类型请求后，就会交给类 Type_ add 来处理，该类通过调用商品类型业务逻辑类中的方法 addType 来实现添加商品类型的功能，其具体代码如下所示。

```
public class Type_add extends HttpServlet {
    ITypeService ts = new TypeService();                          //创建 TypeService 类实例
    //处理添加商品类型请求
    public void doPost(HttpServletRequest request, HttpServletResponse response)
            throws ServletException, IOException {
        response.setContentType("text/html");
        PrintWriter out = response.getWriter();
        //获取所要添加商品类型的名字
        String name = request.getParameter("name");
        //封装商品类型信息到对象 t
        Type t = new Type(name);
        //调用业务逻辑层的添加商品类型方法来实现添加功能
        boolean b = ts.addType(t);
        if (b)                                                    //添加商品类型信息成功
            out.println("<script>alert('类型添加成功!')</script>");
        else                                                      //添加商品类型信息不成功
            out.println("<script>alert('类型添加失败!')</script>");
        response.setHeader("Refresh", "1;url=type_add.jsp");
        out.flush();
        out.close();
    }
}
```

【代码说明】

在上述代码中，首先通过请求对象 request 获取添加商品类型页面输入的类型名称，同时封装这些信息于实体对象 t 中。然后通过调用商品类型业务逻辑类对象 ts 中的方法 addType 将对象 t 所封装的信息添加到数据库中。最后根据该方法的返回结果实现页面跳转，如果添加成功（即返回值为真），则弹出“类型添加成功”提示信息，同时返回商品类型添加页面；否则弹出“类型添加失败”提示信息，同时返回商品类型添加页面。

关于类 Type_ add 的代码如下所示。

```
<servlet>
  <servlet-name> Type_add </servlet-name>                          <!-- servlet 的名称 -->
  <servlet-class>com.xalg.servlet.Type_add </servlet-class> <!-- servlet 的全称类名 -->
</servlet>
<servlet-mapping>
  <servlet-name> Type_add </servlet-name>                          <!-- servlet 的名称 -->
  <url-pattern> /admin/Type_add </url-pattern>                      <!-- 映射到 servlet 的 URL -->
</servlet-mapping>
```

发出添加商品类型信息请求为后台页面 admin \ type_ add. jsp，详细内容可以查看 5.6 节的内容。

2. 分页显示商品类型信息功能

当管理员发出分页显示商品类型信息请求后，就会交给类 Type_ List 来处理，该类通过调用商品类型业务逻辑类中的方法 listByPage 来实现分页查询功能，其具体代码如下所示。

```
public class Type_List extends HttpServlet {
  ITypeService ts = new TypeService();                              //创建 TypeService 类实例
  //处理商品类型分页显示请求
  public void doGet(HttpServletRequest request, HttpServletResponse response)
          throws ServletException, IOException {
      //设置请求页号,默认值为 1
      int pageNo = 1;
      //获取请求页号字符串
      String pageNoString = request.getParameter("pagenum");
      //判断请求页号字符串
      if (pageNoString != null && !"".equals(pageNoString)) {
          pageNo = Integer.parseInt(pageNoString);
      }
      int pageSize = 3;                                              //设置页面显示的数据数
      //创建保存分页商品类型数据的 session 对象
      HttpSession session = request.getSession();
      //调用业务逻辑层的查询分页中商品类型数据功能来实现分页查询
      PageModel<Type> pageModel = ts.listByPage(pageNo, pageSize);
      //保存商品类型分页对象到 session 对象中
      session.setAttribute("pagetype", pageModel);
      //跳转到查看商品类型信息页面
      response.sendRedirect("/shop/admin/type_man.jsp");
  }
}
```

【代码说明】

关于类 Type_ List 的代码如下所示。

```
<servlet>
  <servlet-name> Type_List </servlet-name>                         <!-- servlet 的名称 -->
  <servlet-class>com.xalg.servlet.Type_List </servlet-class>       <!-- servlet 的全称类名 -->
</servlet>
<servlet-mapping>
  <servlet-name> Type_List </servlet-name>                         <!-- servlet 的名称 -->
  <url-pattern> /servlet/Type_List </url-pattern>                  <!-- 映射到 servlet 的 URL -->
</servlet-mapping>
```

发出分页显示商品类型信息请求为后台页面 admin \ left. jsp，详细内容可以查看 5. 3 节的内容。具体显示分页商品类型信息的页面为 admin \ type_ man. jsp，详细内容可以查看 5. 6 节的内容。

3. 修改商品类型信息功能

当管理员发出修改商品类型信息请求后，就会交给类 Type_ modify 来处理，该类通过调用商品类型业务逻辑类中的方法 modifyType 来实现修改商品类型的功能，其具体代码如下所示。

```
public class Type_modify extends HttpServlet {
    ITypeService ts = new TypeService( );                    //创建 TypeService 类实例
    //处理修改商品类型信息请求
    public void doPost(HttpServletRequest request, HttpServletResponse response)
            throws ServletException, IOException {
        response. setContentType("text/html");
        PrintWriter out = response. getWriter( );
        //获取所要修改的商品类型的 id
        int id = Integer. parseInt(request. getParameter("id"));
        //获取修改后的商品类型信息
        String name = request. getParameter("name");
        //封装信息到对象 t
        Type t = new Type(id, name);
        //调用业务逻辑层的修改商品类型信息方法来实现修改商品类型的功能
        boolean b = ts. modifyType(t);
        if (b) {                                              //修改商品类型信息成功
            out. println("<script>alert('修改成功!')</script>");
        } else {                                              //修改商品类型信息失败
            out. println("<script>alert('修改失败!')</script>");
        }
        response. setHeader("Refresh", "1;url=/shop/servlet/Type_List");
        out. flush( );
        out. close( );
    }
}
```

关于类 Type_ modify 的代码如下所示。

```
<servlet>
    <servlet-name> Type_modify </servlet-name>                        <!-- servlet 的名称 -->
    <servlet-class>com. xalg. servlet. Type_modify</servlet-class>   <!-- servlet 的全称类名 -->
</servlet>
<servlet-mapping>
    <servlet-name> Type_modify </servlet-name>                        <!-- servlet 的名称 -->
    <url-pattern> /admin/Type_modify </url-pattern>                   <!-- 映射到 servlet 的 URL -->
</servlet-mapping>
```

发出修改商品类型信息请求为后台页面 admin \ type_ man. jsp，详细内容可以查看 5. 6 节的内容。

4. 删除单个商品类型信息功能

当管理员发出删除单个商品类型信息请求后，就会交给类 Type_ del 来处理，该类通过调用商品类型业务逻辑类中的方法 delType 来实现删除单个商品类型的功能，其具体代码如下所示。

```
public class Type_del extends HttpServlet {
    ITypeService ts = new TypeService();                          //创建 TypeService 类实例
    //处理删除单个商品类型信息请求
    public void doGet(HttpServletRequest request, HttpServletResponse response)
            throws ServletException, IOException {
        response.setContentType("text/html");
        PrintWriter out = response.getWriter();
        //获取所要删除的商品类型信息的 id
        int id = Integer.parseInt(request.getParameter("id"));
        //调用业务逻辑层的删除商品类型方法来实现删除单个商品类型信息的功能
        boolean b = ts.delType(id);
        if (b) {                                                  //删除商品类型信息成功
            out.println("<script>alert('删除成功!')</script>");
        } else {                                                  //删除商品类型信息失败
            out.println("<script>alert('删除失败!')</script>");
        }
        response.setHeader("Refresh", "1;url=/shop/servlet/Type_List");
        out.flush();
        out.close();
    }
}
```

关于类 Type_del 的代码如下所示。

```
<servlet>
    <servlet-name> Type_del </servlet-name>                       <!-- servlet 的名称 -->
    <servlet-class>com.xalg.servlet.Type_del </servlet-class>     <!-- servlet 的全称类名 -->
</servlet>
<servlet-mapping>
    <servlet-name> Type_del </servlet-name>                       <!-- servlet 的名称 -->
    <url-pattern> /admin/Type_del </url-pattern>                  <!--映射到 servlet 的 URL -->
</servlet-mapping>
```

发出删除单个商品类型信息请求为后台页面 admin \ type_ man. jsp，详细内容可以查看5.6节的内容。

5. 删除批量商品类型信息功能

当管理员发送删除批量商品类型信息请求后，就会交给类 Type_ delall 来处理，该类通过调用商品类型业务逻辑类中的方法 delType 来实现删除批量商品类型信息的功能，其具体代码如下所示。

```
public class Type_delall extends HttpServlet {
    ITypeService ts = new TypeService();                          //创建 TypeService 类实例
    //处理删除批量商品类型信息请求
    public void doGet(HttpServletRequest request, HttpServletResponse response)
            throws ServletException, IOException {
    response.setContentType("text/html");
    PrintWriter out = response.getWriter();
    //获取所要删除的商品类型信息的 id 字符串
    String str = request.getParameter("str");
    String s[] = str.split("|");
    String temp = "";
    ITypeService ts = new TypeService();
```

```
        for (int i =0; i < s.length; i++) {
            if (! s[i].equals("")) {
                if (! s[i].equals("|")) {
                    temp = temp + s[i];
                } else {
                    int id = Integer.parseInt(temp);
                    ts.delType(id);
                    temp ="";
                }
            }
        }
        out.println("<script>alert('批量删除成功!')</script>");
        out.println("正在跳转,请稍候…");
        response.setHeader("Refresh", "1;url = /shop/servlet/Type_List");
        out.flush();
        out.close();
    }
}
```

关于类 Type_ delall 的代码如下所示。

```
<servlet>
    <servlet-name> Type_delall </servlet-name>                          <!-- servlet 的名称 -->
    <servlet-class> com.xalg.servlet.Type_delall </servlet-class> <!-- servlet 的全称类名 -->
</servlet>
<servlet-mapping>
    <servlet-name> Type_delall </servlet-name>                          <!-- servlet 的名称 -->
    <url-pattern> /admin/Type_delall </url-pattern>                     <!-- 映射到 servlet 的 URL -->
</servlet-mapping>
```

发出删除批量商品类型信息请求为后台页面 admin \ type_ man. jsp，详细内容可以查看 5. 6 节的内容。

4.6 商品模块的实现

在线购物系统中，关于商品模块中所涉及的功能包含根据商品类型展示商品功能、查看商品信息功能、商品求赞功能、添加商品功能、分页显示商品信息功能、修改商品信息功能、删除单个商品功能、删除批量商品功能。

4.6.1 商品实体类的实现过程

商品实体类 Goods 位于包 com. xalg. model 中，其具体代码如下所示。

```
public class Goods {
    private int id;                         // 商品编号
    private int type_id;                    // 商品类型编号
    private String name;                    // 商品名称
    private double price;                   // 商品价格
    private String photo;                   // 商品图片路径
    private String data;                    // 商品数量
    private int pingjia;                    // 商品评价
    //省略构造函数
```

```
    ......
    //省略 getXXX 和 setXXX 方法
    ......
}
```

4.6.2 商品数据访问类的实现过程

商品数据访问类 GoodsDao 位于包 com. xalg. dao 中，实现了包 com. xalg. idao 中的接口 IGoodsDao，该类提供了关于表 shop_ goods 的增、删、改、查功能，主要包含插入商品记录方法、查找商品记录数方法、查找分页单位内记录方法、更新商品记录方法和删除商品记录方法等。

1. 插入商品记录方法

该方法用来实现向表 shop_ goods 中插入一条记录，以商品对象为参数，返回结果为布尔类型，表示商品记录插入是否成功。主要通过执行插入 SQL 语句来实现功能，其具体代码如下所示。

```
public boolean addGoods(Goods g) {
    try {
        //获取商品的各属性值
        int type_id = g.getType_id();
        String name1 = g.getName();
        double price = g.getPrice();
        String photo = g.getPhoto();
        String data1 = g.getData();
        int pingjia = g.getPingjia();
        //实现编码转换
        String name = new String(name1.getBytes("gb2312"), "8859_1");
        String data = new String(data1.getBytes("gb2312"), "8859_1");
        //拼接 insert 插入 SQL 语句
        String sql = "insert into shop_goods(type_id,name,price,photo,data,pingjia) values("
                + type_id
                + ",'"
                + name
                + "',"
                + price
                + ",'"
                + photo
                + "','" + data + "'," + pingjia + ")";
        //调用工具类 DBConnTool 执行 SQL 语句
        int result = DBConnTool.Insert(sql);
        if (result == 1)                        //根据 SQL 语句执行结果,返回插入结果
            return true;
        else
            return false;
    } catch (Exception e) {
        return false;
    }
}
```

2. 查找商品记录数方法

该方法用来实现查询表 shop_ goods 中商品记录数的功能，返回结果为整数类型，表示记录数。主要通过执行查询 SQL 语句来实现功能，其具体代码如下所示。

```
public int getTotalRecords( ) throws SQLException {
    //创建查询字段 flag 值不为 0 的查询 SQL 语句
    String sql = "select count( * ) from shop_goods";
    int count = 0;                                    //创建表示记录数的变量 count
    try {
        //调用工具类 DBConnTool 执行 SQL 语句,返回结果集对象
        ResultSet rs = DBConnTool. Select( sql) ;
        if (rs. next( ) ) {                          //判断 SQL 语句执行结果
            count = rs. getInt(1) ;                  //为变量 count 赋值
        }
    } catch (Exception e) {
        return 0;
    }
    return count;
}
```

3．查找分页单位内记录方法

该方法用来实现查询表 shop_ goods 中分页单位内商品记录的功能，以请求页号和每页记录数为参数，返回结果为分页边界类类型。主要通过执行查询 SQL 语句来实现功能，其具体代码如下所示。

```
public PageModel < Goods >  findAllUser( int pageNo, int pageSize) {
    PageModel < Goods >  pageModel = null;                        //创建分页边界类实例
    List < Goods >  goodsList = new ArrayList < Goods > ( ) ;     //创建保存商品记录的容器对象
    try {
        int start = ( pageNo - 1) * pageSize;                     //请求页中开始记录用户编号
        //拼接分页查询 SQL 语句
        String sql = "select  *  from shop_goods order by id desc limit "
                + start + "," + pageSize;
        //调用工具类 DBConnTool 执行 SQL 语句,返回结果集对象
        ResultSet rs = DBConnTool. Select( sql) ;
        while (rs. next( ) ) {                                   //遍历结果集对象 rs
            //获取商品记录中各字段的值
            int id = rs. getInt("id") ;
            int type_id = rs. getInt("type_id") ;
            String name1 = rs. getString("name") ;
            double price = rs. getDouble("price") ;
            String photo = rs. getString("photo") ;
            String data1 = rs. getString("data") ;
            int pingjia = rs. getInt("pingjia") ;
            //实现编码转换
            String data = new String( data1. getBytes("8859_1") , "gb2312") ;
            String name = new String( name1. getBytes("8859_1") , "gb2312") ;
            //在商品对象中封装各字段中的值
            Goods g = new Goods( id, type_id, name, price, photo, data,
                pingjia) ;
            goodsList. add( g) ;                                  //添加商品对象到容器对象中
        }
        //为对象 pageModel 赋值,并为该对象的各属性赋值
        pageModel = new PageModel < Goods > ( ) ;
        pageModel. setList( goodsList) ;
```

```
            pageModel. setTotalRecords( getTotalRecords( ) );
            pageModel. setPageNo( pageNo);
            pageModel. setPageSize( pageSize);
            return pageModel;
        } catch (Exception e) {
            return null;
        }
    }
```

4. 更新商品记录方法

该方法用来实现修改表 shop_ goods 中商品记录的功能，以商品实体对象为参数，返回结果为布尔类型，表示更新商品记录数据是否成功。主要通过执行更新 SQL 语句来实现功能，其具体代码如下所示。

```
public boolean modifyGoods( Goods g) {
    try {
        //获取商品的各属性值
        int id = g. getId( );
        int type_id = g. getType_id( );
        String name1 = g. getName( );
        double price = g. getPrice( );
        String photo = g. getPhoto( );
        String data1 = g. getData( );
        //实现编码转换
        String name = new String( name1. getBytes("gb2312"), "8859_1");
        String data = new String( data1. getBytes("gb2312"), "8859_1");
        String sql = "";                                    //创建 sql 变量
        if (photo = = null)
            sql = "update shop_goods set type_id = " + type_id + ",name = '"
                + name + "',price = " + price + ",data = '" + data
                + "' where id = " + id;
        else
            sql = "update shop_goods set type_id = " + type_id + ",name = '"
                + name + "',price = " + price + ",photo = '" + photo
                + "',data = '" + data + "' where id = " + id;
        //调用工具类 DBConnTool 执行 SQL 语句
        int result = DBConnTool. Update( sql);
        if (result = = 1)                                   //根据 SQL 语句执行结果,返回更新结果
            return true;
        else
            return false;
    } catch (Exception e) {
        return false;
    }
}
```

5. 删除商品记录方法

该方法用来实现删除表 shop_ goods 中商品记录的功能，以商品对象的 id 值为参数，返回结果为布尔类型，表示删除商品记录数据是否成功。主要通过执行删除 SQL 语句来实现功能，其具体代码如下所示。

```
public boolean delGoods(int id) {
    //拼接 delete 删除 SQL 语句
    String sql = "delete from shop_goods where id = " + id;
    //调用工具类 DBConnTool 执行 SQL 语句
    int result = DBConnTool.Delete(sql);
    if (result == 1)                          //根据 SQL 语句执行结果,返回删除结果
        return true;
    else
        return false;
}
```

4.6.3 商品业务逻辑类的实现过程

商品业务逻辑类 GoodsService 位于包 com.xalg.service 中，实现了包 com.xalg.iservice 中的接口 IGoodsService，该类通过调用数据访问层中的类 GoodsDao 中的各种方法实现关于商品模块的各种业务逻辑功能，具体代码如下所示。

```
public class GoodsService implements IGoodsService {
    private IGoodsDao gd = new GoodsDao();              //创建数据访问层类实例
    // 分页显示类型中的商品
    public PageModel<Goods> listByPage(int type_id, int pagenum, int count) {
        PageModel<Goods> pm = null;
        pm = this.gd.listByPage(type_id, pagenum, count);
        return pm;
    };
    // 查看单个商品信息
    public Goods getById(int id) {
        Goods goods = null;
        goods = this.gd.getById(id);
        return goods;
    };
    //点赞功能
    public boolean addHaoping(int id) {
        boolean flag = false;
        flag = this.gd.addHaoping(id);
        return flag;
    };
    // 添加商品功能
    public boolean addGoods(Goods g) {
        boolean flag = false;
        flag = this.gd.addGoods(g);
        return flag;
    }
    // 分页查询商品功能
    public PageModel<Goods> listByPage(int pageNo, int pageSize) {
        return this.gd.findAllGoods(pageNo, pageSize);
    }
    // 修改商品功能
    public boolean modifyGoods(Goods g) {
        boolean flag = false;
        flag = this.gd.modifyGoods(g);
        return flag;
    }
```

```
    // 删除商品功能
    public boolean delGoods(int id) {
        boolean flag = false;
        flag = this.gd.delGoods(id);
        return flag;
    }
    // 根据类型 id 得到该类型的所有数据
    public ArrayList listByType(int type_id) {
        ArrayList al = null;
        al = this.gd.listByType(type_id);
        return al;
    };
}
```

4.6.4 前台商品模块控制层实现

在线购物系统的前台中，关于商品模块中所涉及的功能包含根据商品类型展示商品功能、查看商品信息功能、商品求赞功能。关于处理这些功能请求的控制类分别如下。

1. 根据商品类型展示商品功能

当在线购物系统发出根据商品类型展示商品请求后，就会交给类 Goods_ Type_ List 来处理，该类通过调用用户业务逻辑类中的方法 listByPage 来实现根据商品类型展示商品的功能。类 Goods_ Type_ List 位于包 com. xalg. servlet 中，其具体代码如下所示。

```
public class Goods_Type_List extends HttpServlet {
    IGoodsService gs = new GoodsService();                //创建 GoodsService 类实例
    //处理根据类型展示商品请求
    public void doGet(HttpServletRequest request, HttpServletResponse response)
            throws ServletException, IOException {
        response.setContentType("text/html");
        PrintWriter out = response.getWriter();
        //获取请求页号字符串
        String pageNoString = request.getParameter("pagenum");
        int type_id = Integer.parseInt(request.getParameter("type_id"));
        //设置请求页号,默认值为 1
        int pageNo = 1;
        //判断请求页号字符串
        if (pageNoString != null&&!"".equals(pageNoString)) {
        pageNo = Integer.parseInt(pageNoString);
    }
    int pageSize = 21;                                    //设置页面显示的数据数
    //调用业务逻辑层的查询分页中商品数据功能来实现分页查询
    PageModel<Goods> pageModel = gs.listByPage(type_id, pageNo, pageSize);
    //创建保存分页商品类型数据的 session 对象
    HttpSession session = request.getSession();
    //保存商品分页对象到 session 对象中
    session.setAttribute("pagegoodslist", pageModel);
    //保存商品类型对象的 id 到 session 对象中
    session.setAttribute("type_id", type_id);
    response.sendRedirect("/shop/sp.jsp");
    }
}
```

【代码说明】

在上述代码中，首先通过请求对象 request 获取注册页面输入的注册用户信息，同时封装这些信息于实体对象 u 中，然后通过调用用户业务逻辑类对象 us 中的方法 registerUser 将对象 u 所封装的信息添加到数据库中。最后根据该方法的返回结果实现页面跳转，如果注册成功（即返回值为真），则弹出“用户注册成功”提示信息，同时返回系统主页。

关于类 Goods_ Type_ List 的代码如下所示。

```
<servlet>
  <servlet-name>Goods_Type_List</servlet-name>                          <!-- servlet 的名称 -->
  <servlet-class>com.xalg.servlet.Goods_Type_List</servlet-class>      <!-- servlet 的全称类名 -->
</servlet>
<servlet-mapping>
  <servlet-name>Goods_Type_List</servlet-name>                          <!-- servlet 的名称 -->
  <url-pattern>/servelt/Goods_Type_List</url-pattern>                   <!-- 映射到 servlet 的 URL -->
</servlet-mapping>
```

展示商品的页面为 sp. jsp，详细内容可以查看 5. 7 节的内容。

2. 查看商品信息功能

当会员用户发出查看商品信息请求后，就会交给类 Goods_ Info 来处理，该类通过调用用户业务逻辑类中的方法 getById 来实现查看商品信息的功能。类 Goods_ Info 位于包 com. xalg. servlet 中，其具体代码如下所示。

```
public class Goods_Info extends HttpServlet {
    IGoodsService gs = new GoodsService();                    //创建 GoodsService 类实例
    //处理查看商品信息请求
    public void doGet(HttpServletRequest request, HttpServletResponse response)
            throws ServletException, IOException {
        response.setContentType("text/html");
        PrintWriter out = response.getWriter();
        //获取所要查看商品的 id
        String idstr = request.getParameter("id").trim();
        int id = Integer.parseInt(idstr);
        //调用业务逻辑层的根据 id 查看商品方法来实现查看商品信息的功能
        Goods goods = gs.getById(id);
        //创建 session 对象
        HttpSession session = request.getSession();
        //保存商品对象到 session 对象
        session.setAttribute("g", goods);
        //跳转到商品信息页面
        response.sendRedirect("/shop/sp_info.jsp");
    }
}
```

【代码说明】

在上述代码中，首先通过请求对象 request 获取登录页面输入的用户信息，同时创建保存登录用户信息的 session 对象，然后通过调用用户业务逻辑类对象 us 中的方法 loginUser 查看数据库中是否存在获取到用户信息。最后根据该方法的返回结果进行相应操作，如果登录成功的同时，用户拥有管理员权限，则除了跳转到后台首页外，还保存用户信息和权限到

session 对象；如果登录成功的同时，用户拥有会员权限，则除了跳转到显示用户信息的前台首页外，还将保存用户信息和权限到 session 对象；如果登录不成功，则除了弹出登录失败信息框外，还会跳转到前台首页。

关于类 Goods_ Info 的代码如下所示。

```
<servlet>
    <servlet-name> Goods_Info </servlet-name>                    <!-- servlet 的名称 -->
    <servlet-class>com.xalg.servlet.Goods_Info </servlet-class><!-- servlet 的全称类名 -->
</servlet>
<servlet-mapping>
    <servlet-name> Goods_Info </servlet-name>                    <!-- servlet 的名称 -->
    <url-pattern>/servelt/Goods_Info </url-pattern>              <!--映射到 servlet 的 URL -->
</servlet-mapping>
```

发出请求的页面为 sp. jsp，详细内容可以查看 5.7 节的内容。显示商品详细信息的页面为 sp_ info. jsp，详细内容也可以查看 5.7 节的内容。

3. 商品求赞功能

当会员用户发出点赞请求后，就会交给类 Haoping 来处理，该类通过调用用户业务逻辑类中的方法 addHaoping 来实现点赞功能。类 Haoping 位于包 com. xalg. servlet 中，其具体代码如下所示。

```
public class Haoping extends HttpServlet {
    IGoodsService gs = new GoodsService();                    //创建 CheService 类实例
    //处理商品求赞请求
    public void doGet(HttpServletRequest request, HttpServletResponse response)
            throws ServletException, IOException {
        response.setContentType("text/html");
        PrintWriter out = response.getWriter();
        //获取求赞商品的 id
        int id = Integer.parseInt(request.getParameter("id"));
        //调用业务逻辑层的商品求赞方法来实现求赞功能
        boolean b = gs.addHaoping(id);
        if (b) {                                              //当求赞成功时
            out.println("<script>alert('赞')</script>");
        }
        response.setHeader("Refresh", "1;url=sp_info.jsp? id=" + id);
        out.flush();
        out.close();
    }
}
```

【代码说明】

在上述代码中，首先通过请求对象 request 获取登录页面输入的用户信息，同时创建保存登录用户信息的 session 对象，然后通过调用用户业务逻辑类对象 us 中的方法 loginUser 查看数据库中是否存在获取到的用户信息。最后根据该方法的返回结果进行相应操作，如果登录成功的同时，用户拥有管理员权限，则除了跳转到后台首页外，还保存用户信息和权限到 session 对象；如果登录成功的同时，用户拥有会员权限，则除了跳转到显示用户信息的前台首页外，还将保存用户信息和权限到 session 对象；如果登录不成功，则除了弹出登录失败信息框外，还会跳转到前台首页。

关于类 Haoping 的代码如下所示。

```
<servlet>
  <servlet-name>Haoping</servlet-name>                          <!-- servlet 的名称 -->
  <servlet-class>com.xalg.servlet.Haoping </servlet-class><!-- servlet 的全称类名 -->
</servlet>
<servlet-mapping>
  <servlet-name>Haoping</servlet-name>                          <!-- servlet 的名称 -->
  <url-pattern>/Haoping </url-pattern>                          <!-- 映射到 servlet 的 URL -->
</servlet-mapping>
```

发出请求的页面为 sp_info.jsp，详细内容可以查看 5.7 节的内容。

4.6.5 后台商品模块控制层实现

在线购物系统的后台中，关于商品模块中所涉及的功能包含添加商品功能、分页显示商品信息功能、修改商品信息功能、删除单个商品信息功能和删除批量商品信息功能。关于处理这些功能请求的控制类分别如下。

1. 添加商品功能

当管理员发出添加商品请求后，就会交给类 Goods_add 来处理，该类通过调用商品业务逻辑类中的方法 addGoods 来实现添加商品功能，其具体代码如下所示。

```
public class Goods_add extends HttpServlet {
   IGoodsService gs = new GoodsService();                    //创建 GoodsService 类实例
   //处理添加商品请求
   public void doPost(HttpServletRequest request, HttpServletResponse response)
           throws ServletException, IOException {
      response.setContentType("text/html");
      PrintWriter out = response.getWriter();
      try {
           //创建文件上传工具类实例
           SmartUpload su = FileUpTool.FileUp(this, request, response);
           // 取出文件上传框中产生的文件对象
           File   file1 = su.getFiles().getFile(0);
           String filepath1 = null;                          //文件所在路径
           String filename1 = null;                          //文件的名称
           //获取商品的其他属性值
           int type_id = Integer.parseInt(su.getRequest().getParameter(
                   "type_id"));
           String name = su.getRequest().getParameter("name");
           double price = Double.parseDouble(su.getRequest().getParameter(
                   "price"));
           String data = su.getRequest().getParameter("data");
           int pingjia = 0;
           Goods g = null;
           if (! file1.isMissing())                          //当存在上传图片文件时
           {
                filepath1 = "upload\\";                      //相当于上传在 upload\目录下
                filename1 = file1.getFileName();             //获取上传的文件名称
                //拼接成真正要上传的目标路径和文件名,如 upload\....jpg
```

```
            String filepath = filepath1 + filename1;
                // 实现文件的真正上传,是将临时文件复制到 filepath 所指定的位置上
                file1.saveAs(filepath, SmartUpload.SAVE_VIRTUAL);
                //创建商品对象
                g = new Goods(type_id, name, price, filename1, data, pingjia);
            } else {                                            //当不存在上传图片文件时
                filename1 = "kb.png";                           //设置默认上传图片
                //创建商品对象
                g = new Goods(type_id, name, price, filename1, data, pingjia);
            }
            //调用业务逻辑层的添加商品方法来实现添加功能
            boolean b = gs.addGoods(g);
            if (b) {                                            //添加商品成功
                out.println("<script>alert('添加商品成功!')</script>");
            } else {                                            //添加商品失败
                out.println("<script>alert('添加商品失败!')</script>");
            }
            //跳转到商品显示页面
            response.setHeader("Refresh", "1;url=/shop/servlet/Goods_List");
        } catch (Exception e) {
            out.println(e.getMessage());
        }
        out.flush();
        out.close();
    }
}
```

关于类 Goods_ add 的代码如下所示。

```
<servlet>
    <servlet-name> Goods_add </servlet-name>                    <!-- servlet 的名称 -->
    <servlet-class>com.xalg.servlet.Goods_add </servlet-class>  <!-- servlet 的全称类名 -->
</servlet>
<servlet-mapping>
    <servlet-name> Goods_add </servlet-name>                    <!-- servlet 的名称 -->
    <url-pattern> /admin/Goods_add </url-pattern>               <!--映射到 servlet 的 URL -->
</servlet-mapping>
```

发出添加商品请求的页面为 goods_ add. jsp，详细内容可以查看 5.7 节的内容。

2. 分页显示商品信息功能

当管理员发出分页显示商品信息请求后，就会交给类 Goods_ List 来处理，该类通过调用商品业务逻辑类中的方法 listByPage 来实现分页查询功能，其具体代码如下所示。

```
public class Goods_List extends HttpServlet {
    IGoodsService gs = new GoodsService();                      //创建 GoodsService 类实例
    //处理商品信息分页显示请求
    public void doGet(HttpServletRequest request, HttpServletResponse response)
            throws ServletException, IOException {
        //设置请求页号,默认值为 1
        int pageNo = 1;
        //获取请求页号字符串
        String pageNoString = request.getParameter("pagenum");
```

```
        //判断请求页号字符串
        if(pageNoString!=null&&!"".equals(pageNoString)){
            pageNo=Integer.parseInt(pageNoString);
        }
        int pageSize=10;                        //设置页面显示的数据数
        //创建保存分页商品类型数据的 session 对象
        HttpSession session=request.getSession();
        //调用业务逻辑层的查询分页中商品信息数据功能来实现分页查询
        PageModel<Goods> pageModel=ts.listByPage(pageNo,pageSize);
        //保存商品分页对象到 session 对象中
        session.setAttribute("pagegoods",pageModel);
        //跳转到查看商品信息页面
        response.sendRedirect("/shop/admin/goods_man.jsp");
    }
}
```

关于类 Goods_ List 的代码如下所示。

```
<servlet>
    <servlet-name> Goods_List </servlet-name>                    <!-- servlet 的名称 -->
    <servlet-class>com.xalg.servlet.Goods_List </servlet-class>  <!-- servlet 的全称类名 -->
</servlet>
<servlet-mapping>
    <servlet-name> Goods_List </servlet-name>                    <!-- servlet 的名称 -->
    <url-pattern> /servlet/Goods_List </url-pattern>             <!--映射到 servlet 的 URL -->
</servlet-mapping>
```

发出分页显示商品信息请求为后台页面 left. jsp，详细内容可以查看 5. 3 节的内容。具体显示分页商品信息的页面为 goods_ man. jsp，详细内容可以查看 5. 7 节的内容。

3. 修改商品信息功能

当管理员发出修改商品信息请求后，就会交给类 Goods_ modify 来处理，该类通过调用商品业务逻辑类中的方法 modifyType 来实现修改商品功能，其具体代码如下所示。

```
public class Goods_modify extends HttpServlet {
    IGoodsService gs=new GoodsService();                //创建 GoodsService 类实例
    //处理修改商品信息请求
    public void doPost(HttpServletRequest request, HttpServletResponse response)
            throws ServletException, IOException {
        response.setContentType("text/html");
        PrintWriter out=response.getWriter();
        try{
            //创建文件上传工具类实例
            SmartUpload su=FileUpTool.FileUp(this, request, response);
            // 取出文件上传框中产生的文件对象
            File file1=su.getFiles().getFile(0);
            String filepath1=null;                      //文件所在路径
            String filename1=null;                      //文件的名称
            //获取商品的其他属性值
            int id=Integer.parseInt(su.getRequest().getParameter("id"));
            int type_id=Integer.parseInt(su.getRequest().getParameter(
```

```
                "type_id"));
        String name = su.getRequest().getParameter("name");
        double price = Double.parseDouble(su.getRequest().getParameter(
                "price"));
        String data = su.getRequest().getParameter("data");
        String upfile = su.getRequest().getParameter("upfile");
        Goods g = null;
        if (! file1.isMissing())                    //当存在上传图片文件时
        {
            filepath1 = "upload\\";                 //相当于上传在 upload\目录下
            filename1 = file1.getFileName();        //获取上传的文件名称
            //拼接成真正要上传的目标路径和文件名,如 upload\....jpg
            String filepath = filepath1 + filename1;
            // 实现文件的真正上传,是将临时文件复制到 filepath 所指定的位置上
            file1.saveAs(filepath, SmartUpload.SAVE_VIRTUAL);
            //创建商品对象
            g = new Goods(id,type_id, name, price, filename1, data, pingjia);
        } else {                                    //当不存在上传图片文件时
            filename1 = "kb.png";                   //设置默认上传图片
            //创建商品对象
            g = new Goods(id,type_id, name, price, filename1, data, pingjia);
        }
        //调用业务逻辑层的修改商品方法来实现修改功能
        boolean b = gs.modifyGoods(g);
        if (b) {                                    //修改商品信息成功
            out.println("<script>alert('修改商品成功!')</script>");
        } else {                                    //修改商品信息失败
            out.println("<script>alert('修改商品失败!')</script>");
        }
        response.setHeader("Refresh", "1;url=/shop/servlet/Goods_List");
    } catch (Exception e) {
        out.println(e.getMessage());
    }
    out.flush();
    out.close();
  }
}
```

关于类 Goods_ modify 的代码如下所示。

```
<servlet>
  <servlet-name> Goods_modify </servlet-name>                    <!-- servlet 的名称 -->
  <servlet-class>com.xalg.servlet.Goods_modify </servlet-class>  <!-- servlet 的全称类名 -->
</servlet>
<servlet-mapping>
  <servlet-name> Goods_modify </servlet-name>                    <!-- servlet 的名称 -->
  <url-pattern> /admin/ Goods_modify </url-pattern>              <!-- 映射到 servlet 的 URL -->
</servlet-mapping>
```

发出修改商品信息请求为后台页面 goods_ man. jsp，详细内容可以查看 5.7 节的内容。

4. 删除单个商品信息功能

当管理员发出删除单个商品信息请求后，就会交给类 Goods_ del 来处理，该类通过调用

商品业务逻辑类中的方法 delGoods 来实现删除单个商品类型的功能，其具体代码如下所示。

```
public class Goods_del extends HttpServlet {
    IGoodsService gs = new GoodsService( );                    //创建 GoodsService 类实例
    //处理删除单个商品信息请求
    public void doGet( HttpServletRequest request, HttpServletResponse response)
            throws ServletException, IOException {
        response. setContentType("text/html");
        PrintWriter out = response. getWriter( );
        //获取所要删除的商品的 id
        int id = Integer. parseInt( request. getParameter("id") );
        //调用业务逻辑层的删除商品方法来实现删除单个商品的功能
        boolean b = gs. delGoods( id);
        if (b) {                                                //删除商品成功
            out. println("<script>alert('删除成功!') </script>");
        } else {                                                //删除商品失败
            out. println("<script>alert('删除失败!') </script>");
        }
        response. setHeader("Refresh", "1;url = /shop/servlet/Goods_List");
        out. flush( );
        out. close( );
    }
}
```

关于类 Goods_ del 的代码如下所示。

```
<servlet>
    <servlet-name> Goods_del </servlet-name>                    <!-- servlet 的名称 -->
    <servlet-class>com. xalg. servlet. Goods_del</servlet-class>  <!-- servlet 的全称类名 -->
</servlet>
<servlet-mapping>
    <servlet-name> Goods_del </servlet-name>                    <!-- servlet 的名称 -->
    <url-pattern> /admin/Goods_del </url-pattern>               <!--映射到 servlet 的 URL -->
</servlet-mapping>
```

发出删除单个商品信息请求为后台页面 type_ man. jsp，详细内容可以查看 5. 7 节的内容。

5. 删除批量商品信息功能

当管理员发出删除批量商品信息请求后，就会交给类 Goods_ delall 来处理，该类通过调用商品业务逻辑类中的方法 delGoods 来实现删除批量商品信息的功能，其具体代码如下所示。

```
public class Goods_delall extends HttpServlet {
    IGoodsService gs = new GoodsService( );                    //创建 GoodsService 类实例
    public void doGet( HttpServletRequest request, HttpServletResponse response)
            throws ServletException, IOException {
        response. setContentType("text/html");
        PrintWriter out = response. getWriter( );
        String str = request. getParameter("str");
        String s[ ] = str. split("|");
        String temp = "";
        for (int i = 0; i < s. length; i++) {
            if (! s[i]. equals("")) {
                if (! s[i]. equals("|")) {
```

```
                    temp = temp + s[i];
                } else {
                    int id = Integer.parseInt(temp);
                    gs.delGoods(id);
                    temp = "";
                }
            }
        }
        out.println("<script>alert('批量删除成功!')</script>");
        out.println("正在跳转,请稍候…");
        response.setHeader("Refresh", "1;url=/shop/servlet/Goods_List");
        out.flush();
        out.close();
    }
}
```

关于类 Goods_ delall 的代码如下所示。

```
<servlet>
  <servlet-name> Goods_delall </servlet-name>                    <!-- servlet 的名称 -->
  <servlet-class>com.xalg.servlet.Goods_delall </servlet-class>  <!-- servlet 的全称类名 -->
</servlet>
<servlet-mapping>
  <servlet-name> Goods_delall </servlet-name>                    <!-- servlet 的名称 -->
  <url-pattern> /admin/Goods_delall </url-pattern>               <!-- 映射到 servlet 的 URL -->
</servlet-mapping>
```

发出删除批量商品信息请求为后台页面 goods_ man. jsp，详细内容可以查看 5.7 节的内容。

4.7 购物车模块的实现

在线购物系统中，关于购物车模块中所涉及的功能包含购买商品功能、删除某商品功能、修改购物车功能、账户扣除货款功能。

4.7.1 购物车数据访问类的实现过程

购物车数据访问类 CheDao 位于包 com. xalg. dao 中，实现了包 com. xalg. idao 中的接口 ICheDao，该类提供了关于购物车的增、删、改、查功能，主要包含添加商品到购物车方法、查询购物车里商品方法、删除购物车里商品方法和清空购物车里商品方法，该类的具体代码如下所示。

```
public class CheDao implements ICheDao {
    //添加商品到购物车方法
    public void addChe(Goods g, int num) {
        che.put(g, num);
    }
    //查询购物车里商品方法
    public HashMap listChe() {
        return che;
    }
    //删除购物车里商品方法
```

```
    public void delChe(Goods g) {
        che.remove(g);
    }
    //清空购物车里商品方法
    public void clearChe() {
        che.clear();
    }
}
```

4.7.2 购物车逻辑类的实现过程

购物车业务逻辑类 CheService 位于包 com. xalg. service 中，实现了包 com. xalg. iservice 中的接口 ICheService，该类通过调用数据访问层中的类 CheDao 中的各种方法实现关于购物车模块的各种业务逻辑功能，具体代码如下所示。

```
public class CheService implements ICheService {
    //创建数据访问层类实例
    ICheDao cd = new CheDao();
    IGoodsDao gd = new GoodsDao();
    //购买商品
    public void buyGoods(int id, int num) {
        Goods g = gd.getById(id);                //获取商品信息
        cd.addChe(g, num);                       //添加商品到购物车
    }
    //删除商品
    public void removeGoods(int id) {
        Goods g = gd.getById(id);                //获取商品信息
        cd.delChe(g);                            //删除商品
    };
    //计算总价格
    public double countPrice() {
        double sum = 0;                          // 初值
        Set set = cd.che.keySet();               // 返回 map 中的键,形成一个 set 集合
        Iterator it = set.iterator();            // 对 set 集合生成迭代器
        while (it.hasNext())                     // 遍历
        {
            Goods g = (Goods) it.next();         // 求出迭代器中的每一个对象
            double price = g.getPrice();         // 单价
            int num = cd.che.get(g);             // 根据 key 求 value
            double t = price * num;              // 计算每种商品的价格
            sum += t;                            // 计算总和
        }
        return sum;
    };
    //支付成功
    public void jieShuan() {
        cd.clearChe();
    };
    //获取购物车中的商品
    public HashMap<Goods, Integer> getAllGoods() {
        return cd.che;
    }
}
```

4.7.3 前台购物车模块控制层实现

在线购物系统的前台中，关于购物车模块中所涉及的功能包含购买商品功能、删除某商品功能、修改购物车中商品数量功能账户中扣除货款功能。关于处理这些功能请求的控制类分别如下。

1. 购买商品功能

当会员用户发出购买商品请求后，就会交给类 Gouwuche_ add 来处理，该类通过调用购物车业务逻辑类中的方法 buyGoods 来实现购买商品功能。类 Gouwuche_ add 位于包 com. xalg. servlet 中，其具体代码如下所示。

```
public class Gouwuche_add extends HttpServlet {
    ICheService cs = new CheService( ) ;                          //创建 CheService 类实例
    //处理购买商品请求
    public void doPost( HttpServletRequest request, HttpServletResponse response)
        throws ServletException, IOException {
        response. setContentType( "text/html") ;
        PrintWriter out = response. getWriter( ) ;
        HttpSession session = request. getSession( ) ;            //获取 session 对象
        //当对象 session 里"username"不为空时
        if ( session. getAttribute( "username") ! = null) {       //当会员用户登录成功时
            //获取所要添加的商品的 id 和数目
            int id = Integer. parseInt( request. getParameter( "id") ) ;
            int num = Integer. parseInt( request. getParameter( "num") ) ;
            //调用业务逻辑层的购买商品方法来实现购买商品功能
            cs. buyGoods( id, num) ;
            //弹出购物成功信息
            out. println( " < script > alert( '放入购物车成功!') < /script > ") ;
            response. setHeader( "Refresh", "1 ;url = spzs. jsp") ;
        } else {                                                  //当会员用户没登录时
            out. println( " < script > alert( '请登录后再购物!') < /script > ") ;
            response. setHeader( "Refresh", "1 ;url = index. jsp") ;
        }
        out. flush( ) ;
        out. close( ) ;
    }
}
```

【代码说明】

在上述代码中，首先通过对象 session 判断会员用户是否登录成功，当会员用户登录成功后，就会获取所要添加商品的 id 和商品的数量，然后调用方法 buyGoods 来实现购买商品功能。

关于类 Gouwuche_ add 的代码如下所示。

```
< servlet >
  < servlet - name > Gouwuche_add < /servlet - name >                  < ! -- servlet 的名称 -->
  < servlet - class > com. xalg. servlet. Gouwuche_add < /servlet - class >  < ! -- servlet 的全称类名 -->
< /servlet >
< servlet - mapping >
  < servlet - name > Gouwuche_add < /servlet - name >                  < ! -- servlet 的名称 -->
  < url - pattern >/Gouwuche_add < /url - pattern >                  < ! -- 映射到 servlet 的 URL -->
< /servlet - mapping >
```

发出请求的页面为 sp_ info. jsp，详细内容可以查看 5. 8 节的内容。

2. 删除某商品功能

当会员用户发出删除某商品请求后，就会交给类 Gouwuche_ del 来处理，该类通过调用用户业务逻辑类中的方法 removeGoods 来实现删除某商品功能。类 Gouwuche_ del 位于包 com. xalg. servlet 中，其具体代码如下所示。

```
public class Gouwuche_del extends HttpServlet {
    ICheService cs =  new CheService( );                    //创建 CheService 类实例
    //处理删除某商品请求
    public void doGet( HttpServletRequest request, HttpServletResponse response)
            throws ServletException, IOException {
        response. setContentType("text/html");
        PrintWriter out = response. getWriter( );
        //获取所要删除的商品的 id
        int id = Integer. parseInt( request. getParameter("id") );
        //调用业务逻辑层的删除商品方法来实现删除某商品功能
        cs. removeGoods( id) ;
        response. sendRedirect("look. jsp");
        out. flush( );
        out. close( );
    }
}
```

关于类 Gouwuche_ del 的代码如下所示。

```
<servlet>
    <servlet-name>Gouwuche_del</servlet-name>                          <!-- servlet 的名称 -->
    <servlet-class>com. xalg. servlet. Gouwuche_del</servlet-class>    <!-- servlet 的全称类名 -->
</servlet>
<servlet-mapping>
    <servlet-name> Gouwuche_del </servlet-name>                        <!-- servlet 的名称 -->
    <url-pattern>/Gouwuche_del</url-pattern>                          <!--映射到 servlet 的 URL -->
</servlet-mapping>
```

发出请求的页面为 look. jsp，详细内容可以查看 5. 8 节的内容。

3. 修改购物车中商品数量功能

当会员用户发出修改购物车中商品数量请求后，就会交给类 Gouwuche_ modify 来处理，该类通过调用用户业务逻辑类中的方法 buyGoods 来实现修改购物车商品数量的功能。类 Gouwuche_ modify 位于包 com. xalg. servlet 中，其具体代码如下所示。

```
public class Gouwuche_modify extends HttpServlet {
    ICheService cs = new CheService( );                     //创建 CheService 类实例
    //处理修改购物车中商品数量请求
    public void doGet( HttpServletRequest request, HttpServletResponse response)
            throws ServletException, IOException {
        response. setContentType("text/html");
        PrintWriter out = response. getWriter( );
        //获取请求参数的值
        int id = Integer. parseInt( request. getParameter("id") );   //所修改商品的 id
        String op = request. getParameter("op");                   //操作类型
```

```
        //修改之前的商品数量
        int num = Integer.parseInt(request.getParameter("num"));
        if (op.equals(">")) {
            num++;
            cs.buyGoods(id, num);                           //重新购买商品
        } else {
            if (num > 1) {
                num--;
                cs.buyGoods(id, num);                       //重新购买商品
            }
        }
        response.sendRedirect("look.jsp");
        out.flush();
        out.close();
    }
}
```

【代码说明】

在上述代码中，本质上是通过添加不同数量的相同商品来实现修改商品数量的功能。

关于类 Gouwuche_ modify 的代码如下所示。

```
<servlet>
    <servlet-name>Gouwuche_modify</servlet-name>                    <!-- servlet 的名称 -->
    <servlet-class>com.xalg.servlet.Gouwuche_modify</servlet-class> <!-- servlet 的全称类名 -->
</servlet>
<servlet-mapping>
    <servlet-name>Gouwuche_modify</servlet-name>                    <!-- servlet 的名称 -->
    <url-pattern>/Gouwuche_modify</url-pattern>                     <!--映射到 servlet 的 URL -->
</servlet-mapping>
```

发出请求的页面为 look. jsp，详细内容可以查看 5. 8 节的内容。

4. 账户中扣除货款功能

当会员用户发出结款请求后，就会交给类 Kouchu 来处理，该类通过调用用户业务逻辑类中的方法 getUser 和购物车业务逻辑类中的方法 countPrice 来实现结款功能。类 Kouchu 位于包 com. xalg. servlet 中，其具体代码如下所示。

```
public class Kouchu extends HttpServlet {
    //创建业务逻辑层类实例
    IUserService    us = new UserService();
    ICheService cs =    new CheService();
    //处理账户中扣除方式结账功能
    public void doGet(HttpServletRequest request, HttpServletResponse response)
            throws ServletException, IOException {
        response.setContentType("text/html");
        PrintWriter out = response.getWriter();
        //获取 session 对象里所保存的会员用户信息
        HttpSession session = request.getSession();
        String name = (String)session.getAttribute("username");
        //根据用户名查找该用户信息
        User u = us.getUser(name);
```

```
        double money = u. getMoney( );
        int jifen = u. getJifen( );
        double qian = cs. countPrice( );                    //获取总价格
        if( money > = qian)                                 //当账户余额大于购物总价格时
        {
            money = money - qian;                           //账户余额
            jifen = jifen + ( int) qian;                    //积分
            //更新会员用户的账户余额和积分
            boolean b = us. modifyMoney( name, money, jifen);
            if( b)                                          //结款成功
            {
                out. println(" < script > alert('结款成功') </script >");
                cs. jieShuan( );                            //清空购物车
            }
            else
            {
                out. println(" < script > alert('结款失败!') </script >");
            }
            response. setHeader("Refresh","1;url = yhzx. jsp");
        }
        else
        {
            out. println(" < script > alert('账户中余额不足') </script >");
            response. setHeader("Refresh","1;url = yhzx. jsp");
        }
        out. flush( );
        out. close( );
    }
}
```

【代码说明】

在上述代码中，首先通过对象 session 判断会员用户是否登录成功，当会员用户登录成功后，就会根据 session 对象中所保存的用户名获取该用户的信息（账户余额和积分）。同时，调用方法 countPrice 获取所购买商品的总价格，如果账户余额大于所购买商品总价，则修改账户余额和积分信息，并且将修改后的信息保存到用户表。修改信息成功后，就会清空购物车。

关于类 Kouchu 的代码如下所示。

```
< servlet >
    < servlet - name > Kouchu </servlet - name >                          <! -- servlet 的名称 -->
    < servlet - class > com. xalg. servlet. Kouchu </servlet - class >    <! -- servlet 的全称类名 -->
</servlet >
< servlet - mapping >
    < servlet - name > Kouchu </servlet - name >                          <! -- servlet 的名称 -->
    < url - pattern >/Kouchu </url - pattern >                            <! --映射到 servlet 的 URL -->
</servlet - mapping >
```

发出请求的页面为 jkzx. jsp，详细内容可以查看 5. 8 节的内容。

4.8 总结

本章遵循 MVC 规范，对在线购物系统的模型层（M）和控制层（C）进行了详细介绍，其中涉及的模块包含用户模块、优惠值模块、商品类型模块、商品模块和购物车模块。

请读者参考本章内容，编写在线购物系统中的如下功能：

1）实现优惠活动和系统公告信息的增加、修改、删除功能，同时在前台页面中展示。

2）实现商品推荐功能。

第 5 章将学习在线购物系统的视图层（V）的实现。

第5章 在线购物系统的视图层（V）实现

本章导读

教学目标

本章将使用 HTML、DIV + CSS 布局、JavaScript、JSP 等技术，以 MVC 解决方案为导向，详细介绍在线购物系统的界面设计。读者可以通过学习本章的内容，掌握在线购物系统的视图层的实现。

5.1 任务说明

进入在线购物系统的编码实现阶段后，编写好实体模型层、数据访问层、业务逻辑层和控制层后，即可进入视图层的设计，具体任务如下：

1）设计在线购物系统的前台主界面页面和后台主界面页面。

2）设计关于用户模块页面。

3）设计关于优惠值模块页面。

4）设计关于商品类型模块页面。

5）设计关于商品模块页面。

6）设计关于购物车模块页面。

5.2 技术要点

在线购物系统中的视图层采用 HTML、DIV + CSS、JavaScript 和 JSP 技术，其中 HTML 设计页

面基本元素，DIV + CSS 对页面进行布局和美化，JavaScript（以下简称 JS）对客户端数据进行有效性验证，JSP 响应客户端请求，动态生成 HTML、XML 或其他格式文档的 Web 页面。为了能够熟练完成页面的设计，在此将 HTML 基本技术、DIV + CSS 布局技术、JS 技术等做简要介绍。

5.2.1 HTML

HTML 的全称为 Hypertext Markup Language，中文意思是超文本标签语言，是一种用来制作超文本文档的简单标签语言，也就是用于制作网页的内容。

表 5 - 1 是常用的 HTML 标签和属性，其他标签请参考 HTML 帮助文档。

表 5 - 1 HTML 常用标签和属性

标签名称	属性名称	属性值	含义
marquee	behavior	slide	滑动
		scroll	预设卷动
		alternate	来回卷动
	direction	up	向上卷动
		down	向下卷动
		left	向左卷动
		right	向右卷动
	loop	正整数值	循环两次
	width	正整数值	宽度
	height	正整数值	高度
	bgcolor	RGB 颜色	设定背景颜色
	scrollamount	正整数值	设定卷动速度
	scrolldelay	正整数值	设定卷动时间
h1，h2，h3，h4，h5，h6			标题字号样式
b			粗体字
strong			粗体字
i			斜体字
u			下划线
strike			删除线
font	color	RGB 颜色或颜色的英文表示形式	设定文字颜色
	size	正整数值	文字大小
	face	字体名称	设定字体名称
hr	size	正整数	线条粗细程度
	width	正整数	线条宽度（长度）
	color	RGB 颜色	线条颜色

（续）

标签名称	属性名称	属性值	含义
p	alter	left、center、right	水平居左、居中、居右
a	href	相对或绝对 URL	链接跳转的位置
	target	blank 或某名称	新窗口打开或在某一区域打开
	title	描述性文字	对链接的一个说明性文本
img	src	图片位置	引入图片的位置
	width	正整数值	图像宽度
	height	正整数值	图像高度
	alt	描述性文字	对图片的说明性文字，在 SEO 时用
	border	正整数值	图像边框
	align	left、right、top、bottom、middle	居左、右、上、下、中，在图文混排时使用
table	align	left、center、right	表格居左、中、右
	background	图像文件地址	表格背景图片
	bgcolor	RGB 颜色	设定表格背景颜色
	border	≥0 的整数	设定表格的边框
	bordercolor	RGB 颜色	表格边框颜色
	bordercolorright	RGB 颜色	表格亮边框颜色
	bordercolordark	RGB 颜色	表格暗边框颜色
	cellspacing	正整数	单元格的间距
	cellpadding	正整数	单元格内容与边界距离
table tr	height	正整数	行高
	valign	top、middle、bottom	垂直居上、居中、居下
	align	left、center、right	水平居左、居中、居右
table td	width	正整数或百分比	列宽
	colspan	正整数	合并列
	rowspan	正整数	合并行
frameset	rows	正整数或百分比	将页面按行进行框架划分
	cols	正整数或百分比	将页面按列进行框架划分
	frameborder	正整数	边框粗细程度
	bordercolor	RGB 颜色	边框颜色
frame	name	字符串	框架名称
	src	引用文件位置	引用文件位置
	scrolling	yes、no、auto	有、无、自动有滚动条
	noresize		不允许重新设定大小

（续）

标签名称	属性名称	属性值	含义
input	type	text	文本框
		password	密码框
		radio	单选框
		checkbox	复选框
		file	文件上传框
		submit	提交按钮
		reset	复位按钮
		button	普通按钮
select	name	字符串	下拉列表框
	option		下拉列表框选项
		multiple	多选
ol	type	1 a、A、i、I	有序列表前导符号
	start	正整数	从类型的第几个开始
li			有序列表项
ul	type	circle	空心圆
		disc	实心圆
		square	实心方框
dl	dt		自定义标题
	dd		自定义内容

5.2.2 CSS 语言

CSS 是 Cascading Style Sheet（层叠样式化表单）的简称，是一种格式化网页的语言。这是由 W3C 协会（World Wide Web Consortium）为了弥补 HTML 在样式编排上的不足而制定的一套扩展样式标准。

1. CSS 基础语法

如果要掌握 CSS 语言，则需要从该语言的基本语法开始学起。关于 CSS 语言的基本语法格式示例如下：

```
H3{color:red}
```

其格式分为两部分，即选择器（selector）和样式规则（rule）。在上例中，H3 为选择器，{} 中的内容为样式规则。样式规则用于设置样式内容，选择器用来指定哪些 HTML 元素采用该样式规则。如上面的代码中，指定所有在 < H3 >标签中的内容都显示为红色。如果有多个样式规则，则中间用分号（;）隔开，示例代码如下：

```
H3{font-family:Arial; text-align:center; color:red}
```

为了增加可读性，可以将上面的代码分行编写，如下所示：

```
H3
{
    font - family:Arial;
    text - align:center;
    color:red
}
```

如果要为一个属性赋多个值，则中间使用逗号（,）分隔，示例代码如下：

```
H3
{
    font - family:Arial, sans - serif;
    text - align:center;
    color:red
}
```

上面的 font - family 属性提供了两个字体，浏览器会依次选择，直到遇见可识别的字体为止。

2. 在 style 属性中定义样式

最简单的 CSS 使用方法就是直接设置 HTML 元素的 style 属性，示例代码如下：

```
<html>
    <head>
        <title>css</title>
    </head>
    <!--   关于 body 的样式   -->
    <body  style="background - color: '#0000FF'">
        <!--   关于 a 的样式   -->
        <a href="http://nokiaguy.cnblogs.com" style="color:
      red;font - size: 40px">
      nokiaguy.cnblogs.com</a>
        <!--   关于 h3 的样式   -->
        <h3 style="font - size:50px">1234</h3>
    </body>
</html>
```

上面的代码设置了 <body> 的背景颜色、<a> 的字体颜色和文字大小、<h3> 的文字大小。虽然看上去这么设置很方便，但如果代码很多，那修改起来就不太方便了，而且如果多个 HTML 元素使用了相同的样式，就会产生大量的重复代码。为了解决这个问题，就需要将经常使用的样式集中写在一起，就像函数一样，在需要的地方只要引用这些事先定义好的样式就可以了。

3. 在 HTML 中定义样式

在 HTML 中通过 <style> 标签可以将 HTML 元素中的样式提炼出来，并且可以通过 3 种方式指定哪些 HTML 元素可以使用这些样式。

- 指定 HTML 元素的 id。
- 设置 HTML 元素的 class 属性。
- 指定 HTML 元素的标签名。

在选择器前面加“井”号（#）则表示这个选择器就是一个id属性值，任何一个HTML元素，只要它的id属性值为选择器名，就会应用这个样式，示例代码如下：

```
#link{color: red;font - size: 40px}
```

如果一个<a>标签的id属性值是link，那么这个<a>标签就会应用link样式，示例代码如下：

```
<a href = "http://nokiaguy. cnblogs. com" id = "link" > nokiaguy. cnblogs. com </a>
```

在选择器前加实心点（.）则表示这个选择器的名可以放在HTML元素的class属性中，示例代码如下：

```
. bg{background - color: '#0000FF'};
```

当<body>标签的class属性值为bg时，会自动应用bg样式，示例代码如下：

```
<body  class = "bg" > … </body>
```

当选择器名正好是一个HTML元素名时，所有相应的HTML元素都会应用这个样式，示例代码如下：

```
h3{font - size:50px}
```

下面的例子演示了将样式放到<style>标签中，然后通过选择器来应用样式。

```
<html>
    <head>
        <title>css</title>
        <!--  定义样式  -->
        <style type = "text/css">
            . bg{background - color: '#0000FF'};
            h3{font - size:50px}
            #link{color: red;font - size: 40px}
        </style>
    </head>
    <!--  使用类选择器  -->
    <body class = "bg">
        <a href = "http://nokiaguy. cnblogs. com" id = "link" > nokiaguy. cnblogs.
    com</a>
        <h3 >1234</h3>
    </body>
</html>
```

4. 在外部文件中定义样式

虽然在HTML中定义样式可以在一定范围上重用，但在不同的HTML页面之间，却无法共享样式，因此，在CSS标准中允许将样式单独写在一个.css文件中，然后通过<link>标签来引用这个文件，从而达到多个HTML页面共享样式的目的。引用包含样式style.css文件的HTML代码如下：

```
<html>
    <head>
        <title>css</title>
        <!--  引用 style.css 文件  -->
        <link type="text/css" rel="stylesheet" href="style.css"/>
    </head>
    <!--  使用类选择器  -->
    <body class="bg">
        <!--  应用在 style.css 文件中定义的样式  -->
        <a href="http://nokiaguy.cnblogs.com" id="link">nokiaguy.
    cnblogs.com</a>
        <h3 >1234</h3>
    </body>
</html>
```

5.2.3 JavaScript 技术

JS 是基于对象的通过事件触发的浏览器端脚本语言，主要进行数据在提交服务器之前的有效性验证、数据格式验证和表单特效等。因为 JS 是在客户端进行处理，因此可以减轻服务器的压力。

1. JS 变量

学习任何一门语言或技术，一般都会从变量开始，对于 JS 技术同样如此。本节将详细介绍关于 JS 的变量，其有以下两种定义变量的方法：

- 在为变量第一次赋值时定义。
- 使用关键字 var 进行定义。

第一种方法实现起来非常容易，示例代码如下：

```
name="姓名";                //定义 name 变量
age=23;                     //定义 age 变量
alert(name);                //显示 name 变量的值
alert(age);                 //显示 age 变量的值
```

使用 var 来定义变量和第一种方法类似，示例代码如下：

```
var product="自行车";       //使用 var 关键字定义 product 变量
alert(product);             //显示 product 变量的值
```

虽然这两种定义变量的方法类似，但是通过 var 来定义变量会有一些不同，如在 MyEclipse 中通过“Content Assist”功能显示当前可用的变量时就是根据 var 来寻找这些变量的。如果不使用 var 来定义变量，那么这些变量将不会在列表框中显示。因此，笔者建议使用 var 来定义 JS 变量。使用 var 可以在一行中定义多个变量，中间使用逗号（,）分隔，示例代码如下：

```
var p1="abc", p2=1234;//  定义两个变量，中间使用逗号分隔
```

由于 JS 是弱类型语言，因此在第一次为变量赋值时，JS 解析器就会为变量创建一个相应类型的值，如为 p1 创建一个字符串值，为 p2 创建一个整型的值。与 Java 不同的是，JS 变量还可以存放不同类型的值，变量的当前值的类型就是最后一次为这个变量赋的值的类

型，如下面的代码所示：

```
var p ="abc";                //当前值的类型是 string
alert(p);                    //显示 p 变量的值
p =1234;                     //当前值的类型是 integer
alert(p);                    //显示已改变数据类型的 p 变量的值
```

JS 变量名需要遵循以下两条规则：

- 第一个字符必须是字母、下划线（_）或美元符号（$）。
- 其他的字符可以是下划线、美元符号、任何字母或数字。

2. JS 类型

JS 有 5 种原始类型，即 Undefined、Null、Boolean、Number 和 String。每一种原始类型都定义了自身的取值范围和表示形式。在 JS 中提供 typeof 运算符来获得一个变量的类型，可以用 typeof 来判断一个变量是否属于原始类型，以及属于哪一个原始类型。下面是使用 typeof 获得变量类型的一个例子。

```
var iValue =20;              //定义整型变量 iValue
var sValue ="字符串";         //定义字符串变量
alert(typeof iValue);        //输出 number
alert(typeof sValue);        //输出 string
```

运行上面的代码后，将弹出两个对话框，分别显示 number 和 string，这是上述 5 种原始类型中的两个，typeof 运算符可以返回以下 5 个值中的一个。

- undefined：变量是 Undefined 型。
- boolean：变量是 Boolean 型。
- number：变量是 Number 型。
- string：变量是 String 型。
- object：变量是引用类型或 Null 型。

下面分别介绍以上 5 种类型的返回值。

（1）Undefined 类型　Undefined 类型只有一个值，即 undefined，如果要判断未使用关键字 var 定义的变量是否为 undefined，则需要编写以下代码：

```
alert(typeof abc);                                //显示 undefined
// 条件为 true,弹出“未定义”对话框
if(typeof abc = ="undefined")
        alert("abc 未定义");
```

由于 typeof 返回的是字符串，因此，需要使用 undefined 的字符串形式，不能使用以下的代码来判断 abc 是否为 Undefined 类型：

```
//无法使用 undefined 来判断 abc 是否定义
if(typeof abc = =undefined)
        alert("abc 未定义");
```

如果变量是使用关键字 var 来定义的，并且未初始化，那么这个变量的初始值就是 undefined，因此，可以使用以下代码来判断变量是否为 Undefined 类型。

```
var name;                                  //定义 name 变量
//通过 undefined 值判断 name 变量是否为 Undefined 类型
if(name = =undefined)
        alert("name 未初始化");
```

当然，用 var 定义的变量也可以使用以下代码来判断变量的类型是否为 Undefined。

```
var name;                                  //定义 name 变量
//通过 undefined 值判断 name 变量是否为 Undefined 类型
if(typeof name = ="undefined")
        alert("name 未初始化");
```

（2）Boolean 类型　Boolean 类型是 JS 中最常用的类型之一，它只有两个值（true 和 false），也可以用 1 表示 true，0 表示 false，如以下代码所示：

```
var bYes = true;                      //定义 bYes 变量
var bNo = false;                      //定义 bNo 变量
alert(bYes);                          //显示 bYes 变量
alert(bNo);                           //显示 bNo 变量
// true 相当于 1,所以条件为 true
if(bYes = =1)
    alert("bYes 的值是 true");
// false 相当于 0,所以条件为 false
if(bNo = =0)
    alert("bNo 的值是 false");
```

（3）Number 类型　Number 类型是 JS 中最特殊的原始类型，这种类型既可以表示 32 位的整数，也可以表示 64 位的浮点数。例如，以下代码声明了一个存放整数值的变量，这个变量的值是 120。

```
var iNum =120;
```

整数也可以被表示成八进制或十六进制的数。八进制数必须以 0 开头，十六进制数必须以 0x 开头，如以下代码所示：

```
var iOctalNum =0213;                  //八进制数
var iHexNum =0xFE;                    //十六进制数
alert(iOctalNum);                     //显示十进制数(139)
alert(iHexNum);                       //显示十进制数(254)
```

要表示浮点数，必须包括小数点和小数点后的至少一位数字（如要使用 1.0，而不是 1），如以下代码所示：

```
var fNum1 =23.0;                      //定义浮点类型变量 fNum1
var fNum2 =12.45;                     //定义浮点类型变量 fNum2
```

如果表示的浮点数非常大，则也可以采用科学计数法来表示浮点数，如 432450000，可以将这个数表示成 4.3245×10^8。在科学计数法中，使用 e 或 E 表示 10 的几次方，因此，可以使用下面的科学计数法来表示这个大数：

```
var fNum =4.3245e8;                   //用科学计数法表示 432450000
alert(fNum);                          //显示 432450000
```

也可以用科学计数法表示非常小的数，如 0.00000567，可以将这个数表示成 $5.67e^{-6}$，

如以下代码所示：

```
var iNum =5.67e-6;            // 用科学计数法表示小数
alert(iNum);                  // 仍然会显示5.67e-6
```

JS默认会将具有6个或6个以上前导为0的浮点数自动用科学计数法表示。表5-2所列的是Number类型的几个特殊值。

表5-2 Number类型的特殊值

特 殊 值	含 义
Number. MAX_ VALUE	表示Number类型所能存储的最大值
Number. MIN_ VALUE	表示Number类型所能存储的最小值
Number. POSITIVE_ INFINITY	表示正无穷大，可以使用isFinite函数来判断一个Number类型的变量是否为正无穷大，这个值不能进行算术运算
Number. NEGATIVE_ INFINITY	表示负无穷大，可以使用isFinite函数来判断一个Number类型的变量是否为负无穷大，这个值不能进行算术运算
Number. NaN	表示某个值是否可以被转换成Number类型的值，可以使用isNaN函数来判断一个变量或一个值是否为NaN，如isNaN（“12”）返回false，而isNan（“12a”）返回true，这说明“12”可以被转换成Number类型的值，而“12a”无法转换成Number类型的值；如果将“12a”改为十六进制形式“0x12a”，则isNAN（“0x12a”）返回false，这个值不能进行算术运算

（4）String类型　String类型是JS中唯一没有固定大小的原始类型。它可以存储0个或更多的UCS2编码的字符（UCS2是两个字节长度的Unicode编码，Unicode编码是一种国际通用的字符集，可以表示世界上所有的语言）。String类型的值可以使用双引号（"）和单引号（'）表示，如以下代码所示：

```
var sName1 ="未来";              //定义字符串变量sName1
var sName2 ='希望';              //定义字符串变量sName2
```

如果要获得String类型值的长度，可以使用如下代码：

```
var sName ="聪慧";               //定义字符串变量sName
alert(sName.length);            //显示2
```

由于String类型值是以UCS2编码格式进行保存的，因此所有的字符的长度都是1，如中文的每一个汉字的长度是1。如果要以字节为单位获得字符串的长度，则可以编写如下代码：

```
//使用String的prototype为String对象添加新方法
String.prototype.lenB = function ()
{
    //将每一个中文替换成##
    return this.replace(/[^\x0-\xf]/g, "##").length;
}
var sName =" a聪慧b";                  //定义包含中文和英文的字符串变量sName
alert(sName.lenB());                  //显示6
```

在上面的代码中使用了原始的方式向String类（String类是string原始类型的对象表示形式）中添加了一个lenB方法，用来以字节为单位获得字符串的长度。基本原理是将每一个中文使用的正则表达式替换成“##”，这样一个汉字就变成了两个“##”，因此，也就能以字节为单位得到字符串的长度了。

在JS中有一些特殊的符号，如果这些特殊的符号要想在字符串中表示，则需要使用转义符号，见表5-3。

表5-3 String类型中的转义符号

转义符号	含义
\n	换行
\t	制表符
\b	空格
\r	回车
\f	换页符
\\	反斜杠
\'	单引号
\"	双引号
\0nnn	八进制数nnn（n的值从0~7）表示的字符
\xnn	十六进制数nn（n的值从0~F）表示的字符
\unnnn	十六进制数nnnn（n的值从0~F）表示的Unicode字符

（5）类型转换　在类型转换中，最常用的是将其他类型的值转换成String类型的值。任何类型的变量都有一个toString方法，通过这个方法，可以将相应类型的值转换成字符串，如以下代码所示：

```
var iNum = 123;                    //定义整型变量
var sStr = iNum.toString();        //将整数转换成字符串
alert(sStr);                       //显示123
```

如果被转换的是八进制或十六进制数，则使用toString方法仍然以十进制输出这些数，如以下代码所示：

```
var iOctalNum = 0345;                        //定义八进制整数
var iHexNum = 0xF1;                          //定义十六进制整数
var sOctalNum = iOctalNum.toString();        //sOctalNum的值是229
var sHexNum = iHexNum.toString();            //sHexNum的值是241
alert(sOctalNum);                            //显示229
alert(sHexNum);                              //显示241
```

如果想直接获得二进制、八进制和十六进制的变量值，可以使用以下的代码：

```
var iNum = 123;
alert(iNum.toString(2));            //显示二进制数1111011
alert(iNum.toString(8));            //显示八进制数173
alert(iNum.toString(16));           //显示十六进制数7b
```

在JS中提供了两个函数来将字符串转换成数字，这两个函数是parseInt()和parseFloat()，其中parseInt可以将字符串转换成整型值，parseFloat可以将字符串转换成浮点值。使用parseInt函数的示例代码如下：

```
var iNum1 = parseInt("1234xyz");        //返回1234
var iNum2 = parseInt("0123");           //返回83
var iNum3 = parseInt("43.4");           //返回43
var iNum4 = parseInt("false");          //返回NaN
alert(iNum1);                           //显示1234
alert(iNum2);                           //显示83
alert(iNum3);                           //显示43
alert(iNum4);                           //显示NaN
```

还可以使用parseInt函数的基模式，将二进制、八进制、十六进制或其他进制的字符串转换成整数。基是由parseInt方法的第二个参数指定的，代码如下所示：

```
var iNum1 = parseInt("110101", 2);      //按二进制转换,返回53
var iNum2 = parseInt("110101", 8);      //按八进制转换,返回36929
var iNum3 = parseInt("110101", 16);     //按十六进制转换,返回1114369
alert(iNum1);                           //显示53
alert(iNum2);                           //显示36929
alert(iNum3);                           //显示1114369
```

parseFloat函数和parseInt函数的使用方法类似，不同的是，parseFloat函数所转换的字符串必须以十进制形式表示浮点数，而不能以二进制、八进制、十六进制或其他进制表示浮点数。对于十六进制的数，如0xAB，parseFloat函数将返回0。下面的代码是一个使用parseFloat函数的例子。

```
var fNum1 = parseFloat("1234xyz");      //返回1234.0
var fNum2 = parseFloat("0xAB");         //返回0
var fNum3 = parseFloat("22.4");         //返回22.4
var fNum4 = parseFloat("22.6.12");      //返回22.6
var fNum5 = parseFloat("0123");         //返回123
var fNum6 = parseFloat("xyz");          //返回NaN
alert(fNum1);                           //显示1234
alert(fNum2);                           //显示0
alert(fNum3);                           //显示22.4
alert(fNum4);                           //显示22.6
alert(fNum5);                           //显示123
alert(fNum6);                           //显示NaN
```

在JS中还可以使用强制类型转换来处理变量值的类型。下面是JS支持的3种强制类型转换。

- Boolean（value）：把value中的值转换成Boolean类型。
- Number（value）：把value中的值转换成数字（整数或浮点数）。
- String（value）：把value中的值转换成字符串。

下面的代码演示了如何使用Boolean（value）强制将value转换成Boolean类型的值：

```
// 强制转换成 Boolean 类型的值
var b1 = Boolean("");                    //返回 false
var b2 = Boolean("abc");                 //返回 true(非空字符串都返回 true)
var b3 = Boolean(100);                   //返回 true(非 0 数都返回 true)
var b4 = Boolean(0);                     //返回 false
var b5 = Boolean(null);                  //返回 false
var b6 = Boolean(new String());          //返回 true
```

Number()的强制类型转换与 parseInt()和 parseFloat()的处理方式类似，只是 Number()转换的是整个值，而不是部分值，如“12ab”，使用 parseInt()转换后返回 12，而使用 Number()转换后返回 NaN。下面的代码演示了 Number()强制类型转换的各种情况。

```
//强制转换成 Number 类型
var n1 = Number(false);                  //返回 0
var n2 = Number(true);                   //返回 1
var n3 = Number(undefined);              //返回 NaN
var n4 = Number(null);                   //返回 0
var n5 = Number("12.1");                 //返回 12.1
var n6 = Number("66");                   //返回 66
var n7 = Number("12ab");                 //返回 NaN
var n8 = Number(new Object());           //返回 NaN
```

String()是这 3 种强制类型转换中最简单的一种，它和 toString 方法唯一不同的是可以将 null 和 undefined 值强制转换成相应的字符串（“null”和“undefined”）而不引发错误，如以下代码所示。

```
var s1 = String(null);                   //返回"null"
var s2 = String(undefined);              //返回"undefined"
var s3 = String(true);                   //返回"true"
alert(s1);                               //显示 null
alert(s2);                               //显示 undefined
alert(s3);                               //显示 true
```

5.3 在线购物系统主界面设计

在线购物系统中，关于主界面的页面有两个，分别为前台主界面页面 index.jsp 和后台主界面页面 admin/index.jsp。

5.3.1 前台主界面实现

在线购物系统的前台主界面为 index.jsp，在该界面中主要分为 6 行，分别为页头部分、广告条部分、第一大块部分（用户登录部分、热卖商品部分、焦点图片部分、快捷操作部分、最新优惠部分和活动公告部分）、第二大块部分（商品推荐部分和最新上架部分）、客服在线部分和页脚部分，具体运行效果如图 5-1 所示。

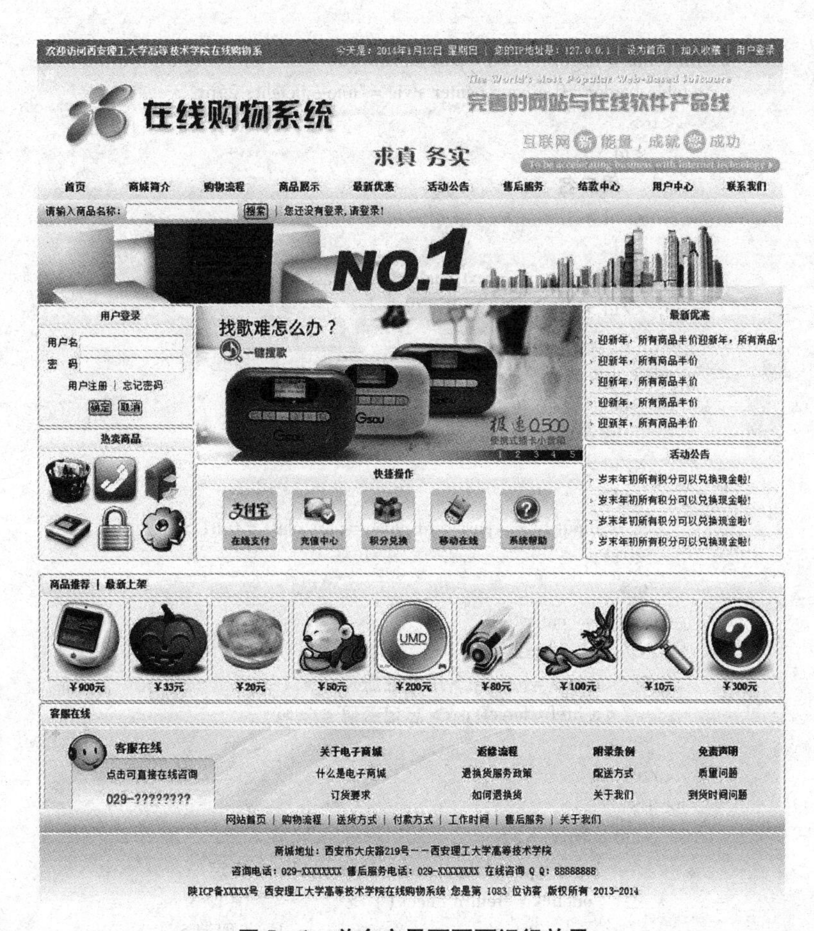

图5-1 前台主界面页面运行效果

在线购物系统中，关于前台主界面的页面为index. jsp，该页面的关键代码如下。

```
<body>
  <div id = main>
    <%@ include file = "daohang.jsp"%>              <! —导入页头 -->
    <div id = banner> </div>                        <! --广告条部分 -->
    <div id = r1>                                   <! —第一大块开始 -->
      <div id = r1_left>
        <! --左边部分开始 -->
        <div id = login>
          <! --登录部分开始 -->
          <div class = "yblan">
            <! --圆角模板开始 -->
            <div class = "ybtop">
              <! --标题部分开始 -->
              <h3 style = "font - size: 13px">
                <font color = #666666 >用户登录 </font>
              </h3>
            </div>
            <! --标题部分结束 -->
            <div class = "ybmid">
              <! --内容部分开始 -->
```

```
<form action = Login method = post name = f >
    <table border = 0 align = center style = "line - height: 25px" >
        <tr >
            <td >
                用户名
            </td >
            <td >
                <input type = text name = user class = text1 >
            </td >
        </tr >
        <tr >
            <td >
                密   码
            </td >
            <td >
                <input type = password name = pass class = text1 >
            </td >
        </tr >
        <tr align = center >
            <td colspan = 2 >
                <a href = reg. jsp > 用户注册 </a > |
                <a href = forget. jsp > 忘记密码 </a >
            </td >
        </tr >
        <tr >
            <td colspan = 2 >
                <input type = submit name = enter value = 确定
                  onclick = "return check( )" >
                  <input type = reset name = enter value = 取消 >
                </td >
            </tr >
        </table >
    </form >
</div >
<! -- 内容部分结束 -->
<div class = "ybbot" >
    <div > </div >
</div >
</div >
<! -- 圆角模板结束 -->
</div >
<! -- 登录部分结束 -->
<div id = remai >
    <! -- 热卖商品部分开始 -->
    <div class = "yblan" >
        <! -- 圆角模板开始 -->
        <div class = "ybtop" >
            <! -- 标题部分开始 -->
            <h3 style = "font - size: 13px" >
                <font color = #FF0000 > 热卖商品 </font >
            </h3 >
        </div >
```

```
                <!--标题部分结束-->
                <div class="ybmid">
                    <!--内容部分开始-->
                    <table border=0 align=center>
                        <tr>
                            <td>
                                <a href=#><img src=images/lajikuang.png width=59 border=0>
                                </a>
                            </td>
                            <td>
                                <a href=#><img src=images/png-0647.png width=59 border=0>
                                </a>
                            </td>
                            <td>
                                <a href=#><img src=images/youxiang.png width=59 border=0>
                                </a>
                            </td>
                        </tr>
                        <tr>
                            <td>
                                <a href=#><img src=images/disk.png width=59 border=0>
                                </a>
                                </td>
                                <td>
                                    <a href=#><img src=images/png-07481324726485.png width=59
                                        border=0>
                                    </a>
                                </td>
                                <td>
                                    <a href=#><img src=images/png-0011.png width=59 border=0>
                                    </a>
                                </td>
                        </tr>
                    </table>
                </div>
                <!--内容部分结束-->
                <div class="ybbot">
                    <div></div>
                </div>
            </div>
            <!--圆角模板结束-->
        </div>
        <!--热卖商品部分结束-->
    </div>
    <!--左边部分结束-->
    <div id=r1_center>
        <!--中间部分开始-->
        <div id=focusphoto>
            <!--焦点图片开始-->
            <script type="text/javascript" language="javascript"
                src="js/photo.js"></script>
        </div>
```

```
        <!--焦点图片结束-->
        <div id=kuaijie>
            <!--快捷操作开始-->
            <div class="yblan">
                <!--圆角模板开始-->
                <div class="ybtop">
                    <!--标题部分开始-->
                    <h3 style="font-size: 13px">
                        <font color=#0663A8>快捷操作</font>
                    </h3>
                </div>
                <!--标题部分结束-->
                <div class="ybmid">
                    <!--内容部分开始-->
                    <a href=#><img src=images/h2.gif height=76 border=0>
                    </a>
                    <a href=#><img src=images/h4.gif height=76 class=photo1
                          border=0>
                    </a>
                    <a href=#><img src=images/h6.gif height=76 class=photo1
                          border=0>
                    </a>
                    <a href=#><img src=images/h7.gif height=76 class=photo1
                          border=0>
                    </a>
                    <a href=#><img src=images/h8.gif height=76 class=photo1
                          border=0>
                    </a>
                </div>
                <!--内容部分结束-->
                <div class="ybbot">
                    <div></div>
                </div>
            </div>
            <!--圆角模板结束-->
        </div>
        <!--快捷操作结束-->
    </div>
    <!--中间部分结束-->
    <div id=r1_right>
        <!--右边部分开始-->
        <div id=youhui>
            <!--最新优惠部分开始-->
            <div class="yblan">
                <!--圆角模板开始-->
                <div class="ybtop">
                    <!--标题部分开始-->
                    <h3 style="font-size: 13px">
                        <font color=#FF0000>最新优惠</font>
                    </h3>
                </div>
                <!--标题部分结束-->
```

```
                <div class="ybmid">
                    <!-- 内容部分开始 -->
                    <div id=line>
                        <a href=#>迎新年,所有商品半价迎新年,所有商品半价迎新年,所有商品半价迎新年,
所有商品半价</a>
                    </div>
                    <div id=line>
                        <a href=#>迎新年,所有商品半价</a>
                    </div>
                    <div id=line>
                        <a href=#>迎新年,所有商品半价</a>
                    </div>
                    <div id=line>
                        <a href=#>迎新年,所有商品半价</a>
                    </div>
                    <div id=line>
                        <a href=#>迎新年,所有商品半价</a>
                    </div>
                </div>
                <!-- 内容部分结束 -->
                <div class="ybbot">
                    <div></div>
                </div>
            </div>
            <!-- 圆角模板结束 -->
        </div>
        <!-- 最新优惠部分结束 -->
        <div id=gonggao>
            <!-- 活动公告部分开始 -->
            <div class="yblan">
                <!-- 圆角模板开始 -->
                <div class="ybtop">
                    <!-- 标题部分开始 -->
                    <h3 style="font-size: 13px">
                        <font color=#0663A8>活动公告</font>
                    </h3>
                </div>
                <!-- 标题部分结束 -->
                <div class="ybmid">
                    <!-- 内容部分开始 -->
                    <div id=line>
                        <a href=#>岁末年初所有积分可以兑换现金啦!</a>
                    </div>
                    <div id=line>
                        <a href=#>岁末年初所有积分可以兑换现金啦!</a>
                    </div>
                    <div id=line>
                        <a href=#>岁末年初所有积分可以兑换现金啦!</a>
                    </div>
                    <div id=line>
                        <a href=#>岁末年初所有积分可以兑换现金啦!</a>
                    </div>
```

```
                    </div>
                    <!--内容部分结束-->
                    <div class="ybbot">
                        <div> </div>
                    </div>
                </div>
                <!--圆角模板结束-->
            </div>
            <!--活动公告部分结束-->
        </div>
        <!--右边部分结束-->
    </div>                                          <!--第一大块结束-->
    <div id=r2>                                     <!--第二大块开始-->
        <div class="yblan">
          <!--圆角模板开始-->
          <div class="ybtop">
              <!--标题部分开始-->
              <h3 style="font-size: 13px; text-align: left;">
                  <a href=#> <font color=#666666>商品推荐</font>
                  </a> |
                  <a href=#> <font color=#666666>最新上架</font>
                  </a>
              </h3>
          </div>
          <!--标题部分结束-->
          <div class="ybmid">
              <!--内容部分开始-->
              <iframe name=inner src=inner.jsp frameborder=0 width=948
                 height=118 scrolling=no> </iframe>
          </div>
          <!--内容部分结束-->
          <div class="ybbot">
              <div> </div>
          </div>
        </div>
        <!--圆角模板结束-->
    </div>                                               <!--第二大块结束-->
    <div id=kefu>                                        <!--客服在线部分开始-->
        <div class="yblan">
            <!--圆角模板开始-->
            <div class="ybtop">
                <!--标题部分开始-->
                <h3 style="font-size: 13px; text-align: left;">
                    <font color=#0663A8>客服在线</font>
                </h3>
            </div>
            <!--标题部分结束-->
            <div class="ybmid">
                <!--内容部分开始-->
                <div id=kefu_content>
                    <!--内部块开始-->
                    <div id=kefu_left>
```

```
    <a href=#>单击可直接在线咨询</a>
</div>
<!--内容左边部分-->
<div id=kefu_right>
    <!--内容右边部分开始-->
    <table border=0 align=center width=100%
      style="line-height: 25px">
      <tr>
          <th>
            关于电子商城
          </th>
          <th>
            返修流程
          </th>
          <th>
            附录条例
          </th>
          <th>
            免责声明
          </th>
      </tr>
      <tr align=center>
          <td>
            什么是电子商城
          </td>
          <td>
            退换货服务政策
          </td>
          <td>
            配送方式
          </td>
          <td>
            质量问题
          </td>
      </tr>
      <tr align=center>
          <td>
            订货要求
          </td>
          <td>
            如何退换货
          </td>
          <td>
            关于我们
          </td>
          <td>
            到货时间问题
          </td>
      </tr>
    </table>
</div>
<!--内容右边部分结束-->
```

```
                </div>
                <!-- 内容块结束 -->
            </div>
            <!-- 内容部分结束 -->
            <div class="ybbot">
                <div> </div>
            </div>
        </div>
        <!-- 圆角模板结束 -->
    </div>                                                    <!-- 客服在线结束 -->
    <%@ include file="bottom.jsp"%>                           <! 一导入页脚 -->
  </div>
</body>
```

【代码说明】

在上述代码中，为了维护整个系统的统一性，专门制作了统一的页头页面和页脚页面，分别为 daohang. jsp 和 bottom. jsp。

在线购物系统前台主界面第一行所导入的页头页面为 daohang. jsp，该页面主要包含顶部部分、网站 logo 部分、导航菜单部分和搜索部分，具体运行效果如图 5－2 所示。

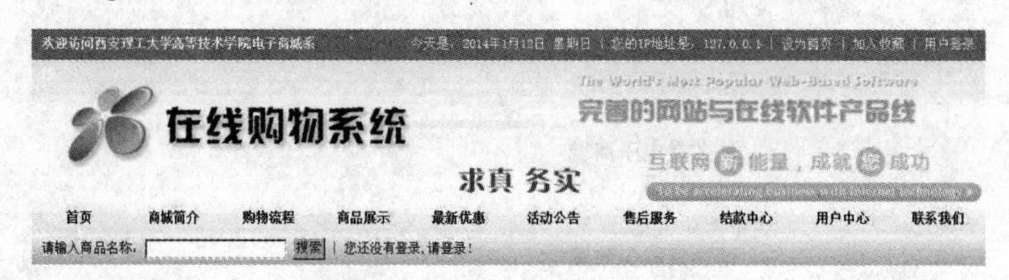

图 5－2　页头部分页面运行效果

daohang. jsp 页面的关键代码如下。

```
<div id=top>                                                  <!-- 顶部开始 -->
   <div id=top_left>
       欢迎访问西安理工大学高等技术学院电子商城系统
   </div>
   <!-- 顶部左边部分 -->
   <div id=top_right>
        <!-- 顶部右边部分开始 -->
        今天是:2014 年 1 月 12 日 星期日 | 您的 IP 地址是:127.0.0.1 |
        <a
   onclick="this.style.behavior='url(#default#homepage)';this.setHomePage('http://www.xxx.com')"
            href="#ecms" title="设为首页">设为首页</a> |
        <a
            href="javascript:window.external.addFavorite('http://www.xxx.com','网站标题');">加入收藏</a>
        |
        <a href=login.html>用户登录</a>
   </div>
   <!-- 顶部右边部分结束 -->
</div>                                                        <!-- 顶部结束 -->
<div id=logo> </div>                                          <!-- 网站的 logo 部分 -->
<div id=menu>                                                 <!-- 菜单条开始 -->
   <div id=sub_menu>
```

```
        <a href = index. jsp > 首页 </a >
    </div >
    <div id = sub_menu >
        <a href = scjj. jsp > 商城简介 </a >
    </div >
    <div id = sub_menu >
        <a href = gwlc. jsp > 购物流程 </a >
    </div >
    <div id = sub_menu >
        <a href = spzs. jsp > 商品展示 </a >
    </div >
    <div id = sub_menu >
        <a href = zxyh. jsp > 最新优惠 </a >
    </div >
    <div id = sub_menu >
        <a href = hdgg. jsp > 活动公告 </a >
    </div >
    <div id = sub_menu >
        <a href = shfw. jsp > 售后服务 </a >
    </div >
    <div id = sub_menu >
        <a href = jkzx. jsp > 结款中心 </a >
    </div >
    <div id = sub_menu >
        <a href = yhzx. jsp > 用户中心 </a >
    </div >
    <div id = sub_menu >
        <a href = lxwm. jsp > 联系我们 </a >
    </div >
</div >                                         <! -- 菜单条结束 -->
<div id = search >                              <! -- 搜索部分开始 -->
……
</div >                                         <! -- 搜索部分结束 -->
```

在线购物系统前台主界面最后一行导入的页脚页面为 bottom. jsp，该页面主要包含底部链接和底部信息两部分，具体运行效果如图 5 - 3 所示。

图 5 - 3　页脚部分页面运行效果

bottom. jsp 页面的关键代码如下。

```
<div id = link1 >                               <! -- 底部链接部分开始 -->
    <a href = index. html > 网站首页 </a > |
    <a href = # > 购物流程 </a > |
    <a href = # > 送货方式 </a > |
    <a href = # > 付款方式 </a > |
    <a href = # > 工作时间 </a > |
    <a href = # > 售后服务 </a > |
```

```
    <a href=#>关于我们</a>
</div>                                            <!--底部链接部分结束-->
<div id=footer>                                   <!--底部信息开始-->
    商城地址:西安市大庆路——西安理工大学高等技术学院电子商城系统<br>
    咨询电话:029-88632042 售后服务电话:029-88632042 在线咨询 Q Q:88888888<br>
    陕 ICP 备 10200645 号 西安理工大学高等技术学院 您是第 <font color=#FF0000>1083</font> 位访客 版权所有
2013-2014
</div>                                            <!--底部信息结束-->
```

5.3.2 后台主界面实现

在线购物系统的后台主界面为/admin/index.jsp，在该界面中通过框架标签分成3部分，分别为上面部分、下面左边部分和下面右边部分，具体运行效果如图5-4所示。

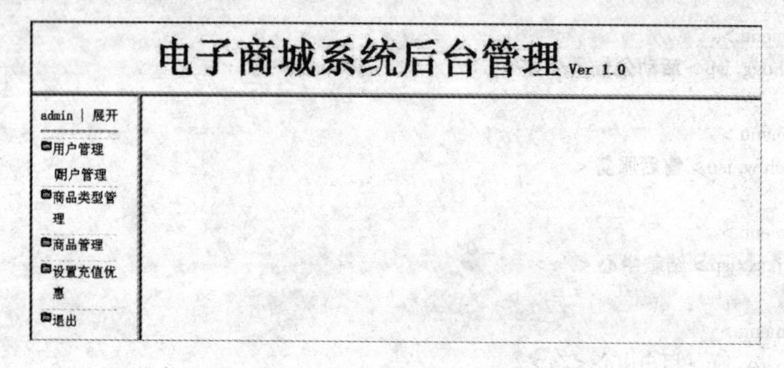

图5-4 后台管理界面运行效果

在线购物系统中，后台主界面的关键代码如下。

```
<frameset rows=13%,*>
    <frame name=top src=top.jsp>                  <!—上面部分-->
    <frameset cols=15%,*>
        <frame name=left src=left.jsp>            <!—下面左边部分-->
        <frame name=right src=right.jsp>          <!—下面右边部分-->
    </frameset>
</frameset>
```

【代码说明】

在上述代码中，上面框架部分的加载页面为 top.jsp，下面左边框架的加载页面为 left.jsp。

left.jsp 页面的关键代码如下。

```
<ul class="left">                                 <!—用户管理模块-->
    <a href=# onclick=show(1);>用户管理</a>
</ul>
<ul id="1" style="display: block; margin-left: 0px">
    <li>
        <a href=/shop/servlet/User_List target=right>用户管理</a>
    </li>
</ul>
<ul class="left">                                 <!—商品类型管理模块-->
    <a href=# onclick=show(2);>商品类型管理</a>
```

```
</ul>
<ul id="2" style="display: none; margin-left: 0px">
    <li>
            <a href=type_add.jsp target=right>商品类型添加</a>
    </li>
    <li>
            <a href=/shop/servlet/Type_List target=right>商品类型管理</a>
    </li>
</ul>
<ul class="left">                                <! —商品管理模块 -->
    <a href=# onclick=show(3);>商品管理</a>
</ul>
<ul id="3" style="display: none; margin-left: 0px">
    <li>
            <a href=goods_add.jsp target=right>商品添加</a>
    </li>
    <li>
            <a href=/shop/servlet/Goods_List target=right>商品管理</a>
    </li>
</ul>
<ul class="left">                                <! — 优惠值管理模块 -->
    <a href=chongzhi_set.jsp target=right>设置充值优惠</a>
</ul>
<ul class="left">                                <! — 退出模块 -->
    <a href=Exit target=_top>退出</a>
</ul>
```

【代码说明】

在上述代码中，通过列表标签<ul>来组织树形结构，主要包含用户管理、商品类型管理、商品管理、优惠值管理和退出功能。

5.4 用户模块页面设计

在线购物系统中，关于用户模块页面包含两部分，分别为：前台部分包含购物用户注册页面、会员用户登录页面、会员用户退出页面、找回会员密码页面；后台部分包含分页显示会员用户信息页面和修改会员用户信息页面。

5.4.1 前台用户模块视图层实现

在线购物系统的前台中，关于用户模块中所涉及的页面分别如下。

1. 购物用户注册页面设计

在线购物系统中，关于购物用户注册页面为reg.jsp，该页面的详细内容可以查看4.3.4节的内容。

2. 会员用户登录页面设计

发出用户登录请求的为前台首页index.jsp中左边的登录模块部分，具体运行效果如图5-5所示。

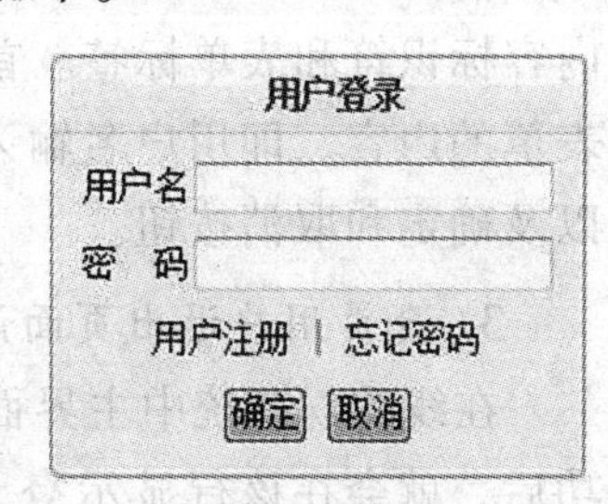

图5-5 登录模块运行效果

在线购物系统，前台主界面页面index.jsp中，关于登录模块的关键代码如下。

```
<div id = login>                                      <! -- 登录部分开始 -->
    <div class = "yblan">                             <! -- 圆角模板开始 -->
        <div class = "ybtop">                         <! -- 标题部分开始 -->
            <h3 style = "font - size:13px"> <font color = #666666 >用户登录 </font> </h3>
        </div>                                        <! -- 标题部分结束 -->
        <div class = "ybmid">                         <! -- 内容部分开始 -->
        <form action = Login method = post name = f >
            <table border = 0 align = center style = "line - height:25px">
                <tr>                                  <! —用户名输入文本框 -->
                    <td>用户名 </td>
                    <td> <input type = text name = user class = text1 > </td>
                </tr>
                <tr>                                  <! —密码输入文本框 -->
                  <td>密   码 </td>
                  <td> <input type = password name = pass class = text1 > </td>
                </tr>
                <tr align = center>                   <! —相关链接 -->
                  <td colspan = 2 >
                    <a href = reg. jsp>用户注册 </a> |
                    <a href = forget. jsp>忘记密码 </a>
                  </td>
                </tr>
                <tr>                                  <! —"确定"和"取消"按钮 -->
                  <td colspan = 2 >
                    <input type = submit name = enter value = 确定 onclick = "return check( )">
                    <input type = reset name = enter value = 取消 >
                  </td>
                </tr>
            </table>
        </form>
        </div>                                        <! -- 内容部分结束 -->
        <div class = "ybbot"> <div> </div> </div>
    </div>                                            <! -- 圆角模板结束 -->
</div>                                                <! -- 登录部分结束 -->
```

【代码说明】

在上述代码中，整个表单布局采用表格形式进行布局，每一行包含两部分内容，即内容标识符和表单标签。首先设置表单请求处理 Servlet 的映射 URL 为 Login，然后设计表单的内容，即用户名输入文本框、密码输入文本框、用户注册和忘记密码超链接，以及确定和取消按钮。

3. 会员用户退出页面设计

在线购物系统中主界面页面 index. jsp 中的第三行为搜索模块，当会员用户登录成功后，就会在该行显示登录会员用户信息，同时显示退出选项，具体运行效果如图 5 -6所示。

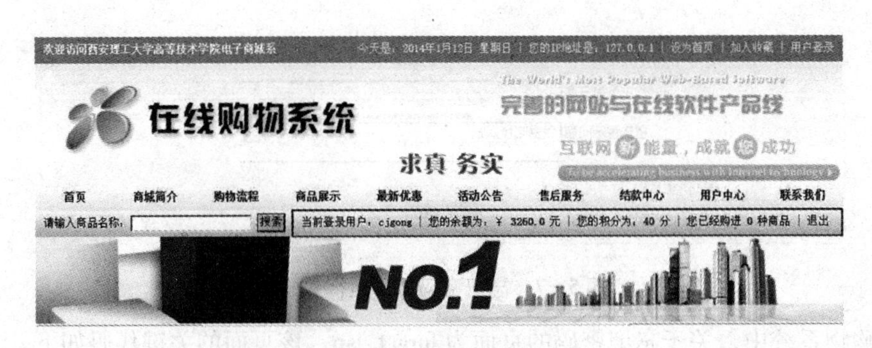

图5-6　搜索行运行效果

在线购物系统中，搜索模块属于前台主界面所导入的页头页面，有关该模块的关键代码如下。

```
<div id = search >                                    <! -- 搜索部分开始 -->
   请输入商品名称:
   <input type = text name = key >                     <! —商品名输入文本框 -->
   <input type = submit name = enter value = 搜索 >
   <c:choose >
       <c:when test =" $ {sessionScope. username ! = null}" >
……
               | 当前登录用户: $ {sessionScope. username}
               | 您的余额为: ¥  <font color = #FF0000 > <b > $ {u. money} </b >  </font > 元
               | 您的积分为: <font color = #FF0000 > <b > $ {u. jifen} </b >  </font > 分
               | 您已经购进  <b > <a href = look. jsp > <font color = #FF0000 > <% = ci. listChe( ). size( )% > </font >
             </a >  </b > 种商品
               |  <a href = Exit1 > 退出 </a >
           </c:when >
           <c:otherwise >
               | 您还没有登录,请登录!
           </c:otherwise >
       </c:choose >
</div >
<! -- 搜索部分结束 -->
```

【代码说明】

在上述代码中，不仅设计了商品搜索模块，而且还通过 Java 脚本显示了所登录会员用户的详细信息，如登录会员用户名、余额、积分、购买商品数量，最后显示退出超链接。

4. 找回会员密码页面设计

当会员用户忘记自己的密码后，可以通过自己的用户名和密码提示问题找回密码，具体步骤如下：

1）在线购物系统主界面的登录模块中，单击“忘记密码”超链接，进入“忘记密码”页面，在该页面中需要通过输入会员用户名与密码提示问题以及答案来校验会员用户是否具有找回密码的权限，具体运行效果如图 5-7 所示。

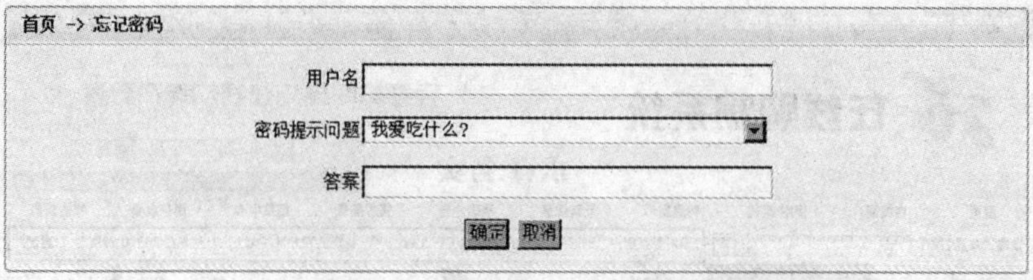

图 5-7　忘记密码页面运行效果

在线购物系统中，关于忘记密码的页面为 forget. jsp，该页面的关键代码如下。

```
<form action = Forget method = post name = f >
    <table border = 0 align = center style = "line - height: 35px" >
        <tr >                                          <! —用户名输入文本框 -->
            <td align = right >
                用户名
            </td >
            <td >
                <input type = text name = user class = bg value = ${param. user} >
            </td >
        </tr >
        <tr >                                          <! —密码提示问题选择下拉列表框 -->
            <td align = right >
                密码提示问题
            </td >
            <td >
                <select name = question class = bg >
                    <option value = 我爱吃什么? >
                        我爱吃什么?
                    </option >
                    <option value = 我的宠物名字? >
                    我的宠物名字?
                    </option >
                    <option value = 我喜欢的歌? >
                        我喜欢的歌?
                    </option >
                </select >
            </td >
        </tr >
        <tr >                                          <! —答案输入文本框 -->
            <td align = right >
                答案
            </td >
            <td >
                <input type = text name = answer class = bg value = ${param. answer} >
            </td >
        </tr >
        <tr align = center >
            <td colspan = 2 >
                <input type = submit name = enter id = mysubmit value = 确定
                    onclick = "return check()" >
```

```
            <input type = reset name = enter value = 取消 >
        </td >
    </tr >
  </table >
</form >
```

【代码说明】

在上述代码中，整个表单布局采用表格形式进行布局，每一行包含两部分内容，即内容标识符和表单标签。首先设置表单请求处理 Servlet 的映射 URL 为 Forget，然后设计表单的内容，即用户名输入文本框、密码提示问题下拉列表框、答案输入文本框、确定和取消按钮。

2）如果会员用户具有找回密码的权限，则会直接跳转到“重置密码”页面，在该页面中可以重新设置会员用户密码，具体运行效果如图 5 - 8 所示。

首页 -> 忘记密码

用户名	cjgong
新密码	
重复新密码	
	确定 取消

图 5 - 8　重置密码页面运行效果

在线购物系统中，关于重置密码的页面为 resetpass. jsp，该页面的关键代码如下。

```
<form action = Resetpass method = post name = f >
  <table border = 0 align = center style = "line - height: 35px" >
    <tr >                                   <! —用户名输入文本框 -->
        <td align = right >
            用户名
        </td >
        <td >
            <input type = text name = user readonly class = bg
            value = ${current_name} >
        </td >
    </tr >
    <tr >                                   <! —新密码输入文本框 -->
        <td align = right >
            新密码
        </td >
        <td >
            <input type = password name = pass1 class = bg >
        </td >
    </tr >
    <tr >                                   <! —重复新密码输入文本框 -->
        <td align = right >
            重复新密码
        </td >
        <td >
            <input type = password name = pass2 class = bg >
        </td >
    </tr >
```

```
        < tr align = center >
            < td colspan = 2 >
                < input type = submit name = enter id = mysubmit value = 确定 onclick = "return check( )" >
                < input type = reset name = enter value = 取消 >
            < /td >
        < /tr >
    < /table >
< /form >
```

【代码说明】

在上述代码中，整个表单布局采用表格形式进行布局，每一行包含两部分内容，即内容标识符和表单标签。首先设置表单请求处理 Servlet 的映射 URL 为 Resetpass，然后设计表单的内容，即用户名输入文本框、新密码输入文本框、重复新密码输入文本框、确定和取消按钮。

5.4.2 后台用户模块控制层实现

在线购物系统的后台中，关于用户模块中所涉及的页面分别如下。

1. 分页显示会员用户信息页面设计

在线购物系统的后台主界面中，单击“用户管理”超链接，就会在该界面的下面右部分，以分页的形式显示会员用户信息，具体运行效果如图 5－9 所示。

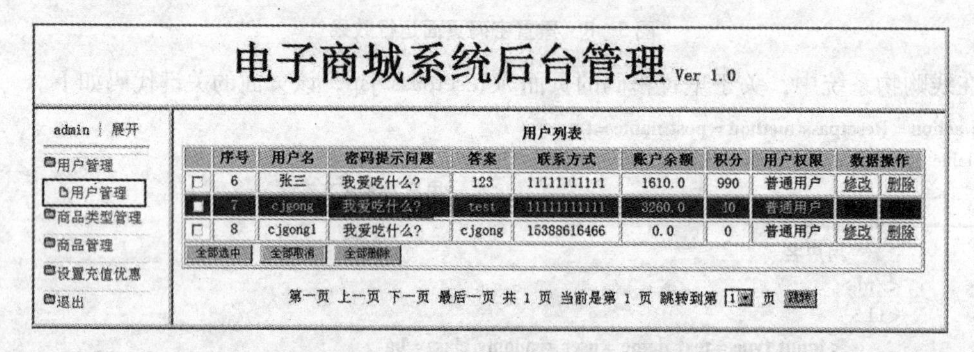

图 5－9 分页显示会员用户信息页面运行效果

在线购物系统中，关于显示会员用户信息的页面为 admin \ user_ man. jsp，该页面的关键代码如下。

```
<table border = 1 align = center width = 100% >
    < caption >                                     <! —设置表头信息 - >
        < b > 用户列表 < /b >
    < /caption >
    < tr bgcolor = #C7D7E7 >
        < th >                                      <! —设置表标题 -->
             
        < /th >
        < th >
            序号
        < /th >
        < th >
            用户名
        < /th >
        < th >
```

```
            密码提示问题
        </th>
        <th>
            答案
        </th>
        <th>
            联系方式
        </th>
        <th>
            账户余额
        </th>
        <th>
            积分
        </th>
        <th>
            用户权限
        </th>
        <th colspan=2>
            数据操作
        </th>
    </tr>
    <%                                         <!--循环输出会员用户信息-->
        PageModel<User> pageModel=(PageModel<User>)session.getAttribute("pageuser");
        //根据当前的页号得到的这一页应该显示的数据
        List<User> l=pageModel.getList();
        int num=pageModel.getTotalRecords();//记录总条数
        int pagenum=pageModel.getPageNo();//请求页
        int count=pageModel.getPageSize();   //每页显示的记录数
        int n=pageModel.getTotalPages();
        for(int i=0;i<l.size();i++)
        {
            if(i%2==1)
                out.println("<tr align=center bgcolor=#EEEEEE onmouseover='openme(this)' onmouseout='
closeme(this)'>");
            else
                out.println("<tr align=center onmouseover='openme(this)' onmouseout='closeme1(this)'>");
            User user=(User)l.get(i);
            int id=user.getId();
            String name=user.getName();
            String question=user.getQuestion();
            String answer=user.getAnswer();
            String tel=user.getTel();
            double money=user.getMoney();
            int jifen=user.getJifen();
            int flag=user.getFlag();
            out.println("<td><input type=checkbox name=op value="+id+"></td>");
            out.println("<td>"+id+"</td>");
            out.println("<td>"+name+"</td>");
            out.println("<td>"+question+"</td>");
            out.println("<td>"+answer+"</td>");
            out.println("<td>"+tel+"</td>");
            out.println("<td>"+money+"</td>");
```

```
                    out.println("<td>"+jifen+"</td>");
                    if(flag==0)
                        out.println("<td>管理员</td>");
                    else
                        out.println("<td>普通用户</td>");
                    out.println("<td><a href=user_modify.jsp?id="+id+">修改</a></td>");
                    out.println("<td><a href=User_del?id="+id+" onclick='return del()'>删除</a></td>");
                    out.println("</tr>");
        }
%>
        <tr>                                                <!--表中最后一行的内容-->
            <td colspan=11>
                <input type=button name=enter value=全部选中 onclick=
    selectall();
>
                <input type=button name=enter value=全部取消 onclick=
    resetall();
>
                <input type=button name=enter value=全部删除 onclick=
    deleteall();
>
            </td>
        </tr>
    </table>
    <p align=center>
    <%                                                      //第一页和最后一页等部分
        if(pagenum!=1)
            out.println("<a href=/shop/servlet/User_List?pagenum="+pageModel.getTopPageNo()+">第一页</a
>\t");
        else
            out.println("第一页\t");
            if(pagenum>1)
                out.println("<a href=/shop/servlet/User_List?pagenum="+pageModel.getPreviousPageNo()+">上一
页</a>\t");
        else
            out.println("上一页\t");
        if(pagenum<n)
            out.println("<a href=/shop/servlet/User_List?pagenum="+pageModel.getNextPageNo()+">下一页</a
>\t");
        else
            out.println("下一页\t");
        if(pagenum!=n)
            out.println("<a href=/shop/servlet/User_List?pagenum="+    pageModel.getButtomPageNo()    +">最后
一页</a>\t");
        else
            out.println("最后一页\t");
    %>
    共 <%=n%> 页 当前是第 <%=pagenum%> 页 跳转到第 <select name=pagenum>
    <%
        for(int i=1;i<=n;i++)
        {
            out.println("<option value="+i+">"+i+"</option>");
```

```
    }
%>
</select> 页
<input type=button name=enter value=跳转 onclick="jump()">
```

【代码说明】

在上述代码中，整个表单布局采用表格形式进行布局，其中分页中会员用户信息通过JSP脚本里的for循环进行输出。

2. 修改会员用户信息页面设计

当以分页的形式显示会员用户信息时，单击某一行用户信息（如张三）中的“修改”超链接，就会在在线购物系统后台界面的下面右部分显示“用户信息修改”页面，具体运行效果如图5-10所示。

电子商城系统后台管理 Ver 1.0

admin | 展开
用户管理
用户管理
商品类型管理
商品管理
设置充值优惠
退出

用户信息修改
用户名 张三
密码提示问题 我爱吃什么?
答案 123
联系方式 1111111111
确定 取消

图5-10 用户信息修改页面运行效果

在线购物系统中，关于用户信息修改的页面为admin\user_modify.jsp，该页面的关键代码如下。

```
<form action=User_modify method=post name=f>
    <input type=hidden name=id value=${u.id}>
    <table border=0 align=center style="line-height:35px">
        <caption>                               <!--设置表标题信息-->
            <b>用户信息修改</b>
        </caption>
        <tr>                                    <!--用户名输入文本框部分-->
            <td align=right>
                用户名
            </td>
            <td>
                <input type=text name=user class=bg value=${u.name}>
            </td>
        </tr>
        <tr>                                    <!--密码提示问题下拉列表框部分-->
            <td align=right>
                密码提示问题
            </td>
            <td>
                <select name=question class=bg>
                    <c:choose>
                        <c:when test="${u.question=='我爱吃什么?'}">
```

```
                    <option value = 我爱吃什么? >
                        我爱吃什么?
                    </option>
                    <option value = 我的宠物名字? >
                        我的宠物名字?
                    </option>
                    <option value = 我喜欢的歌? >
                        我喜欢的歌?
                    </option>
                </c:when>
                <c:when test = "${u.question = = '我的宠物名字?'}">
                    <option value = 我爱吃什么? >
                        我爱吃什么?
                    </option>
                    <option selected value = 我的宠物名字? >
                        我的宠物名字?
                    </option>
                    <option value = 我喜欢的歌? >
                        我喜欢的歌?
                    </option>
                </c:when>
                <c:otherwise>
                    <option value = 我爱吃什么? >
                        我爱吃什么?
                    </option>
                    <option value = 我的宠物名字? >
                        我的宠物名字?
                    </option>
                    <option selected value = 我喜欢的歌? >
                        我喜欢的歌?
                    </option>
                </c:otherwise>
            </c:choose>
        </select>
    </td>
</tr>
<tr>                                            <! —答案文本框部分 -->
    <td align = right>
        答案
    </td>
    <td>
        <input type = text name = answer class = bg value = ${u.answer} >
    </td>
</tr>
<tr>                                            <! —联系方式文本框部分 -->
    <td align = right>
        联系方式
    </td>
    <td>
        <input type = text name = tel class = bg value = ${u.tel} >
    </td>
</tr>
<tr align = center>
    <td colspan = 2>
```

```
            <input type = submit name = enter id = mysubmit value = 确定
                onclick = "return check( )" >
            <input type = reset name = enter value = 取消 >
        </td >
    </tr >
  </table >
</form >
```

【代码说明】

在上述代码中，整个表单布局采用表格形式进行布局，每一行包含两部分内容，即内容标识符和表单标签。首先设置表单请求处理 Servlet 的映射 URL 为 User_ modify，然后设计表单的内容，即用户名输入文本框、密码提示问题下拉列表框、答案文本框、联系方式文本框、确定和取消按钮。

5.5 优惠值模块页面设计

在线购物系统中，关于优惠值模块页面包含两部分，分别为：前台部分包含用户中心页面；后台部分包含设置充值优惠页面。

5.5.1 前台优惠值模块视图层实现

在线购物系统的前台主界面 indexjsp 中，单击导航栏中的“用户中心”超链接，就会在该界面的下面右部分显示用户中心页面。在该页面中可以实现为会员用户充值功能，具体运行效果如图 5－11 所示。

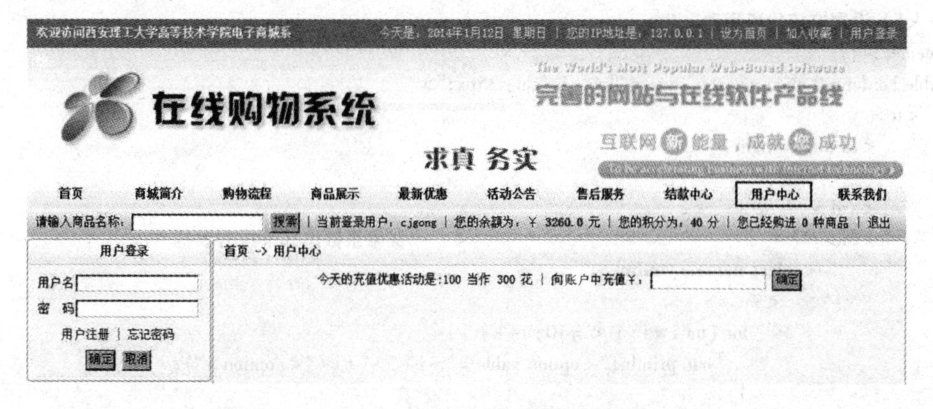

图 5－11 用户中心页面运行效果

在线购物系统中，关于用户中心的页面为 yhzx. jsp，该页面的关键代码如下。

```
<form action = Chongzhi method = post name = f >
<%
    IPreferentialService ds =    new PreferentialService( ) ;
    int xishu = ds. getYouHui( ) ;
    int jibai = xishu * 100 ;
% >
今天的充值优惠活动是:100 当作 <% = jibai % > 花 | 向账户中充值￥: <input type = text name = num >
<input type = submit name = enter value = 确定 >
</form >
```

【代码说明】

在上述代码中，处理表单请求 Servlet 的映射 URL 为 Chongzhi，表单的主要内容包含充值输入文本框和确定按钮。

5.5.2 后台优惠值模块视图层实现

在线购物系统的后台主界面里，单击“设置充值优惠”超链接，就会在该界面的下面右部分显示设置充值优惠页面，具体运行效果如图 5 - 12 所示。

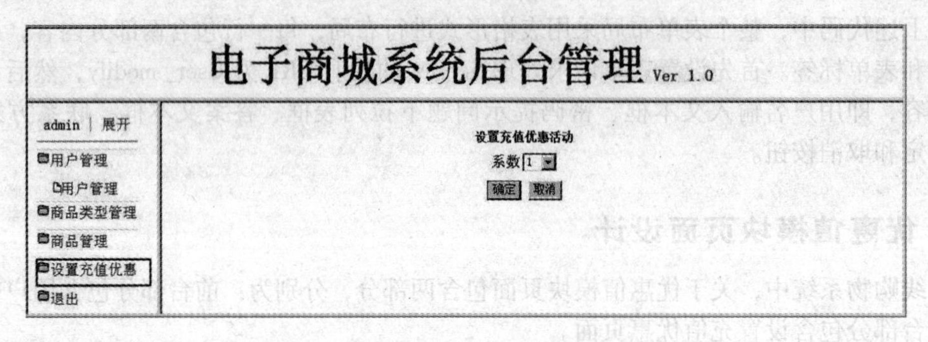

图 5 - 12 设置充值优惠页面运行效果

在线购物系统中，关于设置充值优惠的页面为 admin \ chongzhi_ set. jsp，该页面的关键代码如下。

```
<form action = Chongzhi_set method = post name = f >
    <center >
        <b >设置充值优惠活动 </b >
    </center >
    <table border =0 align = center style ="line - height: 35px;" >
        <tr >
            <td align = right >
                系数
            </td >
            <td >                                         <! —优惠系数选择下拉列表框 -->
                <select name = youhui >
                    <%
                        for (int i =1; i  < =10; i++ ) {
                            out. println(" <option value =" + i + " >" + i + " </option >");
                        }
                    % >
                </select >
            </td >
        </tr >
        <tr align = center >                              <! —确定和取消按钮 -->
            <td colspan =2 >
                <input type = submit name = enter id = mysubmit value = 确定 >
                <input type = reset name = enter  value = 取消 >
            </td >
        </tr >
    </table >
</form >
```

【代码说明】

在上述代码中，整个表单布局采用表格形式进行布局，每一行包含两部分内容，即内容标识符和表单标签。首先设置表单请求处理 Servlet 的映射 URL 为 Chongzhi_ set，然后设计表单的内容，即系数设置选择下拉列表框、确定和取消按钮。

5.6 商品类型模块页面设计

在线购物系统中，关于商品类型模块页面包含两部分，分别为：前台部分包含展示商品类型页面；后台部分包含分页显示会员用户信息页面和修改会员用户信息页面。

5.6.1 前台商品类型模块视图层实现

在线购物系统的前台主界面 indexjsp 中，单击导航栏中的“商品展示”超链接，就会在该界面的左侧部分显示商品类型名称，具体运行效果如图 5 - 13 所示。

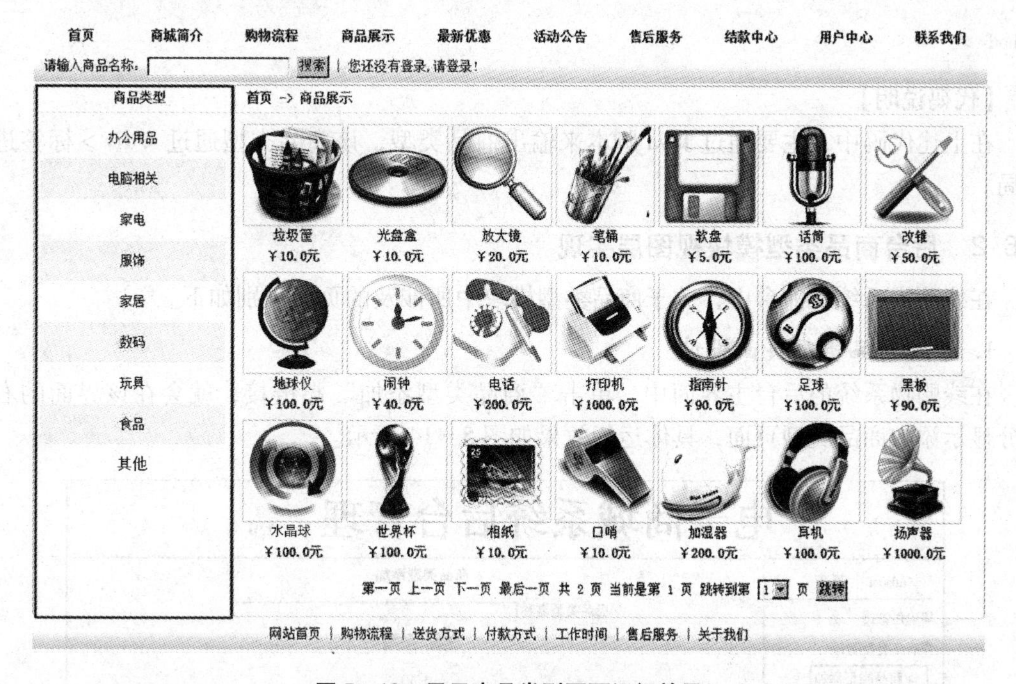

图 5 - 13 显示商品类型页面运行效果

在线购物系统前台商品展示页面 spzs. jsp 中，关于商品类型模块的关键代码如下。

```
<body>
......
    <div class="ybmid">
        <!-- 内容部分开始 -->
        <%
            ITypeService ti = new TypeService();
            ArrayList l = ti.listType();
            for (int i=0; i < l.size(); i++) {
                Type t = (Type) l.get(i);
                if (i % 2 ==0)
                    //偶数行商品类型内容
                    out
```

```
                    . println("<div id = type> <a href = /shop/servlet/Goods_Type_List? type_id = "
                        + t. getId( )
                        +" target = splist >"
                        + t. getName( ) +"</a> </div>");
            Else
                //奇数行商品类型内容
                out
                    . println("<div id = type1 > <a href = /shop/servlet/Goods_Type_List? type_id = "
                        + t. getId( )
                        +" target = splist >"
                        + t. getName( ) +"</a> </div>");
            }
    % >
    </div >
    <! -- 内容部分结束 -->
......
</body >
```

【代码说明】

在上述代码中，主要通过 Java 脚本来输出商品类型，该商品类型通过 <div>标签进行布局。

5.6.2 后台商品类型模块视图层实现

在线购物系统的前台中，关于商品类型模块中所涉及的页面分别如下。

1. 添加商品类型页面设计

在线购物系统的后台主界面中，单击“商品类型添加”超链接，就会在该界面的右下部分显示添加商品类型页面，具体运行效果如图 5 - 14 所示。

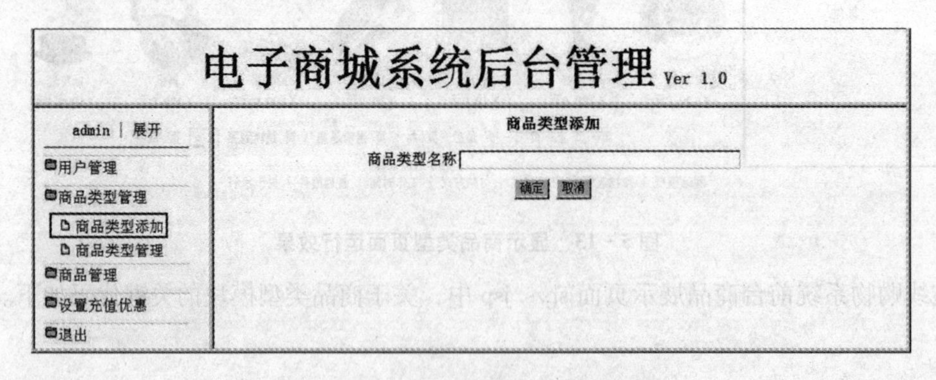

图 5 - 14　添加商品类型页面运行效果

在线购物系统中，关于显示会员用户信息的页面为 admin \ type_ add. jsp，该页面的关键代码如下。

```
<form action = Type_add method = post name = f >
    <table border = 0 align = center style = "line - height: 35px" >
        <caption >                                    <! —设置表头 -->
            <b > 商品类型添加 </b >
```

```
    </caption>
    <tr>                                      <! —商品类型名称部分 -->
        <td align = right >
            商品类型名称
        </td>
        <td>
            <input type = text name = name class = bg >
        </td>
    </tr>
    <tr align = center >                      <! —确定和取消按钮 -->
        <td colspan = 2 >
            <input type = submit name = enter id = mysubmit value = 确定
               onclick ="return check( )" >
            <input type = reset name = enter value = 取消 >
        </td>
    </tr>
  </table>
</form>
```

【代码说明】

在上述代码中，整个表单布局采用表格形式进行布局，每一行包含两部分内容，即内容标识符和表单标签。首先设置表单请求处理 Servlet 的映射 URL 为 Type_ add，然后设计表单的内容，即商品类型名称输入文本框、确定和取消按钮。

2. 分页显示商品类型信息页面设计

在线购物系统的后台主界面中，单击“商品类型管理”超链接，就会在该界面的右下部分以分页的形式显示商品类型信息，具体运行效果如图 5 - 15 所示。

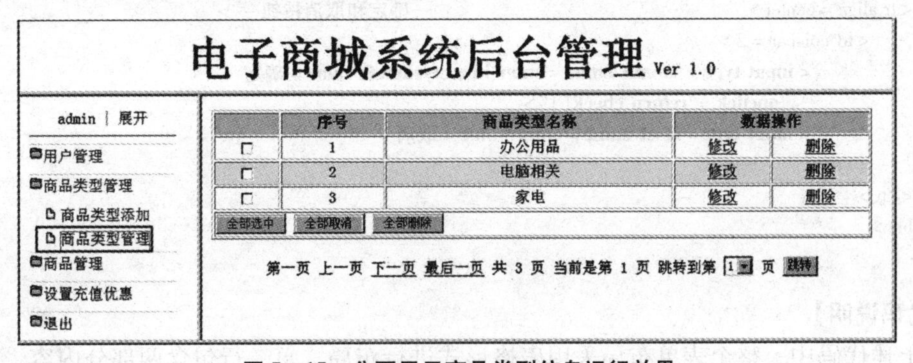

图 5 - 15　分页显示商品类型信息运行效果

在线购物系统中，关于显示商品类型信息的页面为 admin \ type_ man. jsp，该页面的关键代码与显示会员用户信息的页面 admin \ user_ man. jsp 非常类似，因此不再做详细介绍。

3. 修改商品类型页面设计

当以分页的形式显示商品类型信息时，单击某一行商品类型信息（如办公用品）中的“修改”超链接，就会在在线购物系统后台界面的右下部分显示“商品类型信息修改”页面，具体运行效果如图 5 - 16 所示。

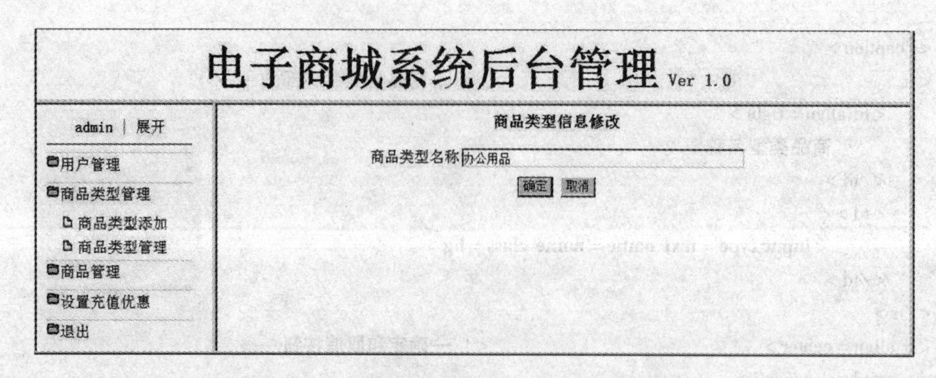

图 5-16 商品类型信息修改页面运行效果

在线购物系统中，关于商品类型修改的页面为 admin \ type_ modify. jsp，该页面的关键代码如下。

```
<form action = Type_modify method = post name = f >
    <input type = hidden name = id value = ${t.id} >
    <table border = 0 align = center style = "line - height: 35px" >
        <caption >                                  <! --设置表头信息 -->
            <b >商品类型信息修改 </b >
        </caption >
        <tr >                                       <! --商品类型名称部分 -->
            <td align = right >
                商品类型名称
            </td >
            <td >
                <input type = text name = name class = bg value = ${t.name} >
            </td >
        </tr >
        <tr align = center >                        <! --确定和取消按钮 -->
            <td colspan = 2 >
                <input type = submit name = enter id = mysubmit value = 确定
                  onclick = "return check()" >
                <input type = reset name = enter value = 取消 >
            </td >
        </tr >
    </table >
</form >
```

【代码说明】

在上述代码中，整个表单布局采用表格形式进行布局，每一行包含两部分内容，即内容标识符和表单标签。首先设置表单请求处理 Servlet 的映射 URL 为 Type_ modify，然后设计表单的内容，即商品类型名称输入文本框、确定和取消按钮。

5.7 商品模块页面设计

在线购物系统中，关于商品模块页面包含两部分，分别为：前台部分包含根据商品类型展示商品页面和查看商品信息页面；后台部分包含添加商品页面、分页显示商品信息页面、修改商品页面。

5.7.1 前台商品模块视图层实现

在线购物系统的前台中，关于商品模块中所涉及的页面分别如下。

1. 根据商品类型展示商品页面设计

在线购物系统的前台主界面 indexjsp 中，单击导航栏中的“商品展示”超链接，就会在该界面的左侧部分显示商品类型名称。单击某一个商品类型（如办公用品），就会在该界面的右侧部分以分页的形式显示该类型下的所有商品，具体运行效果如图 5-17 所示。

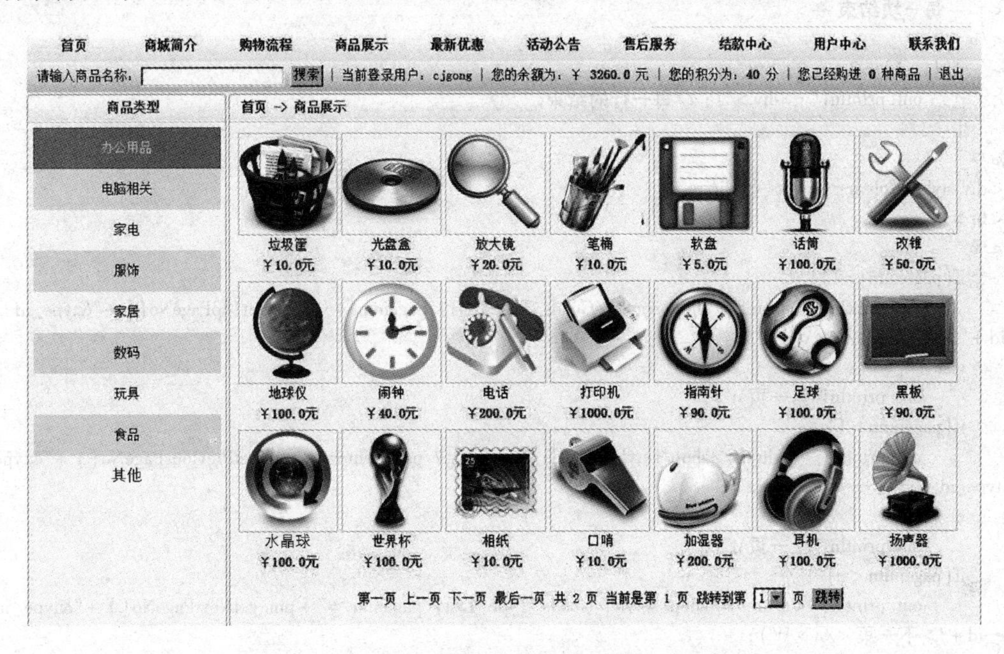

图 5-17 显示“办公用品”类型下的所有商品

在线购物系统的前台中，关于以分页的形式显示该类型下的所有商品的页面为 sp.jsp，该页面的关键代码如下。

```
<%
    PageModel<Goods> pm = (PageModel<Goods>)session.getAttribute("pagegoodslist");
    int type_id = (Integer)session.getAttribute("type_id");
    List<Goods> l = pm.getList(); //得到这种类型的所有商品
    int num = pm.getTotalRecords(); //记录总条数
    int n = pm.getTotalPages(); //总页数
    int pagenum = pm.getPageNo();
    for(int i = 0;i < l.size();i++)
    {
        if(i%7 == 0)
            out.println("<div id = sp>"); //每一行的开始
            Goods g = (Goods)l.get(i);
%>
<div id = sp_block>
    <!-- 每一块开始 -->
    <div id = sp_img>
        <!-- 图像部分开始 -->
```

```
            <a href=/shop/servlet/Goods_Info? id=<%=g.getId()%>><img
                src=upload/<%=g.getPhoto() %> width=98 height=98 border=0> </a>
        </div>
        <!--图像部分结束-->
        <div id=sp_text1><%=g.getName() %></div>
        <div id=sp_text2>
            ¥<%=g.getPrice() %>元
        </div>
    </div>
    <!--每一块结束-->
    <%
        if((i+1)%7==0)
            out.println("</div>"); //每一行的结束
        }
    %>
    <div style="clear: both"> </div>
    <br>
    <%
        if(pagenum!=1)
            out.println("<a href=/shop/servlet/Goods_Type_List? pagenum="+pm.getTopPageNo()+"&type_id="+
type_id+">第一页</a>\t");
        else
            out.println("第一页\t");
        if(pagenum>1)
            out.println("<a href=/shop/servlet/Goods_Type_List? pagenum="+pm.getPreviousPageNo()+"&type_id
="+type_id+">上一页</a>\t");
        else
            out.println("上一页\t");
        if(pagenum<n)
            out.println("<a href=/shop/servlet/Goods_Type_List? pagenum="+pm.getNextPageNo()+"&type_id="
+type_id+">下一页</a>\t");
        else
            out.println("下一页\t");
        if(pagenum!=n)
            out.println("<a href=/shop/servlet/Goods_Type_List? pagenum="+pm.getButtomPageNo()+"&type_id
="+type_id+">最后一页</a>\t");
        else
            out.println("最后一页\t");
    %>
    共
    <%=n %>
    页 当前是第
    <%=pagenum %>
    页 跳转到第
    <select name=pagenum>
        <%
            for(int i=1;i<=n;i++)
            {
                out.println("<option value="+i+">"+i+"</option>");
            }
        %>
    </select>
    页
    <input type=button name=enter value=跳转 onclick=jump();>
```

【代码说明】

在上述代码中，通过Java脚本动态展示商品。在展示商品时，采用DIV的形式进行布局，主要包含3部分内容，分别为商品的图片、商品的名称和商品的价格。

2. 查看商品信息页面设计

在线购物系统的前台主界面的右侧部分，当以分页的形式显示该类型下的所有商品后，单击某一商品（如垃圾筐），就会在该界面的右侧部分，展示该商品的详细信息，具体运行效果如图5－18所示。

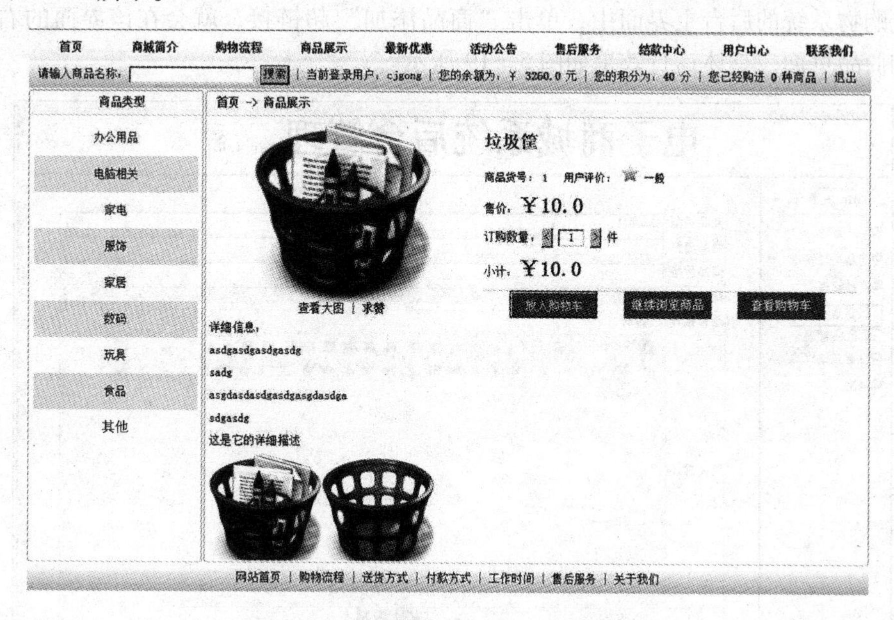

图5－18 商品“垃圾筐”的详细信息

在线购物系统中，关于显示商品详细信息的页面为sp_info.jsp，该页面的关键代码如下。

```
<div id = sp_view >
    <div id = sp_view_left >                          <! —商品图片部分 -->
        <img src = upload/ ${g.photo} width = 200 height = 200 >
        <br >
        <a href = big.jsp? photo = ${g.photo} >查看大图 </a > |
        <a href = Haoping? id = ${g.id} > <font color = #FF0000 > <b >求赞 </b >
        </font >
        </a >
    </div >
    <div id = sp_view_right >                         <! —购物车部分 -->
     ……
    </div >
    <div id = sp_view_content >                       <! —详细信息 -->
       详细信息:
       <br >
       ${g.data}
    </div >
</div >
```

【代码说明】

在上述代码中，整个页面采用 DIV 进行布局，主要包含 3 个部分，即商品图片部分、购物车部分和详细信息部分。每个部分都通过 Java 脚本来动态展示商品信息。

5.7.2 后台商品模块视图层实现

在线购物系统的后台中，关于商品模块中所涉及的页面分别如下。

1. 添加商品页面设计

在线购物系统的后台主界面中，单击“商品添加”超链接，就会在该界面的右侧部分显示添加商品页面，具体运行效果如图 5－19 所示。

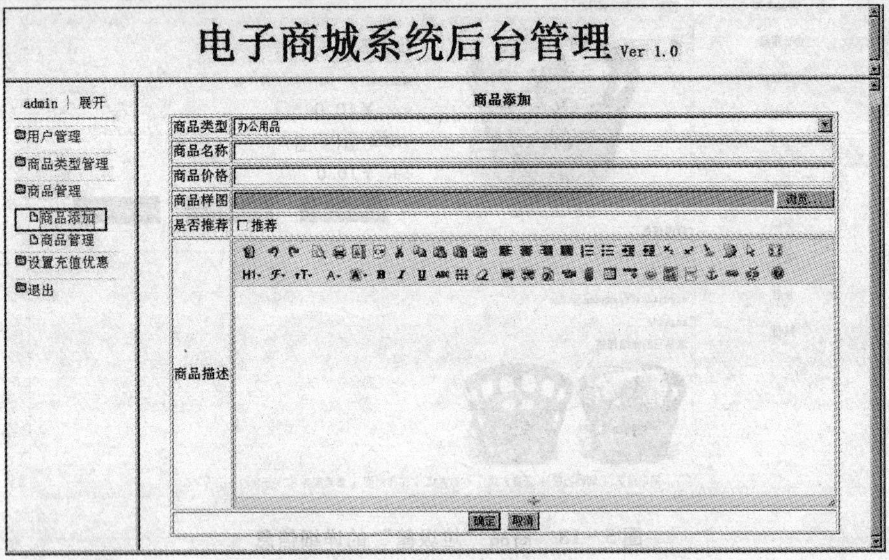

图 5－19 添加商品页面运行效果

在线购物系统中，关于添加商品的页面为 admin \ goods_ add. jsp，该页面的关键代码如下。

```
<form action = Goods_add method = post name = f enctype = "multipart/form - data">
    <table border = 1 align = center style = "margin - top: 30px">
        <caption>                                    <! —设置表头信息 -->
            <b>商品添加</b>
        </caption>
        <tr>                                         <! —商品类型部分 -->
            <td>
                商品类型
            </td>
            <td>
                <select name = type_id class = bg>
            ......
                </select>
            </td>
        </tr>
```

```
<tr>                                              <! —商品名称部分 -->
    <td>
        商品名称
    </td>
    <td>
        <input type = text name = name class = bg>
    </td>
</tr>
<tr>                                              <! —商品价格部分 -->
    <td>
        商品价格
    </td>
    <td>
        <input type = text name = price class = bg>
    </td>
</tr>
<tr>                                              <! —商品样图部分 -->
    <td>
        商品样图
    </td>
    <td>
        <input type = file name = upfile class = bg>
    </td>
</tr>
<tr>                                              <! —是否推荐部分 -->
    <td>
        是否推荐
    </td>
    <td>
        <input type = checkbox name = op flag = 1>
        推荐
    </td>
</tr>
<tr>                                              <! —商品描述部分 -->
    <td>
        商品描述
    </td>
    <td>
        <textarea name = "data"
style = "width: 700px; height: 300px; visibility: hidden;"> <% = htmlspecialchars(htmlData) %> </textarea>
    </td>
</tr>
<tr align = center>
    <td colspan = 2>
        <input type = submit name = enter value = 确定>
        <input type = reset name = enter value = 取消>
    </td>
</tr>
</table>
</form>
```

【代码说明】

在上述代码中，整个表单布局采用表格形式进行布局，每一行包含两部分内容，即内容标识符和表单标签。首先设置表单请求处理 Servlet 的映射 URL 为 Goods_ add，然后设计表单的内容，即商品类型、商品名称、商品价格、商品样图、是否推荐、商品描述、确定和取消按钮。

2. 分页显示商品信息页面设计

在线购物系统的后台主界面中，单击“商品管理”超链接，就会在该界面的右侧部分，以分页的形式显示商品信息，具体运行效果如图 5－20 所示。

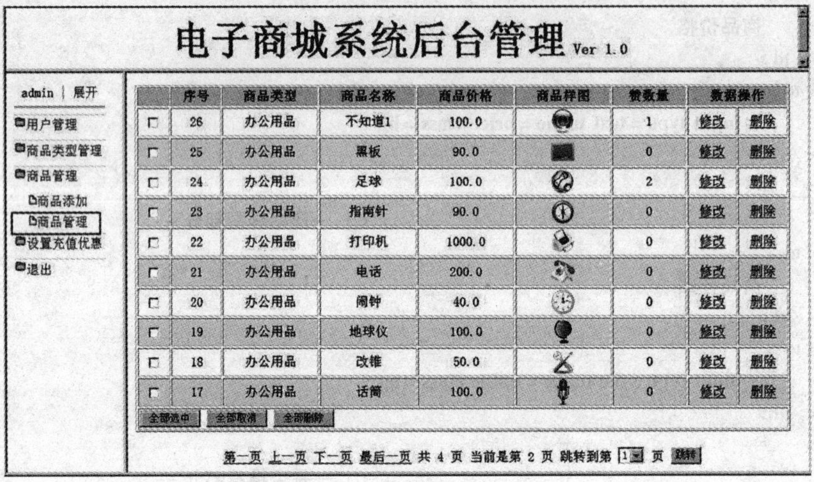

电子商城系统后台管理 Ver 1.0

admin | 展开
用户管理
商品类型管理
商品管理
商品添加
商品管理
设置充值优惠
退出

	序号	商品类型	商品名称	商品价格	商品样图	赞数量	数据操作	
□	26	办公用品	不知道1	100.0		1	修改	删除
□	25	办公用品	黑板	90.0		0	修改	删除
□	24	办公用品	足球	100.0		2	修改	删除
□	23	办公用品	指南针	90.0		0	修改	删除
□	22	办公用品	打印机	1000.0		0	修改	删除
□	21	办公用品	电话	200.0		0	修改	删除
□	20	办公用品	闹钟	40.0		0	修改	删除
□	19	办公用品	地球仪	100.0		0	修改	删除
□	18	办公用品	改锥	50.0		0	修改	删除
□	17	办公用品	话筒	100.0		0	修改	删除

全部选中　全部取消　全部删除

第一页 上一页 下一页 最后一页 共 4 页 当前是第 2 页 跳转到第 1 页 跳转

图 5－20　分页显示商品信息

在线购物系统中，关于显示商品信息的页面为 admin \ goods_ man. jsp，该页面的关键代码与显示会员用户信息的页面 admin \ user_ man. jsp 非常类似，因此不再做详细介绍。

3. 修改商品页面设计

当以分页的形式显示商品信息时，单击某一行商品类型信息（如办公用品）中的“修改”超链接，就会在在线购物系统后台界面的右侧部分显示商品信息修改页面，具体运行效果如图 5－21 所示。

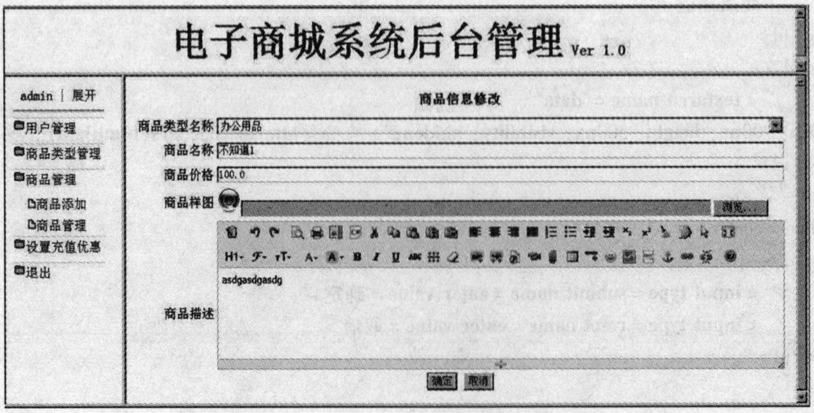

电子商城系统后台管理 Ver 1.0

admin | 展开
用户管理
商品类型管理
商品管理
商品添加
商品管理
设置充值优惠
退出

商品信息修改
商品类型名称 办公用品
商品名称 不知道1
商品价格 100.0
商品样图 浏览...
商品描述 asdgasdgasdg
确定　取消

图 5－21　商品信息修改页面运行效果

在线购物系统中，关于商品信息修改的页面为 admin\goods_modify.jsp，该页面的关键代码如下。

```
<form action=Goods_modify method=post name=f
    enctype="multipart/form-data">
  <input type=hidden name=id value=${g.id}>
  <table border=0 align=center style="line-height:25px">
      <caption>                                          <!--设置表头信息-->
          <b>商品信息修改</b>
      </caption>
      <tr>                                               <!--商品类型部分-->
          <td align=right>
              商品类型名称
          </td>
          <td>
              <select name=type_id class=bg>
            ……
              </select>
          </td>
      </tr>
      <tr> <!--商品名称部分-->
          <td align=right>
              商品名称
          </td>
          <td>
              <input type=text name=name class=bg value=${g.name}>
          </td>
      </tr>
      <tr> <!--商品价格部分-->
          <td align=right>
              商品价格
          </td>
          <td>
              <input type=text name=price class=bg value=${g.price}>
          </td>
      </tr>
      <tr> <!--商品样图部分-->
          <td align=right>
              商品样图
          </td>
          <c:choose>
              <c:when test="${g.photo=='kb.png'}">
                  <td>
                      <img src=../images/kb.png width=30 height=30>
    <input type=file name=upfile class=bg style="width:650px"
                      value=${u.photo}>
                  </td>
              </c:when>
              <c:otherwise>
                  <td>
                      <img src=../upload/${g.photo} width=30 height=30>
                      <input type=file name=upfile class=bg style="width:650px"
                          value=${u.photo}>
                  </td>
              </c:otherwise>
          </c:choose>
```

```
        </tr>
        <tr><! —商品描述部分 -->
            <td align=right>
                商品描述
            </td>
            <td>
                <textarea name="data"
                    style="width: 700px; height: 300px; visibility: hidden;"> ${g.data} </textarea>
            </td>
        </tr>
        <tr align=center>
            <td colspan=2>
                <input type=submit name=enter value=确定>
                <input type=reset name=enter value=取消>
            </td>
        </tr>
    </table>
</form>
```

【代码说明】

在上述代码中，整个表单布局采用表格形式进行布局，每一行包含两部分内容，即内容标识符和表单标签。首先设置表单请求处理 Servlet 的映射 URL 为 Goods_ modify，然后设计表单的内容，即商品类型名称、商品名称、商品价格、商品样图、商品描述、确定和取消按钮。

5.8 购物车模块页面设计

在线购物系统中，关于购物车模块页面只涉及前台页面，且没有与之相匹配的后台页面，具体有购物车页面、查看购物车页面和结款中心页面。

5.8.1 购物车页面设计

在线购物系统的前台主界面的右侧部分，当展示某一商品（如垃圾筐）的详细信息后，就可以通过该页面中的购物车部分操作购物车，具体运行效果如图 5-22 所示。

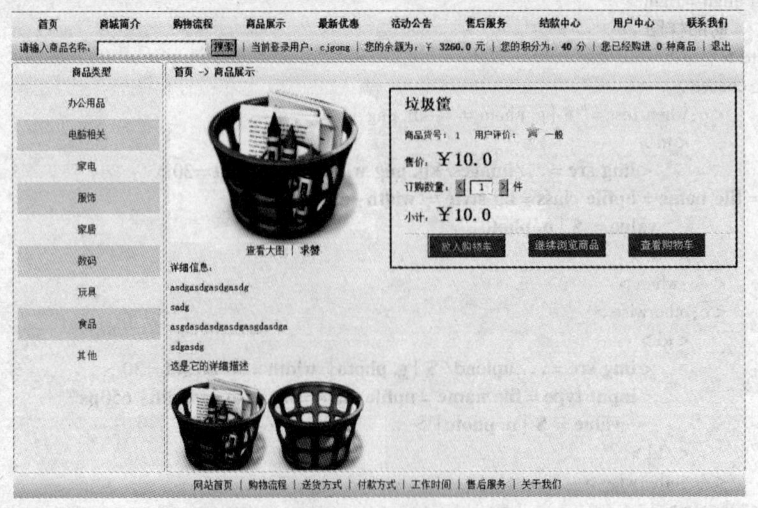

图 5-22　“垃圾筐”购物车页面运行效果

在线购物系统的前台中，在查看商品信息页面 sp_ info. jsp 中，关于购物车模块的关键代码如下。

```
<div id = sp_view_right >
    <div id = sp_view_name > ${g. name} </div>                    <! 一商品名称部分 -->
    <div id = sp_view_id >                                        <! 一商品货号部分 -->
        商品货号: ${g. id}  
        用户评价: <! 一用户评价部分 -->
    <c:choose>
        <c:when test = "${g. pingjia < =10}">
            <img src = images/png - 0530. png width = 20 height = 20 > 一般
        </c:when>
        <c:when test = "${g. pingjia >10 && g. pingjia < =20}">
            <c:forEach begin = "1" end = "2" step = "1">
                <img src = images/png - 0530. png width = 20 height = 20 >
            </c:forEach>
            好
        </c:when>
        <c:when test = "${g. pingjia >20 && g. pingjia < =30}">
            <c:forEach begin = "1" end = "3" step = "1">
                <img src = images/png - 0530. png width = 20 height = 20 >
            </c:forEach>
            非常好
        </c:when>
        <c:when test = "${g. pingjia >30 && g. pingjia < =40}">
            <c:forEach begin = "1" end = "4" step = "1">
                <img src = images/png - 0530. png width = 20 height = 20 >
            </c:forEach>
            无与伦比
        </c:when>
        <c:when test = "${g. pingjia >40}">
            <c:forEach begin = "1" end = "5" step = "1">
                <img src = images/png - 0530. png width = 20 height = 20 >
            </c:forEach>
            无法形容
        </c:when>
    </c:choose>
    </div>
    <div id = sp_view_money > <! 一售价部分 -->
        售价: <font color = #810213 size =5 > <b > ¥ ${g. price} </b > </font >
    </div>
    <div id = sp_view_dinggou > <! 一订购数量部分 -->
    订购数量: <input type = button name = enter value = '<' onclick = 'op(this, ${g. price})'> <input type = text
name = num readonly size = 3 style = 'text - align:center' value = 1 > <input type = button name = enter value = '>'
onclick = 'op(this, ${g. price})'> 件
    </div>
    <div id = sp_view_xiaoji > <! 一总计价格部分 -->
        小计: <font color = #810213 size = 5 > <b > ¥ </b > </font > <input type = text name = sum style = '
border:0px;color:#810213;font - size:23px;font - weight:bold;width:120px' readonly value = ${g. price} >
    </div>
    <div style = "width:436px;height:1px;background:url(images/tline_bg. jpg);overflow:hidden;"> </div >
    <div id = sp_view_gouwu1 >
        <! 一添加商品到购物车 -->
```

```
        <input type = submit name = enter value = 放入购物车 id = sp_view_gouwu style = "color:#FFFFFF" onclick
= "return check()">
        <! —继续浏览商品 -->
        <div id = sp_view_gouwu > <a href = sp. jsp? type_id = 1 >继续浏览商品 </a> </div>
        <! —查看购物车 -->
        <div id = sp_view_gouwu > <a href = look. jsp target = _top >查看购物车 </a> </div>
    </div>
</div>
```

【代码说明】

在上述代码中，购物车模块采用 DIV 进行布局，主要包含两个部分，即所购买商品信息部分和购物车操作部分。其中，所购买商品信息部分包含所购买商品名称、购买商品货号、用户评价、售价、订购数量和小计等内容；购物车操作部分包含放入购物车、继续浏览商品和查看购物车等内容。

5.8.2 查看购物车页面设计

在线购物系统的购物车页面中，单击“查看购物车”超链接，就会在该界面的右下部分，显示查看购物车页面，具体运行效果如图 5 - 23 所示。

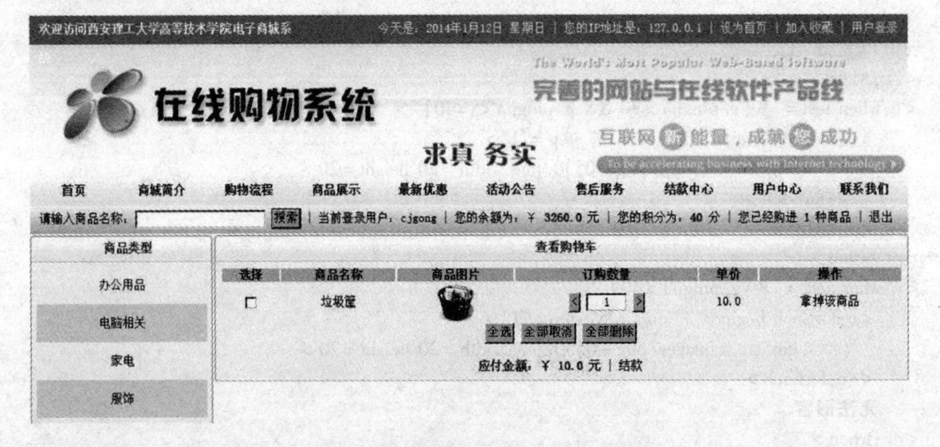

图 5 - 23 查看购物车页面运行效果

在线购物系统中，关于查看购物车的页面为 look. jsp，该页面的关键代码如下。

```
<div class = "yblan">
    <div class = "ybmid">
        <form action = "look. jsp" method = "post" name = "f">
            <table border = 0 width = 100% align = center>
                <tr bgcolor = #C7D7E7>
                    <th>
                        选择
                    </th>
                    <th>
                        商品名称
                    </th>
                    <th>
                        商品图片
```

```
        </th>
        <th>
            订购数量
        </th>
        <th>
            单价
        </th>
        <th>
            操作
        </th>
    </tr>
    <%
        ICheService cs = new CheService();
        HashMap map = cs.getAllGoods();
        Set<Goods> set = map.keySet();
        Iterator<Goods> it = set.iterator();
        String s = "";
        while (it.hasNext()) {
            out.println("<tr align = center>");
            Goods g = (Goods) it.next();
            out.println("<td><input type = checkbox name = op value ="
                + g.getId() + "></td>");
            out.println("<td>" + g.getName() + "</td>");
            out.println("<td><img src = upload/" + g.getPhoto()
                + " width = 40 height = 40></td>");
            s = "num" + g.getId();
            //修改所购买商品的数量
            out
                .println("<td><input type = button name = enter value = '<' onclick = 'danji(this,"
                + map.get(g) + "," + g.getId() + ")'>");
            out.println("<input type = text name =" + s
              " size = 5 readonly style = 'text - align:center' value ="
                    + map.get(g) + ">");
            out
                .println("<input type = button name = enter value = '>' onclick = 'danji(this,"
                    + map.get(g) + "," + g.getId() + ")'></td>");
            out.println("<td>" + g.getPrice() + "</td>");
            out.println("<td><a href = Gouwuche_del? id =" + g.getId()
                    + ">删除此商品</a></td>");
            out.println("</tr>");
        }
    %>
    <tr>
        <td colspan = 6>
            <input type = button name = enter value = 全选>
            <input type = button name = enter value = 全部取消>
            <input type = button name = enter value = 全部删除>
        </td>
    </tr>
</table>
<center>
    <font color = red><b>应付金额：¥ <% = ci.countPrice()%> 元</b></font> |
```

```
                <a href = jkzx. jsp > 结款 </a >
            </center >
        </form >
      </div >
</div >
```

【代码说明】

在上述代码中，查看购物车页面采用表格形式进行布局，主要包含两个部分，即展示所购买商品信息部分和结款操作部分。其中，展示所购买商品信息部分通过Java脚本动态实现，同时还包含修改所购买商品数量和删除此商品的操作；而结款操作部分包含所支付的金额和结款操作。

5.8.3 结款中心页面设计

在线购物系统的前台主界面 index. jsp 中，单击导航栏中的“结款中心”超链接，就会在该界面的右下部分，显示结款中心页面，具体运行效果如图 5－24 所示。

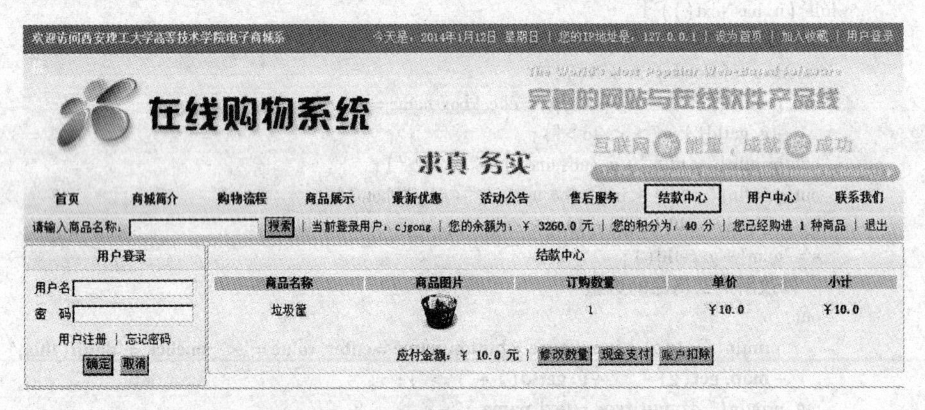

图 5－24 结款中心页面运行效果

在线购物系统中，关于结款中心的页面为 jkzx. jsp，该页面的关键代码如下。

```
< div id = content_right >                          <! -- 右边部分开始 -->
    < div class = "yblan" >                        <! -- 圆角模板开始 -->
        < div class = "ybtop" >
            < h3 style = "font - size: 13px;" >
                < font color = #666666 > 结款中心 </font >
            </h3 >
        </div >
        < div class = "ybmid" >
            < form action = "look. jsp" method = "post" name = "f" >
              //展示所购买商品
                < table border = 0 width = 100%  align = center >
                    < tr bgcolor = #C7D7E7 >
                        < th >                     <! —表格标题 -->
                            商品名称
                        </th >
                        < th >
                            商品图片
```

```
                    </th>
                    <th>
                        订购数量
                    </th>
                    <th>
                        单价
                    </th>
                    <th>
                        小计
                    </th>
                    </tr>
                    <%                              //通过 Java 脚本展示所购买的商品
                        ICheService cs = new CheService();
                        HashMap map = cs.getAllGoods();
                        Set<Goods> set = map.keySet();
                        Iterator<Goods> it = set.iterator();
                        String s = "";
                        while(it.hasNext())
                        {
                            out.println("<tr align = center>");
                            Goods g = (Goods)it.next();
                            out.println("<td>" + g.getName() + "</td>");
                            out.println("<td><img src = upload/" + g.getPhoto() + " width = 40 height = 40></td>");
                            s = "num" + g.getId();
                            out.println("<td>" + map.get(g) + "</td>");
                            out.println("<td><font color = #FF0000><b>¥" + g.getPrice() + "</b></font></td>");
                            int n = (Integer)map.get(g);
                            out.println("<td><font color = #0000FF><b>¥" + n * g.getPrice() + "</b></font></td>");
                            out.println("</tr>");
                            }
                    %>
                </table>
                <center>
                    <font color = red><b>应付金额:¥ <% = cs.countPrice() %> 元</b>
                    </font> |
                    <input type = button name = enter value = 修改数量
                        onclick = "location.href('look.jsp')">
                        <input type = button name = enter value = 现金支付>
                            <input type = button name = enter value = 账户扣除
        onclick = "location.href('Kouchu')">
                </center>
            </form>
        </div>
        <!-- 内容部分结束 -->
        <div class = "ybbot">
            <div></div>
        </div>
    </div>                                          <!--圆角模板结束 -->
</div>                                              <!--右边部分结束 -->
```

【代码说明】

在上述代码中，结款中心页面采用表格形式进行布局，主要包含两个部分，即展示所购买商品信息部分和结款操作部分。其中，展示所购买商品信息部分通过 Java 脚本动态实现；而结款操作部分包含现金支付和账户扣除等内容。

5.9 总结

本章接着第 4 章的内容，对在线购物系统的视图层（V）进行了详细介绍，具体涉及的页面包含该系统的主界面页面设计、用户模块页面设计、优惠值模块页面设计、商品类型模块页面设计、商品模块页面设计和购物车模块页面设计。

请读者参考本章内容，编写在线购物系统中的其他页面，如“商城简介”“购物流程”“最新优惠”“活动公告”和“售后服务”等页面。

第 6 章将学习在线购物系统的测试与部署。

第6章

网站测试与部署

本章导读

- 6.1 任务说明
- 6.2 技术要点
- 6.3 配置文件概述
- 6.4 软件测试
- 6.5 在线购物系统的部署手册
- 6.6 项目开发总结报告
- 6.7 总结

教学目标

本章将介绍在线购物系统编码阶段后的其他阶段，涉及网站的测试和网站的部署。

6.1 任务说明

经过编码阶段，在线购物系统的系统功能已经实现。但是，项目正式交付前还需要经过测试和部署等阶段。本章的任务如下：

1）选择合适的测试工具和测试方法对在线购物系统进行测试，对每一个模块编写测试用例，进行单元测试和集成测试，并进行系统测试。

2）配置服务器 Tomcat，然后将项目进行整合、打包并发布。

6.2 技术要点

在测试阶段，关键点是测试用例的编写；而在部署阶段，重点则是服务器的安全配置和 Java Web 项目的部署。本节将对这些内容所涉及的知识要点进行详细介绍。

6.2.1 测试工具的使用

单元测试（Unit Testing），是指对项目中的最小可测试单元进行检查和验证。单元测试不是为了证明是对的，而是为了证明没有错误存在，即判断程序的执行结果与自己期望的结果是否一致。单元测试过程中的关键是测试用例（Test Case）的编写。

为了便于程序员进行单元测试，MyEclipse 开发工具已经支持测试用例的编写。在具体编写之前，需要了解测试用例和测试方法的编写规范。

对于测试用例，需要遵循以下规范：

- 测试用例的命名规则为：类名 + Test（JUnit 4 支持其他的命名方式，但是为了统一管理，还是采用这样的方式命名为好）。
- 建立一个和 src 平行的 test 包，所有测试用例都放在相应的包内，便于统一管理，合成测试套件。
- 同一个包的测试用例，合成一个测试套件。
- 整个工程的测试套件，合成一个统一的测试套件。

对于测试类，需要遵循以下规范：

- 测试方式都是以 test 开头的方法（如 testXXXX），JUnit 按照在测试用例中的顺序执行。测试方法可以和被测试的方法一一对应，测试方法也可以包含多个被测试的方法。
- 测试方法中，使用断言（assertXXX 和 fail，详细资料请查阅 JUnit 文档）来进行测试结果判断，也可以辅以文字打印说明。如果测试程序抛出异常，则显示为错误；如果断言失败，则显示故障。
- 测试用例必须覆盖被测试类和被测试方法的所有功能，包括正常情况、异常情况和发生错误的情况，这样才能保证测试的完整性。

下面通过一个具体的实例，了解关于单元测试的使用，具体步骤如下：

1）编写目标类源代码。新建一个名为 JUnitTest 的项目，创建一个目标类 Calculator，添加 JUnit 用户库到该项目，具体目录结构如图 6-1 所示。

2）创建 JUnit 测试用例目录。由于源代码需要和测试代码分开，需要创建一个名为 test 的 source folder；由于测试类需要和目标类位于同一个包中，在 test 中创建名为 com.cjgong.tool 的包，最终目录结构如图 6-2 所示。

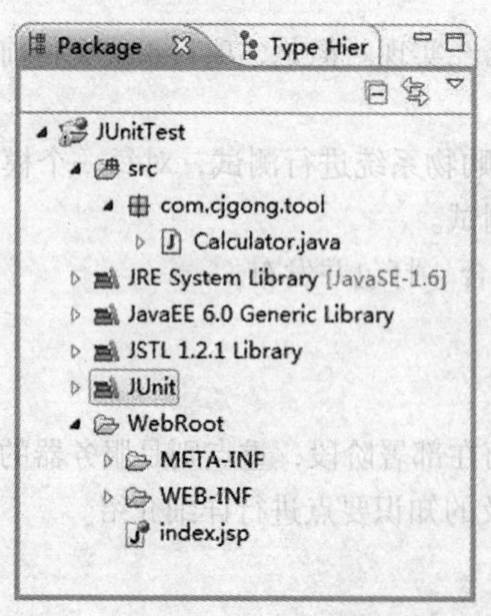

图 6-1　目录结构

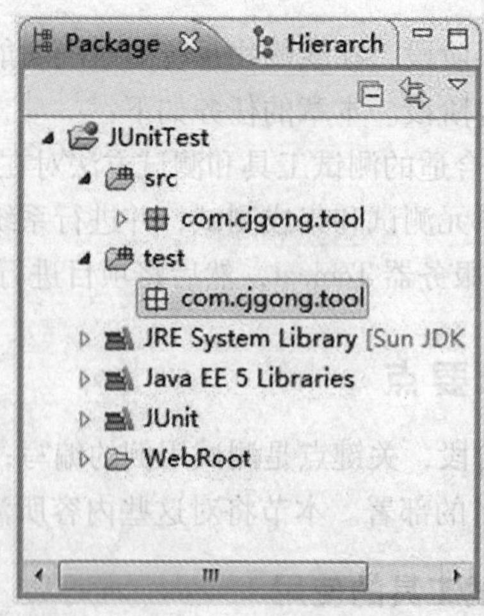

图 6-2　最终目录结构

3）生成 JUnit 测试用例。在 MyEclipse 的 Package Explorer 视图中，右键单击 test 中的 com.cjgong.tool 包，弹出菜单，选择“New JUnit Test Case”选项，打开“创建测试用例”对话框，具体设置信息如图 6-3 所示。

4）在该对话框中，单击“Next”按钮即可进入“Test Methods”对话框，在该对话框中可以选择测试方法，具体设置如图6-4所示。最后，单击“Finish”按钮，完成测试用例的创建。

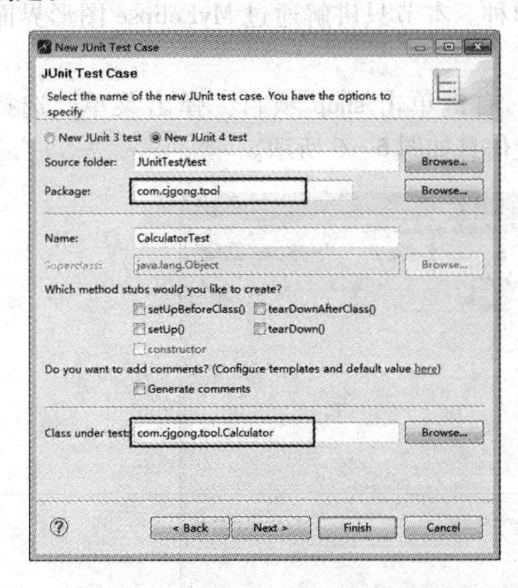

图6-3 “创建测试用例”对话框

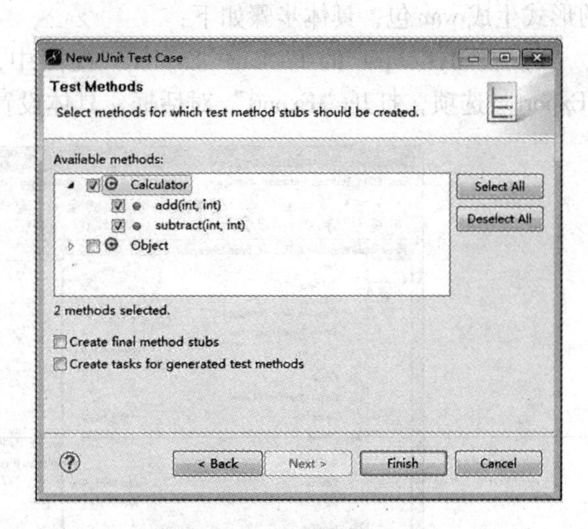

图6-4 选择测试方法

5）系统会自动生成一个新类CalculatorTest，里面包含一些空的测试用例。此时，只需将这些测试用例稍作修改即可使用。自动生成的CalculatorTest代码如下所示。

```
//导入测试包
import static org. junit. Assert. *;
import org. junit. test;
//单元测试用户类
public class CalculatorTest {
    @Test
    public void testAdd() {                    //单元测试方法
        fail("Not yet implemented");
    }
    @Test
    public void testSubstract() {              //单元测试方法
        fail("Not yet implemented");
    }
}
```

【代码说明】

在上述代码中，测试方法必须使用注解org. junit. test修饰，必须使用public void修饰，方法的标识符必须以testXXX规范命令。在testAdd方法中加入测试代码，进行测试用例的编写。

6）运行测试。右键选择CalculatorTest类的testAdd方法，选择Run AS-JUnit Test，系统会打开JUnit透视图，如果测试全部通过，则显示如图6-5所示，颜色条为绿色。

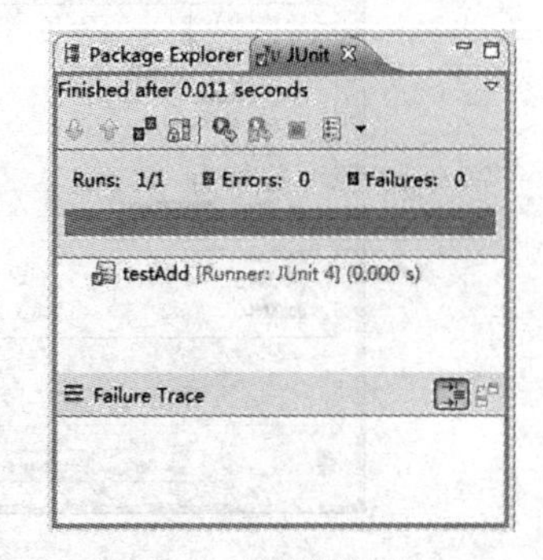

图6-5 测试结果

6.2.2 生成 war 包

所谓 war 包，就是一个具有特定格式的 jar 包，即将一个 Java Web 项目的所有内容进行压缩。具体打包方式有命令形式和图形界面形式两种。本节只讲解通过 MyEclipse 图形界面的形式生成 war 包，具体步骤如下：

1）在 MyEclipse 的 Package Explorer 视图中，右键单击 shop 项目，弹出菜单，选择“Export”选项，打开“Export”对话框，具体设置信息如图 6－6 所示。

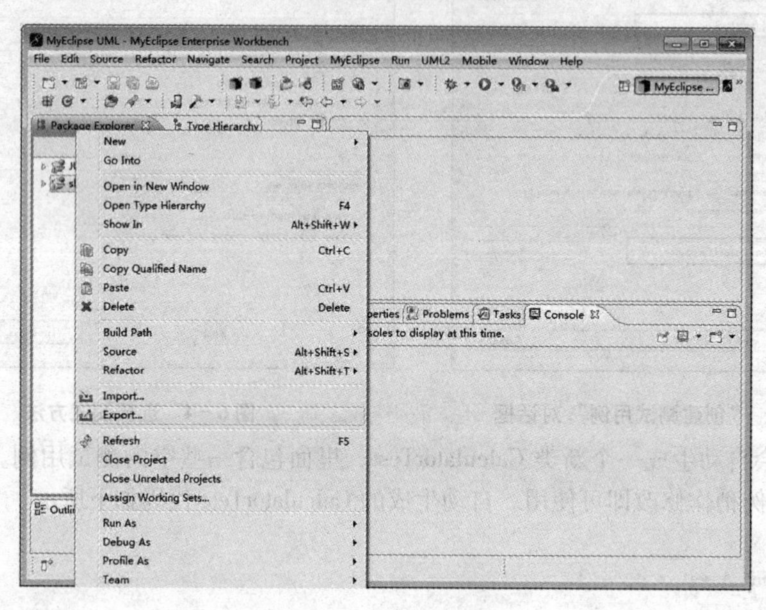

图 6－6 选择导出菜单

2）在“Export”对话框中，选择“MyEclipse JEE”→“WAR file”选项，如图 6－7 所示，然后单击“Next”按钮即可进入“WAR Export”对话框。

3）在“WAR Export”对话框中，单击“Browse”按钮选择保存 war 包的地址，其他选项保持默认，如图 6－8 所示。最后，单击“Finish”按钮即可实现导出 war 包功能。

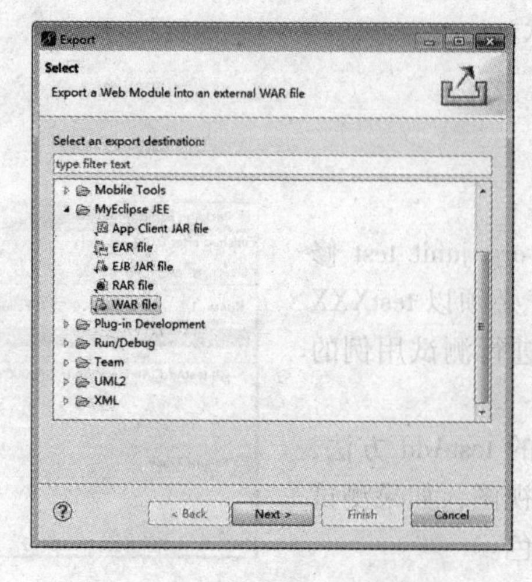

图 6－7 选择导出 war 选项

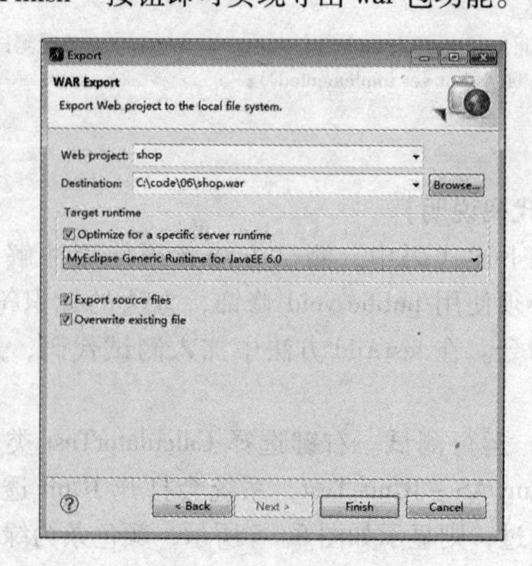

图 6－8 导出 war 包

6.2.3 Tomcat 服务器的安全配置

部署项目之前，为了进一步增强 Java Web 应用系统的安全性，可以对 Tomcat 服务器进行各种安全配置，以进一步提高 Java Web 服务器的安全性。

1. 禁止显示站点文件的文件夹

如果 Tomcat 服务器配置不当，Java Web 应用系统文件目录就会被显示出来，这样就有可能暴露整个应用系统的目录结构，形成很大的安全隐患。例如，在浏览器的地址栏中输入的不是系统文件的页面文件，而是 Java Web 应用的文件夹名称时（http：//localhost：8080/shop/），就会显示该文件夹的目录结构，如图 6－9 所示。

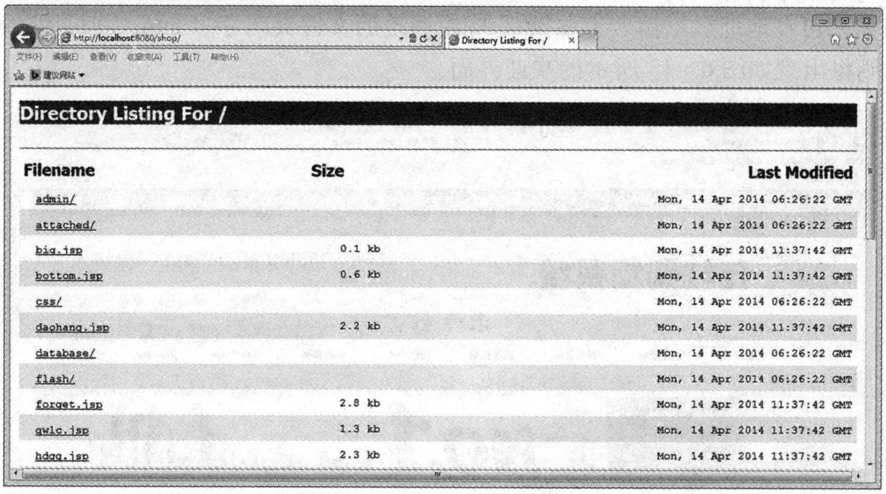

Directory Listing For /

Filename	Size	Last Modified
admin/		Mon, 14 Apr 2014 06:26:22 GMT
attached/		Mon, 14 Apr 2014 06:26:22 GMT
big.jsp	0.1 kb	Mon, 14 Apr 2014 11:37:42 GMT
bottom.jsp	0.6 kb	Mon, 14 Apr 2014 11:37:42 GMT
css/		Mon, 14 Apr 2014 06:26:22 GMT
daohang.jsp	2.2 kb	Mon, 14 Apr 2014 11:37:42 GMT
database/		Mon, 14 Apr 2014 06:26:22 GMT
flash/		Mon, 14 Apr 2014 06:26:22 GMT
forget.jsp	2.8 kb	Mon, 14 Apr 2014 11:37:42 GMT
gwlc.jsp	1.3 kb	Mon, 14 Apr 2014 11:37:42 GMT
hdgg.jsp	2.3 kb	Mon, 14 Apr 2014 11:37:42 GMT

图 6－9　列出文件夹的目录结构

为了解决上述问题，需要配置应用系统的欢迎界面，具体步骤如下：

1）在 Tomcat 的配置文件 <Tomcat 安装目录>/conf/web.xml 中，找到默认 Servlet 的初始化信息 listings，然后修改该初始化的值为 false，如图 6－10 所示，这样即可避免显示应用系统的文件目录结构。

这时如果再在地址栏里输入 Java Web 应用系统的文件夹名字（http：//localhost：8080/shop/），则将出现如图 6－11 所示的 404 错误。

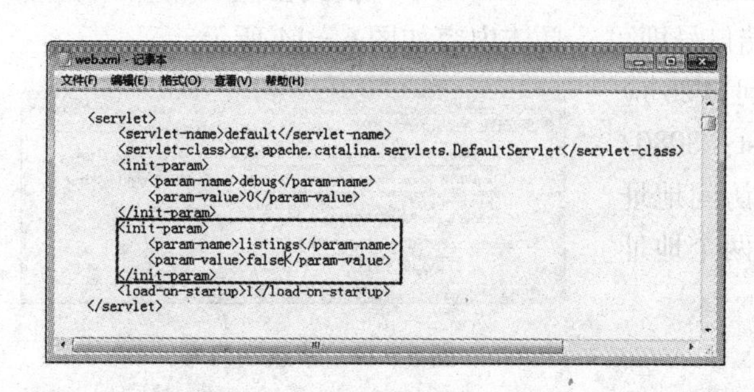

图 6－10　修改 listings 的值

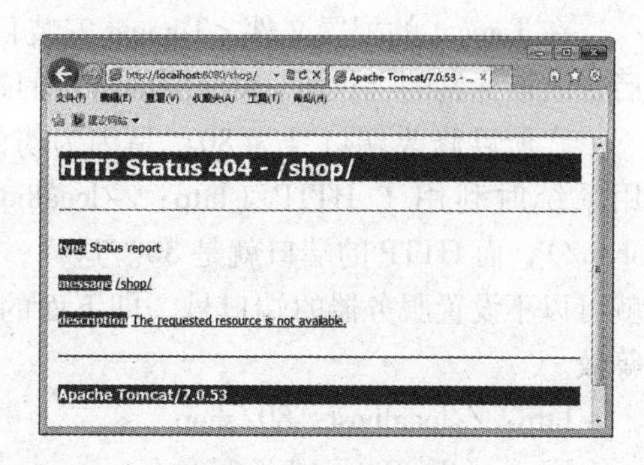

图 6－11　404 错误

小贴士 在 Tomcat 服务器的早期版本中，初始化信息 listings 的值为 true，而从 Tomcat 6.0 版本开始则将该初始化信息的值修改为 false。

2）当 Java Web 应用系统没有设置欢迎界面（默认主页）时，就会出现 404 错误。为了解决该问题，可以通过修改 web.xml 文件来指定欢迎界面，具体内容如图 6－12 所示。

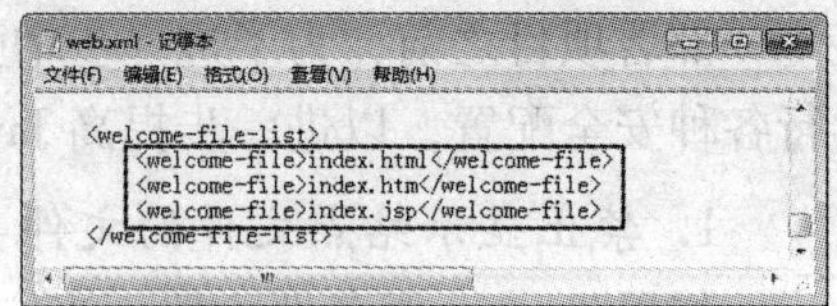

图 6－12 设置欢迎界面

小贴士 Web 应用系统的欢迎界面一般为 index.html、index.htm、index.jsp、default.html 等，其优先顺序为配置文件 web.xml 中出现的先后顺序。

这时如果再在地址栏里输入 Java Web 应用系统的文件夹名字（http://localhost:8080/shop/），则将出现如图 6－13 所示的欢迎界面。

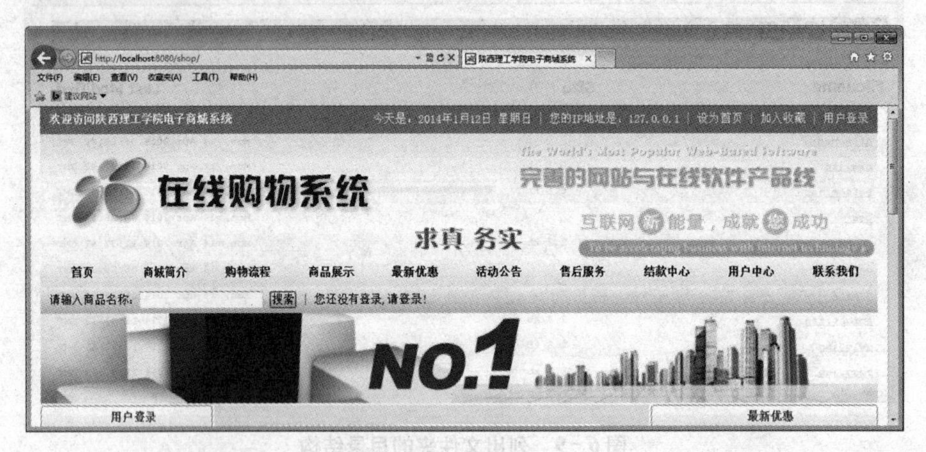

图 6－13 显示欢迎界面

2. 修改应用系统的端口号

当使用 Tomcat 服务器部署应用系统后，访问地址中必须设置服务器的端口号（http://localhost:**8080**/shop/），因此用户体验性极差。此外，将服务器的端口号暴露给用户，也会出现服务器安全问题。

为了解决上述问题，可以配置 Tomcat 服务器的端口号，具体步骤如下：

在 Tomcat 的配置文件 <Tomcat 安装目录>/conf/server.xml 中，找到标签 Connector，然后修改该标签的"port"属性值为指定的端口号即可，具体内容如图 6－14 所示。

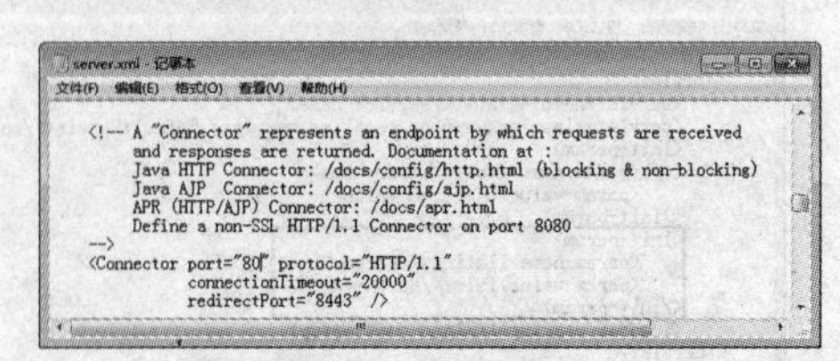

图 6－14 修改端口号

之所以修改端口号为 80，是因为访问 Web 应用系统时利用了 HTTP（http://localhost:8080/shop/），而 HTTP 的端口就是 80。这样，访问地址就可以不设置服务器的端口号，即下面的两个地址等效。

http://localhost:80/shop

http://localhost/shop

这时，如果再在地址栏里输入 Java Web 应用系统的文件夹名字（http://localhost/

shop/)，则也将正确访问，如图 6－15 所示。

图 6－15　不带端口号的访问方式

3. 修改关闭服务器信息

如果用户熟悉 Telnet 命令，则 Tomcat 服务器存在很大的安全漏洞，即用户只要通过 Telnet 命令到服务器的 8005 端口，输入“SHUTDOWN”命令，就可以关闭 Tomcat 服务器。为了解决上述问题，可以配置 Tomcat 服务器的 Telnet 命令，具体步骤如下：

在 Tomcat 的配置文件 <Tomcat 安装目录>/conf/server. xml 中，找到标签 Server，然后修改该标签的“port”和“shutdown”属性值为用户不容易猜测的值，具体内容如图 6－16 所示。

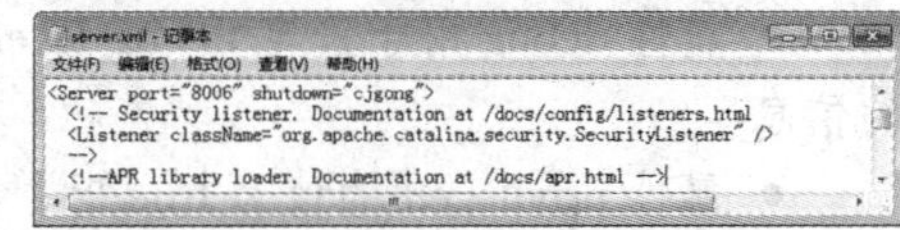

图 6－16　修改关闭服务器信息

通过上述修改，用户通过 Telnet 命令到服务器的 8006 端口，且输入“cjgong”命令才能关闭 Tomcat 服务器。

6.2.4　Tomcat 服务器的静态部署

Java Web 应用系统开发完成后，为了顺利地交付给用户，还需将该应用部署在服务器中。由于 Tomcat 服务器技术先进、性能稳定且免费，因而深受 Java 开发人员的喜爱，并得到了部分软件开发商的认可，成为目前比较流行的 Web 应用服务器。Tomcat 服务器的部署包含静态部署和动态部署两种方式。

所谓静态部署，就是指在服务器启动之前部署好程序，只有在当服务器启动之后，所部署的 Java Web 应用系统才能访问。Tomcat 服务器的静态部署主要有以下 3 种方式。

1. 复制项目到 webapps 文件夹

在 Tomcat 服务器安装完后所创建的文件夹中，webapps 文件夹的作用非常重要，即当服务器启动时，会自动加载该文件下的所有应用，因此 webapps 文件夹也称为应用文件夹。如果 webapps 文件夹中存在 war 包，那么当 Tomat 服务器启动时就会自动解开 war 包，并在该文件夹下生成一个同名的文件夹。

在 Tomcat 服务器中，可以修改默认应用目录。在配置文件 <Tomcat 安装目录>/conf/server. xml 中，找到标签 Host，然后修改该标签的 appBase 属性值为指定的文件夹即可，具体内容如图 6－17 所示。

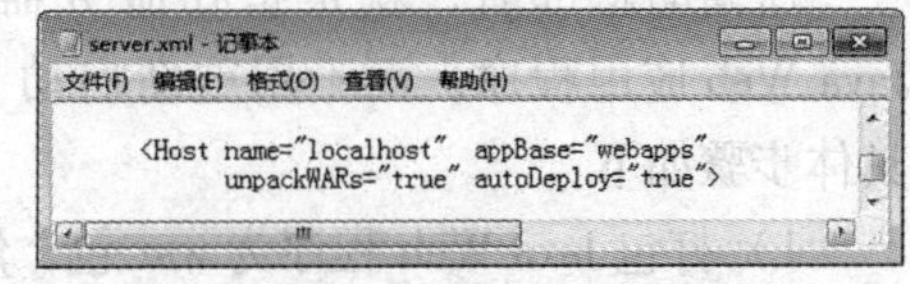

图 6－17　修改默认应用目录

通过该方式部署项目后，如果想删除一个 Java Web 应用系统，则只需删除 <Tomcat 安装目录>/webapps 下相应的文件夹。

2. 配置 server.xml 文件

在 Tomcat 服务器的 <Tomcat 安装目录>/conf/server.xml 中，可以在标签 Host 下添加 Context 标签。在配置文件中，一个 Context 标签就表示一个 Web 应用。实现部署项目的示例代码如下：

```
<Context path="/shop" docBase="D:\code\06\shop" debug="0" privileged="true">
</Context>
```

或

```
<Context path="/shop" docBase="D:\code\06\shop" workDir=" D:\code\06\shop\work"/>
```

或

```
<Context path="/shop" docBase="D:\code\06\shop" reloadable="true"/>
```

上述代码中：

- 属性 path 设置虚拟路径。
- 属性 docBase 设置应用程序的物理路径。
- 属性 workDir 设置应用的工作目录，存放运行时生成的与这个应用相关的文件。
- 属性 debug 用于设定 debug level，其中值 0 表示提供最少的信息，值 9 表示提供最多的信息。
- 属性 privileged 的值为 true 时，可以允许 Tomcat 的 Web 应用使用容器内的 Servlet。
- 属性 reloadable 的值为 true 时，Tomcat 会自动检测应用程序的/WEB-INF/lib 和/WEB-INF/classes 目录的变化，自动装载新的应用程序，可以在不重启 Tomcat 的情况下改变应用程序，实现热部署。

通过该方式部署项目后，如果想删除一个 Java Web 应用系统，则只需删除 <Tomcat 安装目录>/conf/server.xm 文件里相应标签 Context 中的内容。

3. 创建 Context 文件

与第二种方式非常类似，但不是在 server.xml 文件中添加 Context 标签，而是在 <Tomcat 安装目录>/conf/Catalina/localhost 目录中，新建一个 xml 文件。该文件的名字不可以随意设置，而是需要和属性 path 的值一致，按照第二种静态部署方式中属性 path 的配置，xml 文件的名字应该是 shop.xml。

通过该方式部署项目后，如果想删除一个 Java Web 应用系统，需要删除 <Tomcat 安装目录>/conf/Catalina/localhost 目录中相对应的 xml 文件。

6.2.5 Tomcat 服务器的动态部署

所谓动态部署，就是指在服务器启动之后部署 Java Web 应用程序，而不用重新启动 Tomcat 服务器，具体步骤如下：

1）打包 Java Web 程序为 war 包，然后保存该文件到相应目录，如图 6－18 所示。

图 6－18 保存 war 包

2）登录“Tomcat Manager”界面。在Tomcat首页里，单击右侧的“Manager App”选项，就会出现登录界面（见图6-19），输入用户名和密码，校验正确后即可进入“Tomcat Manager”界面（见图6-20）。

图6-19　登录界面

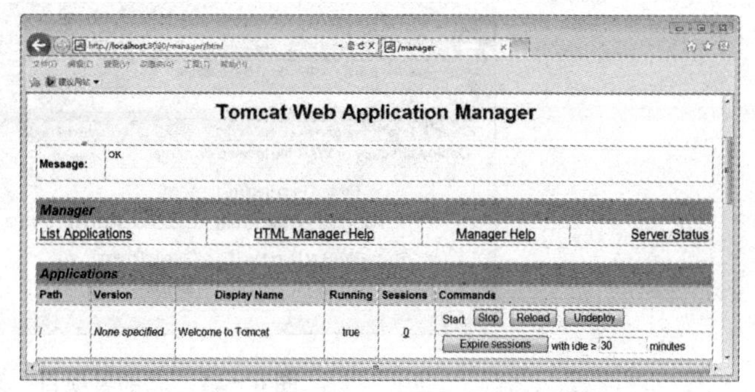

图6-20　“Tomcat Manager”界面

如果没有管理员的账户和密码，则可以在安装Tomcat服务器的过程中，在Configuration界面中设置用户名和密码，如图6-21所示。除了上述界面配置外，还可以通过直接修改<Tomcat安装目录>/conf/tomcat-users.xml文件来实现，具体内容如图6-22所示。

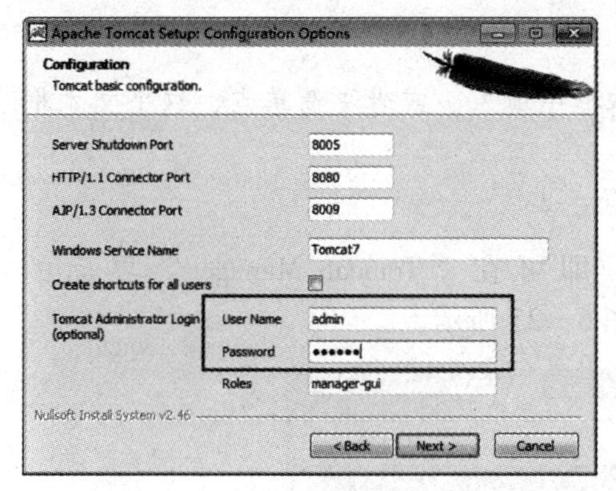

图6-21　设置用户名和密码

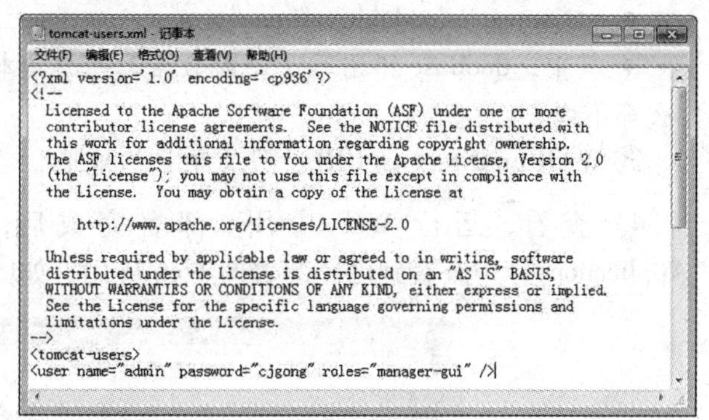

图6-22　修改配置文件

3）在“Tomcat Manager”界面的“Select WAR file to upload”中，通过单击“浏览”按钮来选择war包，然后再单击“Deploy”按钮完成部署，具体设置信息如图6-23所示。

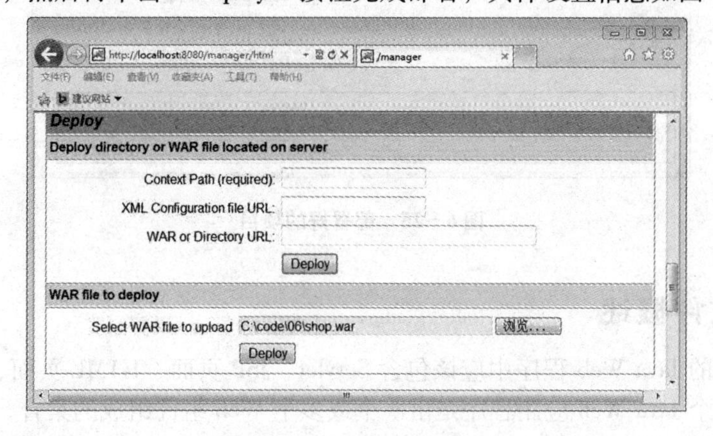

图6-23　部署war包

小贴士 如果项目没有经过打包，则可以通过“Deploy directory or WAR file located on server”来实现部署，具体设置信息如图 6－24 所示。

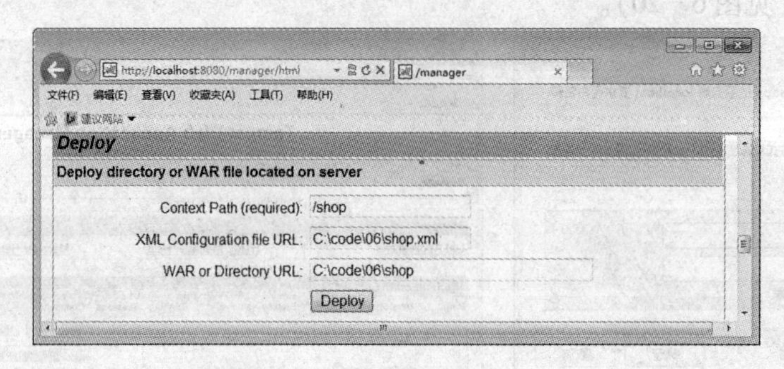

图 6－24 “部署项目”对话框

该对话框中各项的具体作用如下：

① Context Path（required）：设置应用的访问地址。

② XML Configration file URL：设置 xml 文件。例如，在 C：\code\06 文件夹中建立一个 shop. xml 文件，内容如下：

- <Context reloadable ="false" / >
- 其中，docBase 不用写了，因为在下一个文本框中填入。或者更简单点，这个文本框什么都不填。

③ WAR or Directory URL：设置项目的地址。

4）查看、运行 Web 应用。部署完成后，即可在“Tomcat Manager”界面的“Applications”中查看到已经部署的 Web 应用，如图 6－25 所示。

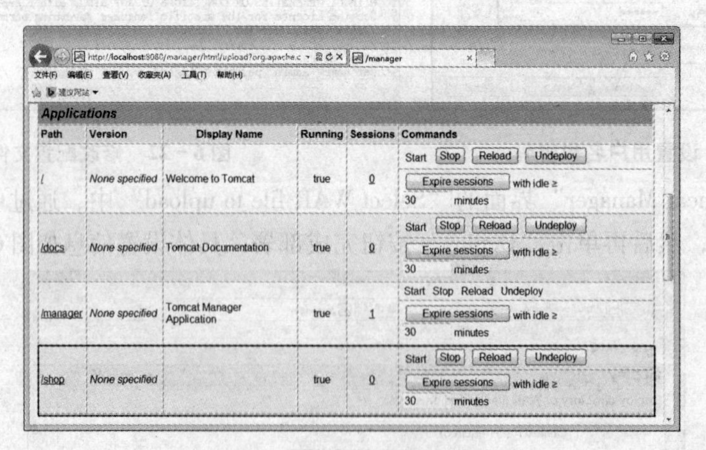

图 6－25 部署好的项目

6.3 配置文件概述

在一个典型的 Java Web 程序中应该包含 Servlet、JSP 页面、HTML 页面、Java 类等 Web 组件。总之，一个 Java Web 应用程序是由一个或多个 Web 组件组成的集合，这些 Web 组件一般被打包在一起，并在 Web 容器中运行。

在线购物系统的源代码中，存在一个保存配置信息的web.xml文件，该文件的具体内容如下所示。

```
<?xml version="1.0" encoding="UTF-8"?>
<web-app version="2.5" xmlns="http://java.sun.com/xml/ns/javaee"
   xmlns:xsi="http://www.w3.org/2001/XMLSchema-instance"
   xsi:schemaLocation="http://java.sun.com/xml/ns/javaee
   http://java.sun.com/xml/ns/javaee/web-app_2_5.xsd">
   <!-- 注册实现注册功能的 servlet -->
   <servlet>
       <servlet-name>Reg</servlet-name>
       <servlet-class>com.servlet.Reg</servlet-class>
   </servlet>
   <!-- 注册实现登录功能的 servlet -->
   <servlet>
       <servlet-name>Login</servlet-name>
       <servlet-class>com.servlet.Login</servlet-class>
   </servlet>
   <!-- 注册实现删除用户功能的 servlet -->
   <servlet>
       <servlet-name>User_del</servlet-name>
       <servlet-class>com.servlet.User_del</servlet-class>
   </servlet>
   <!-- 注册实现查询所有用户功能的 servlet -->
   <servlet>
       <servlet-name>User_delall</servlet-name>
       <servlet-class>com.servlet.User_delall</servlet-class>
   </servlet>
   <!-- 注册实现修改用户功能的 servlet -->
   <servlet>
       <servlet-name>User_modify</servlet-name>
       <servlet-class>com.servlet.User_modify</servlet-class>
   </servlet>
   <!-- 注册实现退出功能的 servlet -->
   <servlet>
       <servlet-name>Exit</servlet-name>
       <servlet-class>com.servlet.Exit</servlet-class>
   </servlet>
   <!-- 注册实现跳转功能的 servlet -->
   <servlet>
       <servlet-name>Forget</servlet-name>
       <servlet-class>com.servlet.Forget</servlet-class>
   </servlet>
   <!-- 注册实现修改密码功能的 servlet -->
   <servlet>
       <servlet-name>Resetpass</servlet-name>
       <servlet-class>com.servlet.Resetpass</servlet-class>
   </servlet>
   <!-- 注册实现添加商品类型功能的 servlet -->
   <servlet>
       <servlet-name>Type_add</servlet-name>
```

```
        <servlet-class>com.servlet.Type_add</servlet-class>
    </servlet>
    <!--注册实现删除商品类型功能的 servlet-->
    <servlet>
        <servlet-name>Type_del</servlet-name>
        <servlet-class>com.servlet.Type_del</servlet-class>
    </servlet>
    <!--注册实现查看商品类型功能的 servlet-->
    <servlet>
        <servlet-name>Type_delall</servlet-name>
        <servlet-class>com.servlet.Type_delall</servlet-class>
    </servlet>
    <!--注册实现修改商品类型功能的 servlet-->
    <servlet>
        <servlet-name>Type_modify</servlet-name>
        <servlet-class>com.servlet.Type_modify</servlet-class>
    </servlet>
    <!--注册实现添加商品功能的 servlet-->
    <servlet>
        <servlet-name>Goods_add</servlet-name>
        <servlet-class>com.servlet.Goods_add</servlet-class>
    </servlet>
    <!--注册实现删除商品功能的 servlet-->
    <servlet>
        <servlet-name>Goods_del</servlet-name>
        <servlet-class>com.servlet.Goods_del</servlet-class>
    </servlet>
    <!--注册实现删除所有商品功能的 servlet-->
    <servlet>
        <servlet-name>Goods_delall</servlet-name>
        <servlet-class>com.servlet.Goods_delall</servlet-class>
    </servlet>
    <!--注册实现修改商品功能的 servlet-->
    <servlet>
        <servlet-name>Goods_modify</servlet-name>
        <servlet-class>com.servlet.Goods_modify</servlet-class>
    </servlet>
……
    <!--设置 servlet 的映射路径-->
    <servlet-mapping>
        <servlet-name>Reg</servlet-name>
        <url-pattern>/Reg</url-pattern>
    </servlet-mapping>
……
    <!--设置欢迎界面-->
    <welcome-file-list>
        <welcome-file>index.jsp</welcome-file>
    </welcome-file-list>
    <!--注册实现设置编码格式的过滤器-->
    <filter>
        <filter-name>MyCharSet</filter-name>
        <filter-class>com.filter.MyCharacterSet</filter-class>
```

```
    </filter>
    <!--设置使用编码格式过滤器的访问路径-->
    <filter-mapping>
        <filter-name>MyCharSet</filter-name>
        <url-pattern>/*</url-pattern>
    </filter-mapping>
    <!--注册实现注册校验的过滤器-->
    <filter>
        <filter-name>myregfilter</filter-name>
        <filter-class>com.filter.RegFilter</filter-class>
    </filter>
    <!--设置使用注册校验过滤器的访问路径-->
    <filter-mapping>
        <filter-name>myregfilter</filter-name>
        <url-pattern>/Reg</url-pattern>
    </filter-mapping>
</web-app>
```

【代码说明】

在上述代码中，首先注册了在线购物系统的所有 Servlet 类，然后设置了所有 Servlet 类的映射路径，最后注册了两个过滤器。

6.4 软件测试

软件测试是证明软件不存在错误的过程，即主要测试开发完成（中间或最终的版本）的应用系统（整体或部分）的正确度（correctness）、完全度（completeness）和质量（quality）的过程，是 SQA（software quality assurance，软件质量保证）的重要子域。

6.4.1 软件测试过程

在软件测试里存在一个非常著名的模型——V 模型，如图 6-26 所示，其实 V 模型是软件开发瀑布模型的变种，它反映了测试活动与分析和设计的关系。从左到右，描述了基本的开发过程和测试行为，非常明确地标明了开发过程和测试过程中存在的不同级别。左边依次下降的是开发过程各阶段，分别为需求分析、概要设计、详细设计和编码；与此相对应的是右边依次上升的部分，即测试过程的各个阶段，分别为单元测试、集成测试、系统测试和验收测试。

在测试阶段，首先应该由一位对整个系统设计熟悉的设计人员编写测试大纲，在测试大纲中明确测试的内容和测试通过的准则，同时也设计完整、合理的测试用例，以便应用系统实现后进行测试。

编写完测试大纲后提交给测试组，由测试负责人组织测试，测试一般可按下列步骤进行：

（1）阅读材料 测试人员仔细阅读有关资料，包括规格说明、设计文档、使用说明书以及

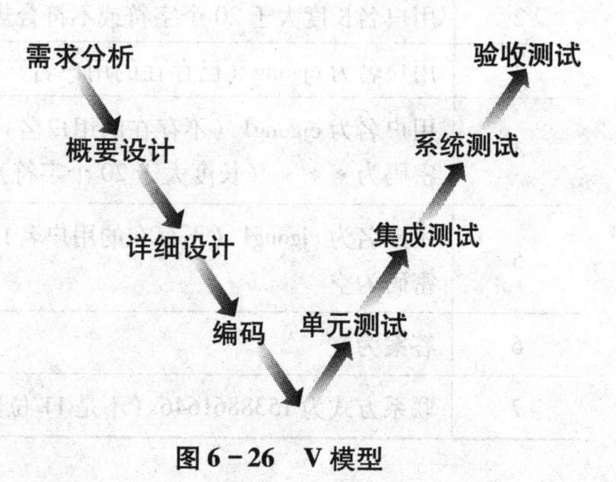

图 6-26 V 模型

在设计过程中形成的测试大纲、测试内容及测试的通过准则，全面熟悉系统，编写测试计划，设计测试用例，做好测试前的准备工作。

（2）代码会审　代码会审是通过阅读、讨论和争议对程序进行静态分析的过程。会审小组由组长、2~3名程序设计和测试人员以及程序员组成。会审小组在充分阅读待审程序文本、控制流程图及有关要求、规范等文件基础上，召开代码会审会，程序员逐句讲解程序的逻辑，并展开讨论，以揭示错误的关键所在。

（3）单元测试　单元测试检查软件设计的最小单位模块，通过测试发现实现该模块的实际功能与定义该模块的功能说明不符合的情况，以及编码的错误。由于模块规模小、功能单一、逻辑简单，测试人员可以通过模块说明书和源程序，清楚地了解该模块的I/O条件和逻辑结构，采用结构测试（白盒法）用例，尽可能达到代码覆盖测试。

（4）集成测试　集成测试是将模块按照设计要求组装起来，同时进行测试，主要目的是发现与接口有关的问题。

（5）系统测试　系统测试主要包括功能测试、界面测试、可靠性测试、易用性测试、性能测试。其中，功能测试最重要，主要针对功能可用性和功能实现程度（功能流程和业务流程、数据处理和业务数据处理）等方面的测试。

（6）验收测试　验收测试的目的是向用户表明系统能够像预定要求那样工作。经集成测试后，已经按照设计把所有的模块组装成一个完整的软件系统，接口错误也基本排除了，然后应该进一步验证软件的有效性，这就是验收测试的任务，即软件的功能和性能如同用户所合理期待的那样。

经过上述的测试过程对软件进行测试后，软件基本满足设计的要求，测试宣告结束，经验收后，将软件提交用户。

6.4.2　测试计划

测试计划是对在线购物系统进行单元测试的计划，包括对测试的技术要求、输入数据、预期结果、进度安排、人员职责、设备条件、驱动程序及安装模块的规定。

（1）注册模块的测试计划　关于注册模块的测试计划见表6-1。

表6-1　注册模块的测试计划

序号	输入说明	期望结果
1	用户名为空	显示错误信息“用户名为空”
2	用户名长度大于20个字符或不符合规定格式时	显示错误信息“用户名格式错误”
3	用户名为cjgong（已存在的用户名）	显示错误信息“用户名已存在”
4	用户名为cjgong1（不存在的用户名）； 密码为＊＊＊（长度大于20个字符）	显示错误信息“密码至多是20个字符”
5	用户名为cjgong1（不存在的用户名）； 密码为空	显示错误信息“密码不能为空”
6	答案为空	显示错误信息“答案不能为空”
7	联系方式为1538861646（不是11位数字）	手机号码位数错误

（2）登录模块的测试计划　关于登录模块的测试计划见表6-2。

表6-2　登录模块的测试计划

序号	输入说明	期望结果
1	用户名为空	显示错误信息“用户名为空”
2	用户名长度大于20个字符或不符合格式或不存在时	显示错误信息“用户名格式错误”
3	用户名为cjgong1（已存在的用户名） 密码为＊＊＊（长度大于20个字符）	显示错误信息“密码至多是20个字符”
4	用户名为cjgong1（已存在的用户名） 密码为空	显示错误信息“密码不能为空”
5	用户名为cjgong1（已存在的用户名） 密码为＊＊＊（不存在）	显示错误信息“密码不正确”

其他模块的测试计划可以仿注册模块或登录模块的测试计划完成。

6.4.3　编写测试日记文档

测试日记文档编写的目的是记录整个测试过程，记录各个功能用例的实现情况。同时，帮助整合各个模块，整理系统中的Bug，为以后的修复、更新提供参考。

（1）注册模块的测试日记　关于注册模块的测试日记见表6-3。

表6-3　注册模块的测试日记

待测功能		用户注册	测试用例标识	Test01
测试类型		功能测试		
测试用例设计	需求追溯	用户进入注册界面		
	预置条件	用户进入注册界面		
	测试步骤	不输入注册信息单击“确定”按钮		
	实际结果	提示输入信息		
	测试结果	通过		

（2）登录模块的测试日记　关于登录模块的测试日记见表6-4。

表6-4　登录模块的测试日记

待测功能		用户登录	测试用例标识	Test login
测试类型		功能测试		
测试用例设计	需求追溯	按照不同用户权限实现相应登录功能		
	预置条件	用户类型、账号、密码均已写入数据库		
	测试步骤	管理员用户登录功能，会员用户登录功能		
	实际结果	登录成功		
	测试结果	登录成功		

6.5 在线购物系统的部署手册

Java Web 应用开发完成后，为了能够更好地交付客户，需要将应用在服务器上进行部署。由于 Tomcat 服务器技术先进、性能稳定且免费，因而深受 Java 开发人员的喜爱并得到了部分软件开发商的认可，因此成为目前比较流行的 Web 应用服务器。

6.5.1 部署准备

1. 系统环境

Windows 7 系统。

2. 数据库

MySQL 5 数据库。

3. 服务器

Tomcat 7 服务器。

4. 安装包

JDK 安装文件：jdk－7－windows－i586. exe。

Tomcat 安装文件：apache-tomcat－7. 0. 53. exe。

数据库安装文件：mysql－5. 5. 21－win32. msi。

应用程序包：shop。

6.5.2 部署实施

1. 设置 JDK 环境

1）安装 JDK 7，请参考第 2 章的 2. 1. 1 节。

2）配置 JDK 环境变量 path 和 classpath，请参考第 2 章的 2. 1. 1 节。

3）测试。

打开 DOS 窗口，输入命令 javac，如果出现如图 2－5 所示的信息，则说明 JDK 环境已经配置成功。

2. 设置 Tomcat 服务器环境

1）安装 Tomcat 7，请参考第 2 章的 2. 1. 2 节。

2）启动服务器。

3）测试。

打开浏览器并输入：http：//localhost：8080，如果出现如图 2－9 所示的页面，则说明 Tomcat 可以运行了。

3. 设置数据库

1）安装数据库，请参考第 2 章的 2. 2. 1 节。

2）配置数据库的编码格式 UTF－8，配置数据库默认用户 root 的密码为 root，请参考第 2 章的 2. 2. 1 节。

3）导入数据。创建数据库 shop，然后执行安装包中的数据库文件 shop. sql，导入相关数据，具体执行步骤如下：

① 在开始菜单中，单击“MySQL”→“MySQL Server 5.0”→“MySQL Command Line Client”菜单，进入命令提示符窗口。然后输入如下命令实现创建数据库，具体效果如图 6－27所示。

```
#创建数据库
create database shop;
#显示数据库服务器里的数据库
Show databases;
```

② 在命令提示符窗口，输入如下命令，执行数据库脚本 shop. sql，具体效果如图6－28 所示。

```
#选择数据库 shop
use shop;
#执行数据库脚本
source C:\code\06\shop.sql;
```

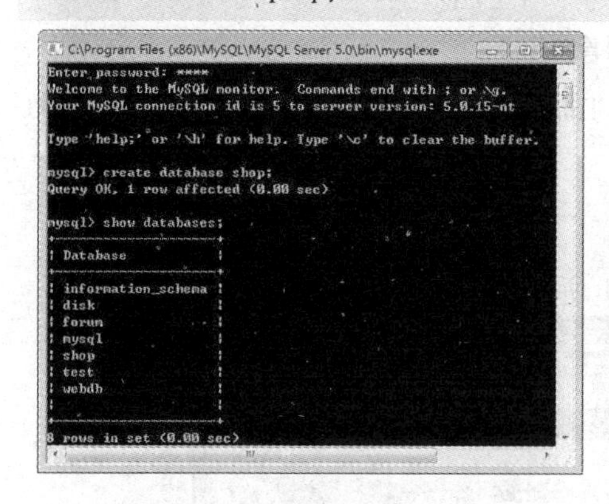

图 6－27 创建数据库 shop

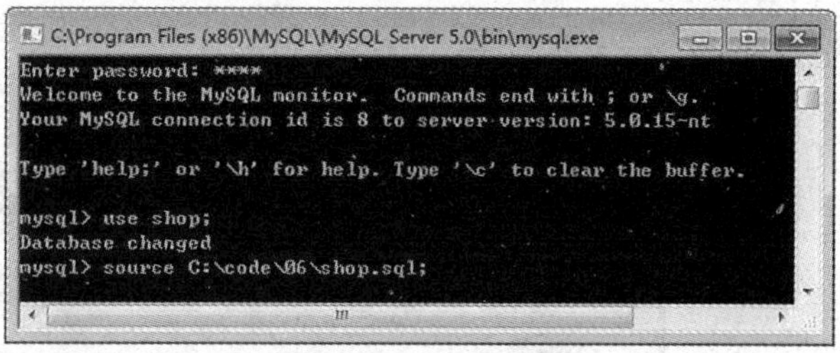

图 6－28 执行数据库脚本

4. 部署应用系统

（1）复制应用系统。 为了提高服务器的安全性，复制 Java Web 应用系统的 jar 文件到 D:\code\06 目录中（与 Tomcat 服务器不在同一个目录）。

（2）部署应用系统。 修改配置文件 <Tomcat 安装目录>/conf/server. xml，具体内容如下：

```
<Context path="/shop" docBase="D:\code\06\shop"/>
```

测试效果（http://localhost:8080/shop/index. jsp）如图 6－29 所示。

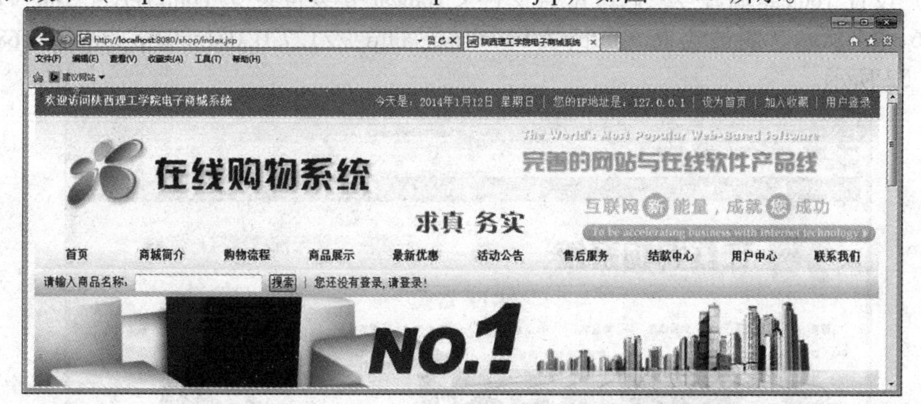

图 6－29 成功访问首页[1]

（3）设置欢迎界面。 修改配置文件 web. xml，具体内容如图 6－12 所示。测试效果（http：//localhost：8080/shop）如图 6－30 所示。

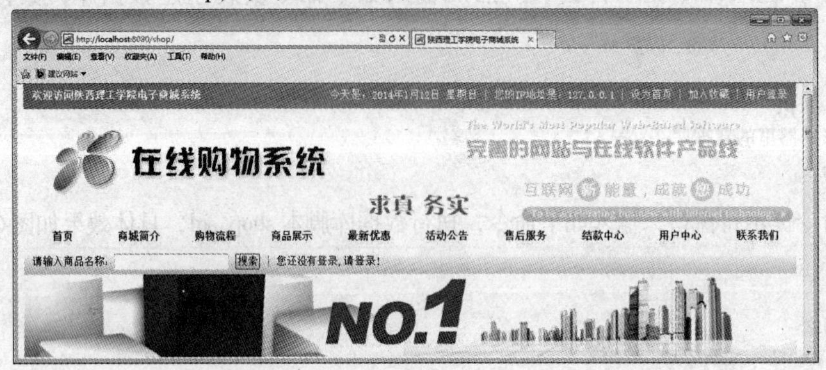

图 6－30　成功访问首页[2]

（4）修改服务器的默认项目。修改配置文件 < Tomcat 安装目录 >/conf/server. xml，具体内容如下：

```
<Context path ="" docBase ="D:\code\06\shop"/>
```

测试效果（http：//localhost：8080）如图 6－31 所示。

图 6－31　成功访问首页[3]

（5）设置 Tomcat 端口号　修改配置文件 < Tomcat 安装目录 >/conf/server. xml，具体内容如图 6－14 所示。测试效果（http：//localhost；http：//127. 0. 0. 1；http：//192. 168. 1. 3）如图 6－32 所示。

图 6－32　成功访问首页[4]

（6）绑定域名（www. cjgong. edu）。 当通过IP地址可以访问应用系统后，如果想通过域名来访问应用系统，则还需通知销售域名公司进行域名绑定。

注意：如果服务器没有连接外网，则可以通过修改服务器操作系统的配置文件来实现域名的绑定。修改配置C：\Windows\System32\drivers\etc\hosts文件，具体内容如图6－33所示。

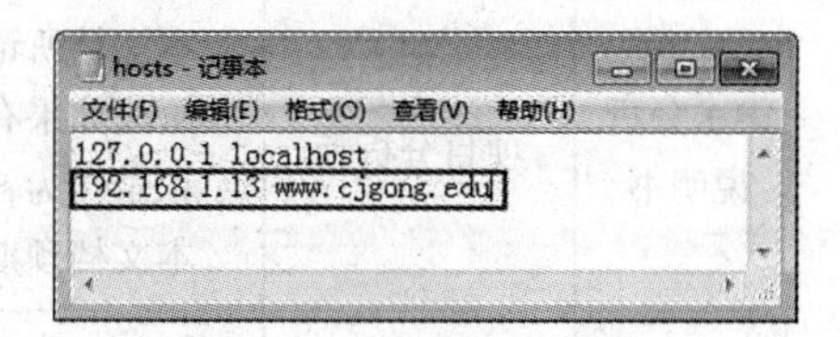

图6－33 修改hosts文件

最终，在浏览器中输入http：//www. cjgong. edu，即可进入应用程序，如图6－34所示。

图6－34 成功访问在线购物系统首页

6.6 项目开发总结报告

编写项目开发总结报告的目的是总结本项目开发过程中的工作经验和遇到的一些问题，得出一些有用的规律，以便为今后的工作提供借鉴和帮助。同时，总结工作情况本身也是培养工作能力，提高认识水平的过程。项目开发总结报告的具体内容主要包括实际取得的开发成果以及对整个开发工作的各个方面的评价。

1. 完成的文档

在线购物系统的整个开发过程中，会编写很多文档，具体内容见表6－5。

表6－5 完成的文档

文档名称	文档编写人	文档概述
可行性研究报告	项目工程师	为了开发功能全面、安全的网上购物系统，对在线购物系统的一般功能进行具体的分析以及对开发时间和费用进行系统地介绍，得出了切实可行的计划，此可行性研究报告将对具体的细节加以说明； 此报告的读者为团队其他成员，以便对项目的功能和开发工作有大致的了解
需求分析说明书	项目分析师	本文档是在线购物系统开发设计的指导性文件，明确定义网站项目的所有功能，作为网站项目开发过程以及验收的标准，指导该项目的后续工作；

（续）

文档名称	文档编写人	文档概述
需求分析说明书	项目分析师	本文档所记录或描述的是在该项目需求定义阶段所明确的项目需求，在后续阶段如果有新的需求或对本文档所定义的功能做出修改，必须形成新的文字记录作为补充文档，合并到项目案卷中，对本项目具有同等的约束力； 本文档预期的读者范围是双方的项目负责人和网站开发技术人员等
项目开发计划书	项目工程师	由于在线购物系统分析阶段已经接近完成，即将进入项目分析阶段，因此有必要写此文档来规划一下后续阶段的工作和任务，以使团队成员各尽其责，更好地完成在线购物系统的开发工作； 本文档在可行性研究和需求分析的基础上，对以后的工作进行人员分配以及明确团队成员未来的一些工作，以便能够顺利完成整个项目的开发
概要设计说明书	项目设计师	在可行性研究和需求分析的基础上，为了明确软件需要完成的任务，安排项目规划与进度，组织软件开发与测试，项目分析师考虑了几种可能的解决方案，并与程序员进行了较为深入的讨论和分析后，提出了这份概要设计说明书； 搭建好在线购物系统的框架，让以后的工作依照此框架有序进行，为软件的详细设计奠定基础； 定义好规范，团队开发有统一标准，方便团队互相调用的代码，方便互相合作； 划分好系统单元，为后续开发分配编写任务，控制进度； 确定好接口，方便调用其他资源，利于交互； 本文档为系统分析员工作的阶段性总结，并提供给项目经理、设计人员和开发人员参考
数据库设计说明书	项目设计师	数据库设计说明文档旨在对在线购物系统的数据库进行设计和分析，并列出详细的关系表的逻辑和物理结构，供数据库管理员和软件开发人员阅读
详细设计说明书	项目设计师	以项目概要设计为依据，对项目中各个模块进行具体实现方案的设计，说明项目各个层次中的每一个程序（每一个模块或子程序）的具体信息，本说明书包括：程序的关系图；各程序的详细设计细节包括：程序描述、功能、性能、输入项、输出项、算法、流程逻辑、接口、储存分配、注释设计、限制条件、测试计划、尚未解决的问题； 本说明书的目的是明确开发者的具体思路，并为测试者提供一定的测试依据
测试日记文档	测试工程师	本测试计划是为了保证在线购物系统的各项功能的可靠实现，对所开发软件的各功能模块和事例系统地进行测试；本测试计划主要用于发现系统开发过程中出现的各种不足之处，发现软件设计中的错误，并在最后列出评价准则； 本测试计划供测试人员在测试阶段阅读参考

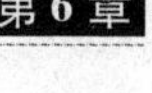

（续）

文档名称	文档编写人	文档概述
部署手册	实施人员	在线购物系统开发完成后，为了方便实施人员和客户对该系统进行使用，需要编写部署手册
项目开发总结报告	项目工程师	总结项目开发过程中的工作经验和遇到的一些问题，得出一些有用的结论，以便为今后的工作提供借鉴和帮助

2. 完成的功能

在线购物系统拥有两种用户功能，分别为购物用户所完成的功能和管理员用户所完成的功能，购物用户所完成的功能见表6-6。

表6-6　购物用户所完成的功能

功能名称	功能编号	简要说明
注册	1-1	用户名、密码，验证码，密码保护信息
	1-2	服务条款
	1-3	用户名验证功能
登录	2-1	用户名、密码
	2-2	相关功能、注册、密码找回等
用户中心	3-1	查看个人资料（包括用户积分）
	3-2	修改个人资料
	3-3	查看历史订单信息
	3-4	查看公告信息
	3-5	查看购物流程
	3-6	查看商城简介
	3-7	查看优惠信息
购物功能	4-1	浏览与搜索商品
	4-2	购物时可添加商品至购物车
	4-3	产生订单
	4-4	在线支付功能——网上银行结款
	4-5	在线支付功能——账户扣除
	4-6	充值

管理员用户所完成的功能见表6-7。

表 6－7　管理员用户所完成的功能

功能名称	功能编号	简要说明
商品信息管理	1－1	查看商品信息（根据分类、价格、库存、销量）
	1－2	添加、删除商品
	1－3	添加商品类型
	1－4	修改商品信息
	1－5	添加推荐商品、热销商品
用户信息管理	2－1	用户信息查看
	2－2	删除用户信息
订单管理	3－1	查询订单
	3－2	查看订单明细
	3－3	确认收货、更新订单状态
消息管理	4－1	发布公告信息
优惠值管理	5－1	添加、删除优惠值信息
	5－2	查看优惠值信息

3. 经验和教训

通过在线购物系统的开发，让开发团队了解了整个软件项目开发的流程，同时让团队中的所有人员的编程能力有了明显的提高，对于软件开发流程有了清晰的认识。例如，项目的需求分析和概要设计，特别是详细设计，因为代码就是依据详细设计来进行编写的。当然，代码编写后的测试用例和测试日志的编写也是很必要的。整个项目必须根据软件开发的流程一步一步地有序进行才能取得最后的成功。

6.7　总结

本章首先介绍了单元测试工具的使用方法，接下来介绍了在线购物系统的部署过程，为了方便测试，还详细介绍了 Java Web 项目的部署技术，最后介绍了如何编写项目开发总结报告。请读者参考本章测试计划和测试日记中的注册和登录模块，编写在线购物系统中其他模块功能的测试计划和测试日记。

第 7 章将通过在线购物系统的“登录模块”学习如何利用 Struts 2 框架进行 Java Web 项目的开发。

第7章 基于Struts的在线购物系统的实现

本章导读

教学目标

本章将以在线购物系统的"登录"模块为例讲解如何使用 Struts 2 框架开发购物网站，以便读者了解 Struts 2 框架及其应用。

7.1 Struts 2 简介

Struts 是第一个真正意义上按照 MVC 架构模式搭建的 Web 开发框架，从它的第一个版本发布以来，就获得了众多开发人员的喜爱，拥有了大量的用户群，成为了市场占有率最高的 Web 开发框架之一。然而，随着时间的推移，软件开发技术的进步，Web 开发需求的变化，Struts 1 设计上的缺陷逐渐显露出来，越来越多包含新的设计思想的 Web 开发框架涌现出来，其中具有代表性的有 WebWork、SpringMVC 等，Struts 2 就是由 Struts 1 和 WebWork 发展而来的。

Struts 2 在 Java Web 开发领域的地位可以说是大红大紫，从开发人员的角度来分析，Struts 2 之所以能够如此地吸引开发人员，与其优良的设计是分不开的，其优点具体如下：

（1）基于 MVC 架构　框架结构清晰，开发流程一目了然，开发人员可以很好地掌控开发过程。在项目开发过程中，一个具体功能的开发流程是：拿到一个具体的功能需求文档和设计好的前台界面，分析需要从前台传递哪些参数，确定参数的变量名称，在 Action 中设置相应的变量，这些参数在前台如何显示，并将页面上的一些控件适当使用 Struts 2 提供的服务器端控件来代替，编写 Action 对应的方法来完成业务逻辑，最后做一些与配置文件相关的设置。当然，实际开发比这个过程要复杂，涉及数据库、验证、异常处理等。但是，使用 Struts 2 进行开发，开发人员的关注点绝大部分是在如何实现业务逻辑上，开发过程十分清晰。

（2）使用 OGNL 进行参数传递。OGNL 提供了在 Struts 2 中访问各种作用域中的数据的简单方式，开发人员可以方便地获取 Request、Attribute、Application、Session、Parameters 中的数据，大大简化了获取这些数据时的代码量。

（3）强大的拦截器。 Struts 2 的拦截器是一个 Action 级别的 AOP，Struts 2 中的许多特性都是通过拦截器来实现的，如异常处理、文件上传、验证等。拦截器是可配置与重用的，可以将一些通用的功能，如登录验证、权限验证等置于拦截器中，以完成一些 Java Web 项目中比较通用的功能。

（4）易于测试。 Struts 2 的 Action 都是简单的 POJO，这样可以方便地对 Struts 2 的 Action 编写测试用例，大大方便了 Java Web 项目的测试。

（5）易于扩展的插件机制。 在 Struts 2 中添加扩展功能是一件愉快而轻松的事情，只需将所需要的 jar 包放到 WEB-INF/lib 文件夹中，在 struts. xml 中做一些简单的设置即可实现扩展。

（6）模块化。 Struts 2 已经把模块化作为了体系架构中的基本思想，可以通过 3 种方法将应用程序模块化，将配置信息拆分成多个文件，把自包含的应用模块创建为插件创建新的框架特性，即将与特定应用无关的新功能组织成插件，以添加到多个应用中。

（7）全局结果与声明式异常。 为应用程序添加全局的 Result，在配置文件中对异常进行处理，这样当处理过程中出现指定异常时，可以跳转到特定页面，这一功能十分实用。

在开发 Struts 应用程序之前，必须先导入 Struts 2 相关的包，本项目中采用的是 Struts 2.1.8 版本，相关的包有：

1） struts2 - core - 2.1.8.1. jar——struts 2 框架的核心类库。

2） xwork-core - 2.1.6. jar——XWork 类库，Struts 2 在其上构建。

3） ognl - 2.7.3. jar——对象图像导航语言（Object Graph Navigation Language），是 Struts 2 框架使用的一种表达式语言。

4） freemarker - 2.3.15. jar——Struts 2 的 UI 标签的模板使用 FreeMarker 编写。

5） commons-logging - 1.0.4. jar——ASF 发布的日志包，Struts 2 框架使用该 jar，配合 Log4j 实现日记记录功能。

以上 5 个包已经能实现 Struts 常用的操作，如果需要上传本地文件到服务器，则需将以下两个包导入：

1） commons-io - 1.3.2. jar——文件处理。

2） commons-fileupload - 1.2.1. jar——文件上传包。

7.2 基于 Struts 2 的在线购物系统的实现

7.2.1 任务说明

使用 Struts 2 框架实现在线购物系统的商品查看、用户注册、登录、权限管理等各种操作，并能正确发布。

7.2.2 技术要点

采用 Struts 2 作为前端开发框架。Struts 2 是 Java 企业级 Web 应用开发领域应用最广泛

的框架之一，能够很好地把应用中的展示层、控制层和业务层分开，使前端开发的业务开发者能够集中精力在自己的领域。

Struts 2 由核心控制器、拦截器、Action、配置、栈值/OGNL、结果/视图部件组成，其中核心控制器是核心组件，它是启动和使用 Struts2 框架的入口。当请求到达框架后，先经过框架提供的若干拦截器，对请求数据做预处理，如 params 拦截器会把请求中的参数解析出来，并设置成 Action 的属性，在 Action 中就可直接访问请求数据。正是拦截器的强大功能，在使用 Action 时只需关注与业务更相关的事务，而无需关注如请求参数解析等重复且繁琐的底层事务。当请求通过拦截器后，核心控制器从 struts. xml 文件中读取 Action 配置，根据映射规则把请求分配给相应的 Action 处理。

下面以 Hello World 程序为例，讲解一个 Struts 2 的开发过程，使读者体会开发过程中用到的技术及注意事项。

（1）导入 Struts 2 开发所必须的包

（2）在 web. xml 中加入核心过滤器。 Struts 2 框架是基于 MVC 模式开发的，它提供了一个核心控制器，用于将所有的请求进行统一处理，这个控制器是由一个名为 FilterDispatcher 的 Servlet 过滤器来充当的。

需要在 web. xml 文件中配置 FilterDispatcher 过滤器，指定映射到 FilterDispatcher 的 URL 样式，匹配这个 URL 样式的所有请求都将被 Web 容器交给 FilterDispatcher 进行处理。

在 Struts 2 框架中，配置文件也是核心组件之一，开发者需要正确配置。框架就是借助配置文件把开发者开发的 Action 类和展示层结合在一起，形成一个完整的系统。

核心控制器在 web. xml 中添加以下配置。

```
<filter>
<filter-name>action2</filter-name>
<filter-class>org.apache.struts2.dispatcher.FilterDispatcher</filter-class>
</filter>
<filter-mapping>
    <filter-name>action2</filter-name>
    <url-pattern>/*</url-pattern>
</filter-mapping>
```

（3）编写 HelloWorldAction 类。一个 Action 就是一段只有特定的 URL 被请求时才会执行的代码。FilterDispatcher 根据请求 URL 的不同，来执行对应的 Action。在 Struts 2 中，Action 执行的结果（成功或失败）通常都对应着一个要呈现给用户的 result，这个 result 可以是 HTML 页面，也可以是一个 PDF 文件或 Excel 电子表格。所有的 result 都是通过字符串名字来标识的，FilterDispatcher 根据 Action 返回的结果字符串来选择对应的 result 显示给用户。Action 与其对应的 result 是在一个名为 struts. xml 的配置文件中进行配置的。

当用户提交 form 表单请求或直接在 URL 中输入请求的地址时，Struts 的配置文件中会将请求发送给相应的类进行处理，如在 src 下建立一个名为 com. action 的包，在该包中建立名为 HelloWorldAction 的类，具体内容如下所示。

```
package com. action;
import com. opensymphony. xwork2. Action;
public class HelloWorldAction extends ActionSupportAction
{
    private String message;
    public String getMessage( )
{
        return message;
    }
    public String execute( )
    {
        message = "这是 Action 中的消息";
        return SUCCESS;
    }
}
```

开发 Action 的基本步骤：用一个类继承 ActionSupport 类，覆盖 execute( )方法，根据业务逻辑返回相应的结果。如果要在类中取到页面中传来的控件的值，则只需在该类中声明和控件名称相同的成员变量的名称，并且创建该成员变量的 getter( )和 setter( )方法即可。

在 Struts 2 中，所有的 Action 必须返回一个字符串类型的结果代码，以标识要呈现给用户的 result。

Action 接口中定义的常量字符串，从语义上定义好了在 Action 执行的不同情况下应该向用户呈现的 result 的名字。当然，也可以为 result 取其他名字，不过这种行为是不建议的，除非上述定义的字符常量不能满足应用需求。

ActionSupport 类的 execute( )方法通常会返回 5 个常量，每个常量的值如下。

1）SUCCESS：表示类执行成功，要向用户显示成功页面。

2）NONE：表示类执行成功，但不需要向用户显示结果页面。

3）ERROR：表示执行失败，要向用户显示失败页面。

4）INPUT：表示 Action 的执行需要用户输入信息，要向用户显示输入界面。

5）LOGIN：用户没有登录不能执行。

（4）编写 struts. xml。 应用程序开发者解决的主要问题是 Action 类等代码的开发，以及表现层的开发。用户编写的 Action 类需要在 struts. xml 文件中配置后才能使用。在 src 目录下建立名为 struts. xml 的文件，具体内容如下所示。

```
<? xml version = "1. 0" encoding = "UTF - 8" ? >
<! DOCTYPE struts PUBLIC
    " -//Apache Software Foundation//DTD Struts Configuration 2. 0//EN"
    "http://struts. apache. org/dtds/struts - 2. 0. dtd" >
< struts >
< package name = "default" extends = "struts - default" >
< action name = "HelloWorld" class = "action. HelloWorldAction" >
< result name = "success" > /helloworld. jsp < /result >
< /action >
< /package >
< /struts >
```

其中 Action 的 name 属性映射成 URL 后的资源名，子元素 result 则用来配置 Action 的结果。

（5）编写 helloworld. jsp 文件。 在 WebRoot 目录下建立名为 helloworld. jsp 的文件，具体内容如下所示。

```
<%@ page contentType="text/html;charset=gb2312" %>
欢迎页面
<h2>${message}</h2>
```

（6）运行。 发布项目并启动服务器后，在地址栏中输入"http://localhost:8080/项目名称/HelloWorld"即可。

7.2.3 转换案例

在本项目中，以用户登录模块为例讲解转换过程，即在在线购物系统源代码的基础上进行开发。导入在线购物系统代码，修改其名为 shopstruts，首先添加 Struts 框架的 jar 文件和 Struts 配置文件使其支持 Struts 框架，具体目录结构如图 7-1 所示。

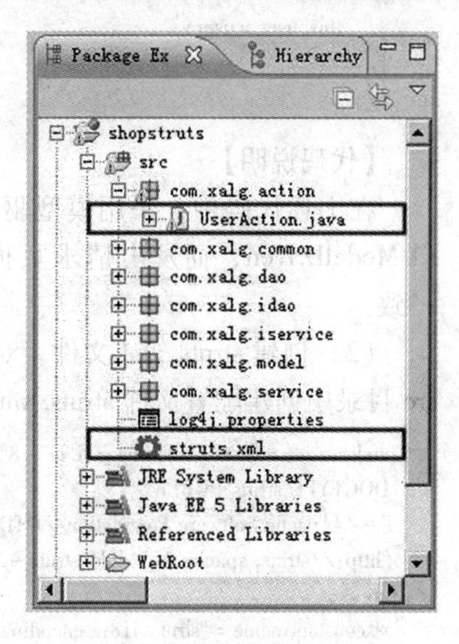

图 7-1 目录结构

小贴士 在图 7-1 所示的目录结构中，所标注的文件为需要修改或添加内容的部分。

在本项目中，通过用户登录模块来讲解转换过程，即将 com. xalg. servlet. Login 转换为 com. xalg. action. UserAction，并能在项目中运行。执行 7. 2. 2 节中的导入包并修改 web. xml 文件的配置。

（1）创建 UserAction 类。 根据源代码中的 com. xalg. servlet. Login 类创建 UesrAction 类，位于包 com. xalg. action 中。该类的作用与 Servlet 的作用一致，主要用来获取请求信息和实现页面跳转，其具体内容如下所示。

```
public class UserAction extends ActionSupport implements ModelDriven<User> {
    private User user;                                          //创建属性 user
    private IUserService us = new UserService();                //创建业务逻辑层对象
    @Override
    public User getModel() {                                    //实现接口 ModelDriven 中的方法
        if(user == null) {
            user = new User();
        }
        return user;
    }
    @Override
    public String execute() throws Exception {                 //重写执行方法
        //调用业务逻辑层的用户登录方法
        boolean flag = us.loginUser(user.getName(), user.getPassword());
        if(flag) {                                              //登录成功
```

```
            return SUCCESS;
        } else {                                            //登录失败
            return ERROR;
        }
    }
    public User getUser() {
        return user;
    }
    public void setUser(User user) {
        this.user = user;
    }
}
```

【代码说明】

在上述代码中，采用模型驱动的方式来获取页面所提交的值，即 Action 类必须实现接口 ModelDriven，而发出请求页面中的标签的 name 属性的值必须与实体类 User 的属性一致。

（2）创建 struts.xml 文件　对于 Action 类，如果要实现页面跳转，则需要在 shopstruts/src 目录中创建配置文件 struts.xml，具体内容如下所示。

```
<?xml version="1.0" encoding="UTF-8"?>
<!DOCTYPE struts PUBLIC
    "-//Apache Software Foundation//DTD Struts Configuration 2.0//EN"
    "http://struts.apache.org/dtds/struts-2.0.dtd">
<struts>
    <constant name="struts.i18n.encoding" value="gb2312"/>
    <package name="user" extends="struts-default">
        <!--配置 Action 类-->
        <action name="useraction" class="com.xalg.action.UserAction">
            <!--设置返回结果-->
            <result name="success">/loginSuccess.jsp</result>
            <result name="error">/loginFail.jsp</result>
        </action>
    </package>
</struts>
```

【代码说明】

在上述代码中，<constant>标签的作用是设置 Struts 框架的编码格式为 gb2312，同时通过<result>标签实现页面的跳转。

7.3 项目发布

如果要将已经在本地做好的项目发布到互联网上运行，可以进行如下操作：

1）购买域名，假如 www.youname.com 是网站的名字。

2）购买存放代码的空间，注意，空间的环境必须能支持和运行当前项目的环境，如 JSP + MySQL 环境，并把域名解析到空间。

3）根据域名空间提供商提供的后台管理接口进入相应的页面，导入数据库文件和页面文件。

上传文件时可以直接上传 .zip 格式的文件（不容易出现掉线和断点，提高上传速度，单个文件上传要比多个文件上传快），某些后台提供了在线解压功能，可直接将压缩文件还原成实际目录文件。

4）测试。例如本地访问 http：//localhost：8080/项目名称/时，在互联网上就要变为 http：//www. youname. com/。

7.4 总结

本章首先对 Strusts 2 框架进行了简单介绍，使读者对该框架有了一个初步的认识。然后，基于 Struts 2 将在线购物系统中的用户登录模块进行转换，引导读者学习 Struts 2 框架在 Java Web 项目中的应用。请读者参考转换案例，将在线购物系统的其他模块功能通过 Struts 2 框架技术实现。

第 8 章将简要介绍 Hibernate 框架在 Java Web 项目中的应用。

第 8 章

基于 Struts + Hibernate 的在线购物系统的实现

本章导读

- 8.1 Hibernate 简介
- 8.2 基于 Hibernate 的在线购物系统的实现
- 8.3 总结

教学目标

本章在上一章的基础上，以“登录”模块讲解如何使用 Struts + Hibernate 框架开发在线购物系统，引导读者了解 Struts + Hibernate 框架在 Java Web 项目中的简单应用。

8.1 Hibernate 简介

Hibernate 是一个强大的、高性能的对象/关系映射框架。Hibernate 官网称 Hibernate 的目标是使开发人员从 95% 的数据持久化工作中解脱出来。Hibernate 通过 XML 配置文件将数据库和普通的 Java 类进行映射，这些映射关系包括联合（association）、继承（inheritance）、多态（polymorphism）、组合（composition）以及聚集（collections）。同时，Hibernate 还允许使用一种在语法上类似 SQL 的 HQL、标准（Criteria）API 和实例（Example）API 来操作持久化类。

8.1.1 认识 ORM

ORM 的全称是关系/对象映射（Object/Relational Mapping）。下面先看一看对象和关系有什么不同，图 8 - 1 是一个类继承关系的层次图。

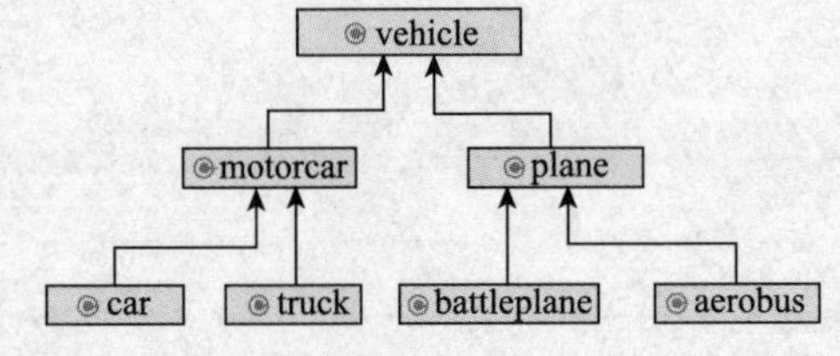

图 8 - 1 类继承关系的层次图

从图 8 - 1 中可以看出，使用类来描述这种层次关系是非常容易的。在这个图中描述了一个交通工具的层次关系。例如，所有的交通工具都会移动（在 vehicle 类中可以有一个 move 方法），所有的汽车都有轮子，所有的飞机都会飞。父类已经实现的动作，在子类中就可以直接继承这个动作。因此，可以得出一个结论，使用对象模型来描述现实世界的事物是非常容易的。

而在关系数据库中，所有的数据是以表、视图的形式来展现的二维表，并且使用 SQL 来操作这些数据。因此，在关系数据库中，可以很容易地将这些表、视图以横向关系连接起来，但遗憾的是，使用 SQL 及其他关系数据库技术很难将这些表、视图以纵向（层次）的关系进行描述。

为了将关系数据库中的数据保存在面向对象编程语言的对象中，就必须有一种机制可以将关系逻辑转换为层次逻辑。而 Hibernate 正是这样一种框架，它可以无缝地将关系数据库映射成 Java 类。

8.1.2 使应用程序支持 Hibernate

在应用程序中使用 Hibernate 框架非常简单，只要在 CLASSPATH 环境变量中指定 Hibernate 框架的 jar 包，就可以在程序中像使用其他的 jar 包一样使用 Hibernate。但是如果系统比较大，那么将会产生非常大的工作量。因此，要想更好地使用 Hibernate，就需要一个支持 Hibernate 的 IDE。MyEclipse 是基于 Eclipse 的用于开发 J2EE 应用的 IDE，该 IDE 不仅可以自动进行大多数的 Hibernate 配置，而且还可以自动生成一些相关的 Java 代码。

1. MyEclipse 对 Hibernate 的支持

在 MyEclipse 中建立的 Web 工程默认不支持 Hibernate，要想让当前工程支持 Hibernate，需要按照如下步骤为当前工程增加支持 Hibernate 的能力。

1）选择项目工程，在右键菜单中选择“MyEclipse”→“Add Hibernate Capabilities”选项，打开“Add Hibernate Capabilities”对话框的第 1 页，在该对话框中。可以选择 Hibernate 的版本，在本书中使用了 MyEclipse 8.5 所支持的 Hibernate 的最高版本（即 Hibernate 3.2），如图 8-2 所示。除此之外，还可以选择要使用的 Hibernate 库，这些都保留默认值即可。

2）单击“Next”按钮，进入“Add Hibernate Capabitities”对话框的第 2 页，如图 8-3所示，设置 Hibernate 的配置文件名和保存的位置。

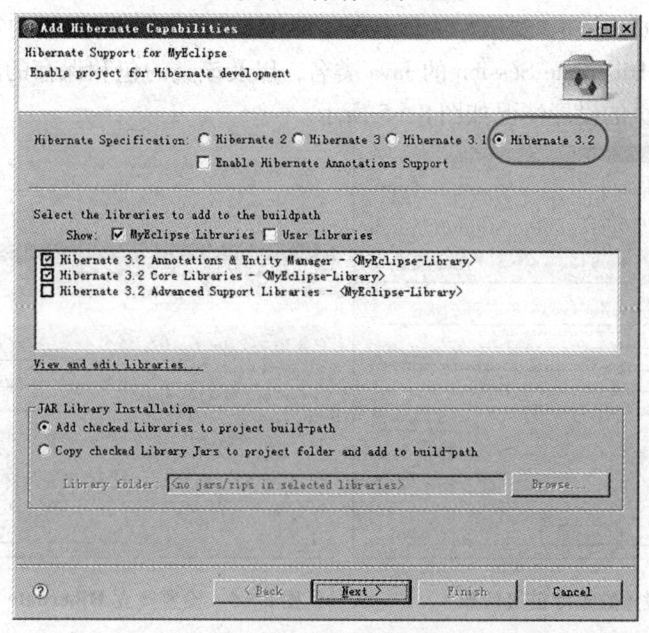

图 8-2 选择 Hibernate 版本和相关的库

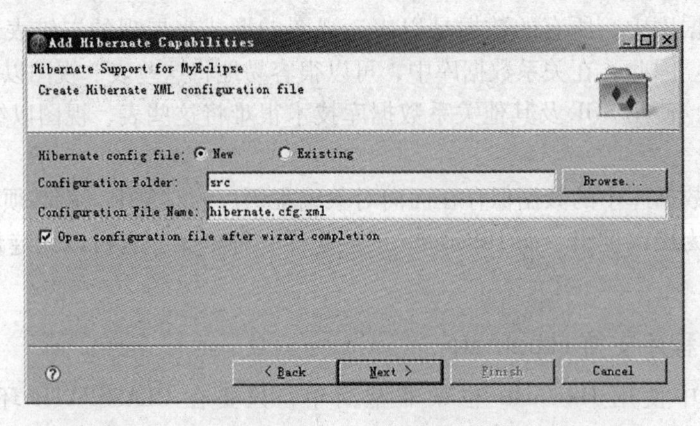

图 8-3　设置 Hibernate 的配置文件名和保存的位置

在第 2 页上可以选择是否使用已经存在的 Hibernate 配置文件。如果选择新建 Hibernate 配置文件，则需设置该文件保存的路径及文件名。这些都保留默认值即可。

3）单击“Next”按钮，进入“Add Hibernate Capabilities”对话框的第 3 页，按照以下的内容进行相应的配置。

- Connect URL：“jdbc：mysql：//localhost/webdb？characterEncoding = UTF8”。
- Driver Class：“com. mysql. jdbc. Driver”。
- Username：“root”。
- Password：“root”。
- Dialect：“MySQL”。

图 8-4 显示了第 3 页的设置情况，读者也可以根据自己的情况设置其他的用户名和密码。

4）单击“Next”按钮，进入“Add Hibernate Capabilities”对话框的第 4 页。在该页面需要指定用于建立 Hibernate Session 的 Java 类名，以及该类的包和保存的路径，这些都保留默认值即可。第 4 页的设置情况如图 8-5 所示。

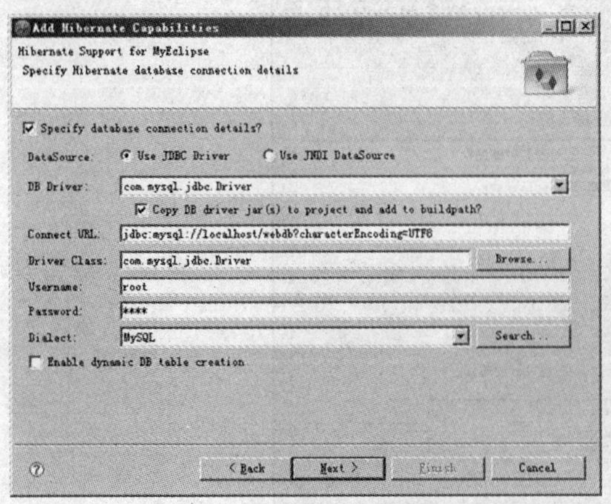

图 8-4　设置数据库链接信息

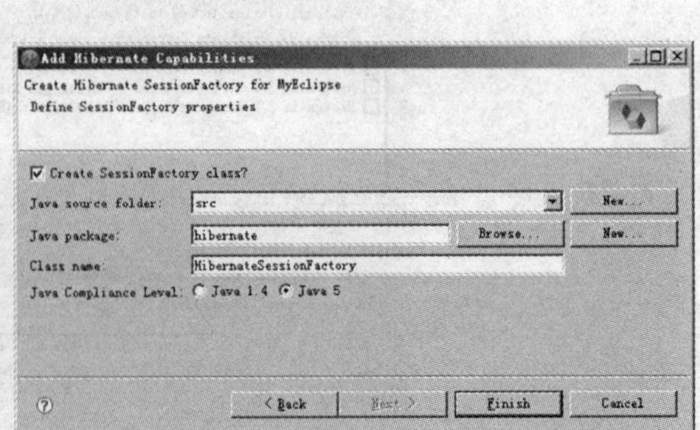

图 8-5　设置建立 Hibernate Session 的 Java 类

至此，所有的设置工作都完成了，单击“Finish”按钮完成设置。此时，MyEclipse 除了

向项目工程添加了相关的包外，还会在 src \ 目录中建立一个 hibernate. cfg. xml 文件。MyEclipse 可以使用配置视图、设计视图和源代码 3 种方式打开 hibernate. cfg. xml 文件。图 8 - 6是 hibernate. cfg. xml 文件的配置视图。

从图 8 - 6 所示的 hibernate. cfg. xml 文件的设计视图可以看出，在“Add Hibernate Capabilities”对话框的第 3 页设置的数据库链接信息都保存在 hibernate. cfg. xml 文件中。

要想使用设计视图查看 hibernate. cfg. xml 文件的内容，可以选择图 8 - 6 下方的 Design 标签，hibernate. cfg. xml 文件的设计视图如图 8 - 7 所示。

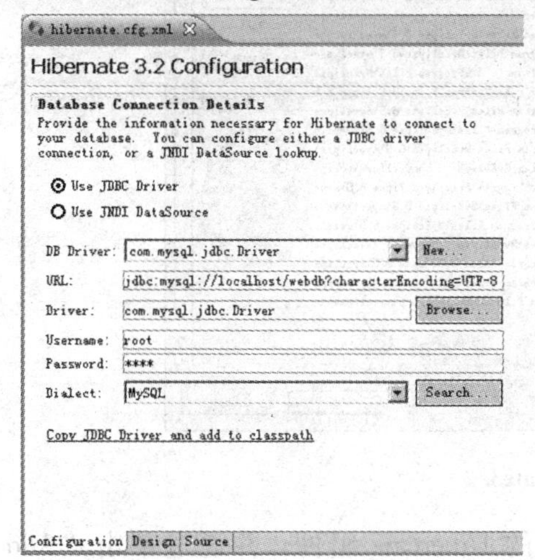

图 8 - 6　hibernate. cfg. xml 文件的配置视图

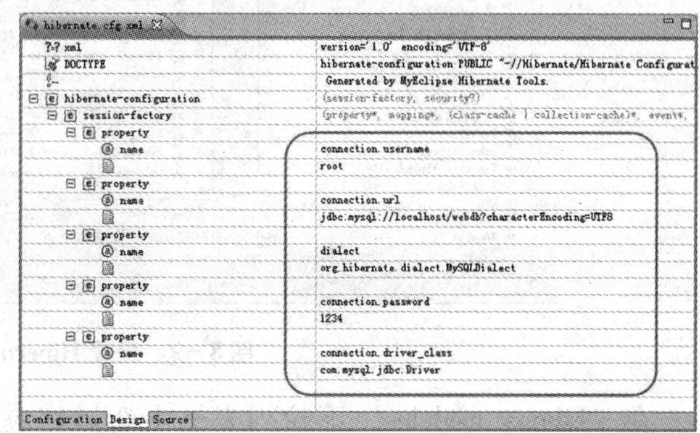

图 8 - 7　hibernate. cfg. xml 文件的设计视图

选择图 8 - 7 中的 Source 标签可以通过源代码方式查看 hibernate. cfg. xml 文件，如图 8 - 8所示。

```
<?xml version='1.0' encoding='UTF-8'?>
<!DOCTYPE hibernate-configuration PUBLIC
          "-//Hibernate/Hibernate Configuration DTD 3.0//EN"
          "http://hibernate.sourceforge.net/hibernate-configuration-3.0.dtd">
<!-- Generated by MyEclipse Hibernate Tools.                   -->
<hibernate-configuration>
    <session-factory>
        <property name="connection.username">root</property>
        <property name="connection.url">
            jdbc:mysql://localhost/webdb?characterEncoding=UTF8
        </property>
        <property name="dialect">
            org.hibernate.dialect.MySQLDialect
        </property>
        <property name="connection.password">1234</property>
        <property name="connection.driver_class">
            com.mysql.jdbc.Driver
        </property>
    </session-factory>
</hibernate-configuration>
```

图 8 - 8　hibernate. cfg. xml 文件的源代码视图

2. 下载和安装新版本的 Hibernate

MyEclipse 8. 5 支持的 Hibernate 版本是 Hibernate3. 2，如果读者想使用其他新版本的 Hibernate，或某些特定版本的 Hibernate，可以直接从官网下载。然后选择“Window”→“Preferences”菜单，打开“Preferences”对话框，在对话框左侧的树结构中选择

"MyEclipse Enterprise Workbench"→"Project Capabilities"→"Hibernate"结点，在对话框右上侧出现了 Hibernate 各种版本的标签，选择"Hibernate 3.2"标签，如图 8-9 所示。

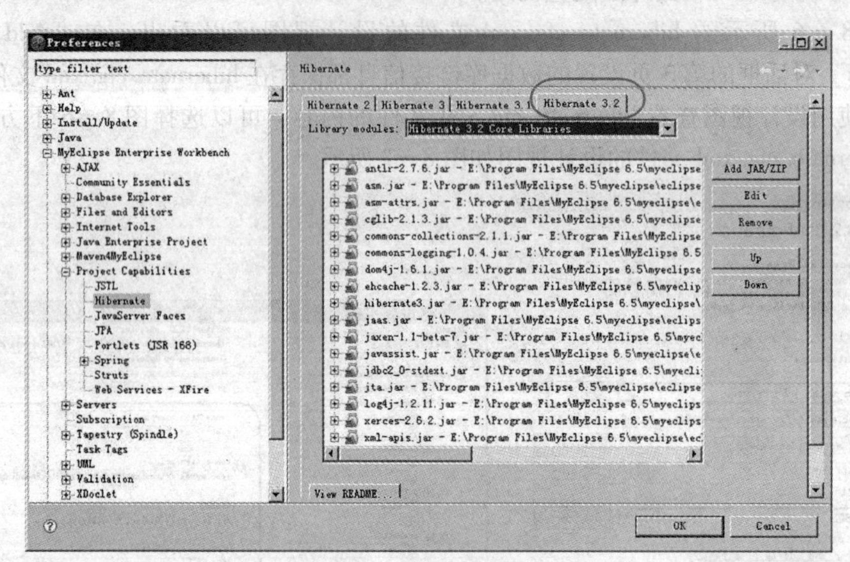

图 8-9　配置 Hibernate3.2

在"Library modules"下拉列表框中选择相应的 Hibernate 组件，并通过单击"Add JAR/ZIP"按钮来增加特定版本的 Hibernate jar 包。如果要覆盖某个 jar 包，则应在列表中删除原 jar 包（单击"Remove"按钮删除），再添加新的 jar 包。

按照以上方法设置完 Hibernate 3.2 后，MyEclipse 中所有引用 Hibernate 3.2 的工程都会自动更新为新设置的 Hibernate jar 文件。

8.2　基于 Hibernate 的在线购物系统的实现

8.2.1　任务说明

使用 Struts + Hibernate 框架实现在线购物系统的用户登录模块，并能正确发布。

8.2.2　技术要点

在 Hibernate 框架中，主要通过编写和修改 XML 格式的文件来配置框架内容。Hiberante 框架中经常使用的配置文件只有两种：Hibernate 配置文件（MyEclipse 生成的默认配置文件名为 hibernate.cfg.xml）和 Hibernate 映射文件。

1. Hibernate 配置文件

在基于 Hibernate 的应用系统中，Hibernate 配置文件主要用来配置与数据库相关的信息和对映射文件进行设置。除此之外，还可以对 Hibernate 的一些表现行为进行设置，如在使用 Hibernate 框架操作数据库的过程中是否在控制台显示 SQL 语句等。

下面是一段标准的配置代码，在该配置代码中使用了 JDBC 方式连接 MySQL 数据库。

```
<? xml version = '1.0' encoding = 'UTF-8'? >
<! DOCTYPE hibernate-configuration PUBLIC
        "-//Hibernate/Hibernate Configuration DTD 3.0//EN"
        "http://hibernate.sourceforge.net/hibernate-configuration-
        3.0.dtd">
<hibernate-configuration>
    <session-factory>
        <!-- 设置登录数据库的用户名 -->
        <property name = "connection.username" > root </property>
        <!-- 设置登录密码 -->
        <property name = "connection.password" > root </property>
        <!-- 设置 JDBC 连接字符串 -->
        <property name = "connection.url">
          jdbc:mysql://localhost/test
        </property>
        <!-- 设置数据库方言 -->
        <property name = "dialect">
          org.hibernate.dialect.MySQLDialect
        </property>
        <!-- 设置 MySQL 的 JDBC 驱动类
        <property name = "connection.driver_class">
          com.mysql.jdbc.Driver
        </property>
        ……
    </session-factory>
</hibernate-configuration>
```

【代码说明】

在上述配置代码中，大多数配置信息都很好理解，只有一个数据库方言（Dialect）是在其他操作数据库的方式中没有遇到过的，这个数据库方言实际上就是 Hibernate 提供的一系列的 Java 类。由于在 Hibernate 框架中，操作数据库是透明的，因此就需要在 Hibernate 框架内部使用这些 Java 类来解决不同数据库之间的差异性。

2. Hibernate 映射文件

ORM 映射是 Hibernate 框架的核心功能之一，主要通过 Hibernate 框架的映射文件来实现。通过 ORM 映射，可以将二维的数据表和实体 Bean 进行关联。这些关联包括数据表中的主键及属性的映射，以及数据表之间的关系，如一对一、多对一等。

（1）映射主键　每一个实体 Bean 必须有一个主键（可以是一个属性，也可以是多个属性的组合）。这个主键在基于 XML 的映射文件中使用 <id>标签来定义。<id>标签的所有属性都是可选的。也就是说，可以只使用 <id/>来将实体 Bean 中的 id 属性映射为主键。<id>的常用属性如下所示。

- name（可选）：实体 Bean 的属性名，默认值是 id。
- column（可选）：数据表中的主键字段名，默认值是 name 属性的值。
- type（可选）：字段类型，默认类型是 name 属性指定的实体 Bean 属性的类型。

在 <id>标签中有一个可选的 <generator>子标签，用来指定产生主键值的策略。<generator>标签只有一个 class 属性（这个属性是必需的），用来指定主键值生成策略的类或别名，如 increment、identity、assigned 等。如果不指定 <generator> 标签，则 class 属性的默认值是 assigned，表示这个主键值应该和普通属性一样由程序为其赋值。下面的代码演示了一个标准的 <id> 标签的使用方法。

```
<id name="id" column="customer_id" type="int" >
    <!--  定义该主键值的生成策略是自增型  -->
    <generator class="increment" />
</id>
```

（2）映射普通属性　实体 Bean 的普通属性需要使用 <property> 标签来映射。<property> 标签的常用属性如下所示。

- name（必选）：该属性表示实体 Bean 的属性名，这个属性是必需的。
- column（可选）：该属性表示数据表的字段名，默认值是 name 属性指定的值。
- type（可选）：该属性表示字段类型，默认类型是 name 属性指定的实体 Bean 属性的类型。
- not-null（可选）：该属性表示 name 属性指定的实体 Bean 属性可否为 null，默认值是 true，表示不能为 null。

在某些情况下，<property> 标签中会有一个或多个 <column> 标签。可以使用 <column> 标签来进行更复杂的映射，例如，<column> 标签有更多的属性，提供了更大的灵活性，一个属性可以映射到多个列上等。关于普通属性的映射程序示例如下。

```
<property name="name">
    <column name="name" not-null="false" />
</property>
```

（3）映射多对一（many-to-one）的单向关联关系　多对一关系是数据库中最常用的关联关系。以客户（t_customers）和订单（t_orders）的关系为例，一个订单只能属于一个客户，而一个客户可以有多个订单。因此，t_orders 相对于 t_customers 来说就是多对一的关系，而 t_customers 相对于 t_orders 来说就是一对多的关系，这两个表的字段及关系如图 8-10所示。

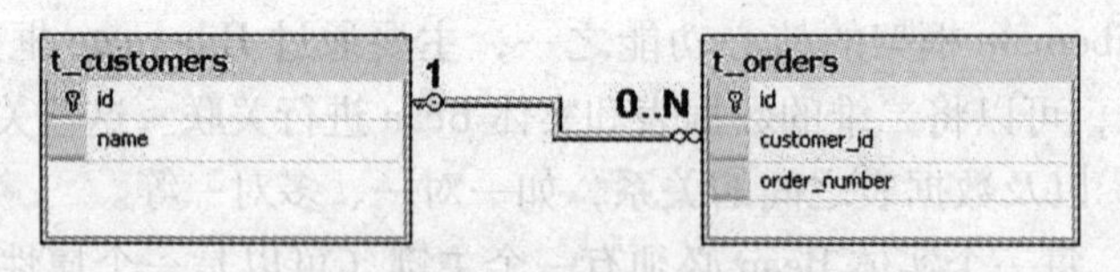

图 8-10　t_customers 和 t_orders 的关联关系

从图 8-10 可以看出，t_customers 和 t_orders 中的 id 都是主键。t_orders 中的 customer_id 是外键，并和 t_customers 中的 id 字段形成多对一的关系。

要想在映射文件中映射多对一的关系，就需要使用 <many-to-one> 标签。假设，t_customers 和 t_orders 表对应的实体 Bean 分别是 entity.Customer 和 entity.Order，则映射代码如下：

```
<many-to-one name="customer" column="customer_id"
    class="entity.Customer" not-null="true" cascade=
    "save-update">
</many-to-one>
```

<many-to-one>标签建立了 t_ orders 表的外键 customer_ id 和 Customer 类的主键 id 之间的关系，它包括以下常用属性。

- name（必选）：表示实体 Bean 的属性名。
- column（可选）：表示数据表中的外键名，默认值是 name 属性的值。
- class（可选）：表示关联类的名称，默认类型是当前属性的类型。
- not-null（可选）：如果该属性为 true，则表示当前属性不能为 null，默认值是 true。
- cascade（可选）：该属性指定哪些操作是级联操作。在上面的配置代码中，将该属性指定为“save-update”，表示在插入（save）或更新（update）时进行级联操作。该属性可设置的值主要有 persist、merge、delete、save-update、evict、replicate、lock、refresh。如果设置了多个值，则中间用逗号（,）分隔。默认值没有级联操作。

（4）映射一对多（one-to-many）的双向关联关系　t_ customers 对 t_ orders 就是一对多的关系，即一个客户（Customer）可以有多个订单（Order）。但在数据库中无法表示 t_ customers 到 t_ orders 的一对多关系，也就是说，获得一条 t_ customers 记录后，就可以知道和这条记录相关联的 t_ orders 中的记录，而在实体 Bean 中这种关系就很容易表示。如果要表示 Customer 到 Order 的一对多的关系，则只需要在 Customer 类中加一个集合（Set）类型的属性。将每一个和 Customer 对象相关联的 Order 对象都保存在这个 Customer 对象的集合属性中即可。在映射文件中需要使用 <set>标签来映射 Customer 类中的集合属性，配置代码如下：

```
<set name = "orders" cascade = "save - update" >
<key column = "customer_id" / >
<one - to - many class = "chapter19. entity. Order" / >
</set >
```

在上面的配置代码中，<set>标签使用了如下属性。

- name：表示集合属性名。
- cascade：表示参与级联的操作类型。如果将该属性设为 save - update，则表示在插入和更新时进行级联操作。

在<set>标签中包含了以下两个子标签。

- <key>：集合属性中的元素（Order 对象）的外键（customerId）。
- <one-to-many>：指定属性中的元素所对应的实体 Bean（chapter19. entity. Order）。

（5）映射基于外键的一对一（one-to-one）的关系映射　两个数据表之间的一对一关系可以有两种实现方法，其中一种就是在一个表上设置一个外键（外键值是唯一的），并通过这个外键和另一个表的主键相连。例如，有两个表 t_ employees（雇员）和 t_ addresses（地址）。每一个雇员有唯一的地址，每一个地址对应唯一的雇员。这两个表就是基于外键的一对一关系。

一对一关系映射需要使用<many-to-one>和<one-to-one>标签来映射。其中，<many-to-one>标签用来映射 Employee 对象中的外键（addresses），如以下代码所示。

```
< many-to-one name = "address"
class = "chapter19. entity. Address"    column = "address_id"
cascade = "all" unique = "true" / >
```

在使用 < many-to-one > 映射一对一关系时，需要使用 unique = "true"，以表示外键（addressId）的值是唯一的。

< one-to-one > 标签并不用来映射实际的字段，而是用来指明 Address 对象和 Employee 对象是一对一的关系，如以下代码所示。

```
< one-to-one name = "employee" class = "entity. Employee" property -
ref = "address" / >
```

其中，property-ref 属性用来指定 Address 对象中的主键和 Employee 对象的哪个外键属性（address）相连。

（6）建立基于主键的一对一的关系映射　基于主键的一对一关系也可以使用两个表的主键相互关联。假设，有两个表 t_ products（产品）和 t_ product_ details（产品详细信息），这两个表通过各自的主键相连形成一对一的关系。如果要建立基于主键的一对一关系映射，则两个实体 Bean 的映射文件都需要使用 < one-to-one > 标签进行映射。

3. 会话工程（SessionFactory）类

在使用 Hibernate 操作数据库之前，需要得到一个 Hibernate Session 对象。通常，Session 对象可以通过 org. hibernate. SessionFactory 类的 openSession 方法来创建，但由于 Web 服务端可以并发处理多个用户请求，因此在处理多个用户请求共享同一个 Hibernate Session 对象时可能会造成冲突。例如，在一个线程中正在使用 Session 对象操作数据库，而另外一个线程关闭了该 Session 对象，这样就可能抛出异常。

解决这个问题的最简单的方法就是使每一个线程拥有完全独立的 Session 对象。通过 ThreadLocal 类可以很容易达到这个目的。ThreadLocal 并不是线程类，该类实际上只是封装了一个 Map 对象，Map 对象中每个元素的 key 就是线程的 id。因此，可以将不同线程的 Session 对象保存在 ThreadLocal 对象中。由于在每个线程中建立的 Session 对象都使用了当前线程的 id 作为 key 保存在 ThreadLocal 对象中，因此，这也就达到了每一个线程只拥有一个 Session 对象实例的目的。下面的代码演示了利用 ThreadLocal 对象保存当前线程的 Session 对象的基本过程。

```
private ThreadLocal < Session > threadLocal = new ThreadLocal < Session > ( ) ;
public Session openSession( )
{
    //  从 ThreadLocal 对象中获得当前线程的 Session 对象
    Session session = (Session)threadLocal. get( ) ;
    //  如果 ThreadLocal 对象中没有当前线程的 Session 对象,
    //  或 Session 对象未打开,则新建一个 Session 对象
    if( session = = null || ! session. isOpen( ) )
    {
        //  新建一个 Session 对象
        session = sessionFactory. openSession( ) ;
        //  将新建的 Session 对象重新保存在了 ThreadLocal 对象中
        threadLocal. set( session) ;
    }
}
```

实际上，如果使用 MyEclipse 来开发基于 Hibernate 的应用程序，那么根本就不用开发人员自己编写这些代码，因为在为 webdemo 工程配置 Hibernate 时，MyEclipse 就已经自动生成了一个默认的会话工程类，默认类名是 HibernateSessionFactory。以下是 HibernateSessionFactory 类的代码：

```
public class HibernateSessionFactory
{
    //  指定 Hibernate 的配置文件名
    private static String CONFIG_FILE_LOCATION = "/hibernate. cfg. xml";
    //  定义 ThreadLocal 对象
    private static final ThreadLocal < Session >  threadLocal = new ThreadLocal
     < Session > ( ) ;
    //  定义 Configuration 对象,用于读取 Hibernate 配置文件
    private static Configuration configuration = new Configuration( ) ;
    //  定义 SessionFactory 对象,用于建立 Session 对象
    private static org. hibernate. SessionFactory sessionFactory;
    private static String configFile = CONFIG_FILE_LOCATION;
    static
    {
        try
        {
            //  开始读取 Hibernate 配置文件(hibernate. cfg. xml)
            configuration. configure( configFile) ;
            //  建立一个 SessionFactory 对象实例
            sessionFactory = configuration. buildSessionFactory( ) ;
        }
        catch( Exception e)
        {
            System. err. println( "% % % %  Error Creating SessionFactory % % % %") ;
            e. printStackTrace( ) ;
        }
    }
    private HibernateSessionFactory( )
    {
    }
    //  获得一个 Session 对象
    public static Session getSession( ) throws HibernateException
    {
        //  从 ThreadLocal 对象中获得 Session 对象
        Session session = ( Session) threadLocal. get( ) ;
        //  如果 ThreadLocal 对象中没有当前线程的 Session 对象,
        //  或 Session 对象未打开,则新建一个 Session 对象
        if( session = = null | | ! session. isOpen( ) )
        {
            //  如果未建立 SessionFactory 对象,则重新建立一个 SessionFactory 对象
            if( sessionFactory = = null)
            {
                rebuildSessionFactory( ) ;
            }
            //  如果成功建立了 SessionFactory 对象,则通过 openSession 方法建立一个
                Session 对象
```

```
            session = (sessionFactory != null) ? sessionFactory.openSession
            () : null;
            // 将新建立的 Session 对象保存在 ThreadLocal 对象中
            threadLocal.set(session);
        }
        return session;
    }
    // 重新建立一个 SessionFactory 对象
    public static void rebuildSessionFactory()
    {
        try{
            configuration.configure(configFile);//装载 Hibernate 配置文件
            sessionFactory = configuration.buildSessionFactory();
            // 创建 SessionFactory 对象
        }
        catch(Exception e){
            System.err.println("%%%% Error Creating SessionFactory %%%%");
            e.printStackTrace();
        }
    }
    // 关闭 Session 对象
    public static void closeSession() throws HibernateException
{
// 从 ThreadLocal 对象中获得当前线程的 Session 对象
        Session session = (Session) threadLocal.get();
        // 删除 ThreadLocal 对象中当前线程的 Session 对象
        threadLocal.set(null);
        if(session != null){
            session.close();
        }
    }
    // 获得 SessionFactory 对象
    public static org.hibernate.SessionFactory getSessionFactory()
    {
        return sessionFactory;
    }
    // 设置新的 Hibernate 配置文件
    public static void setConfigFile(String configFile)
    {
        HibernateSessionFactory.configFile = configFile;
        sessionFactory = null;
    }
    // 获得 Configuration 对象
    public static Configuration getConfiguration()
    {
        return configuration;
    }
}
```

【代码说明】

在上述代码中，可以发现 MyEclipse 已经生成了会话工程类。使用这个自动生成的 HibernateSessionFactory 类，可以满足大多数用户的需求。如果读者需要使用其他的 IDE 来开

发基于 Hibernate 的应用，也可以使用 HibernateSessionFactory 类来建立 Session 对象。

4. 实现基于 Hibernate 框架的第一个程序

下面以 hibernate 应用程序为例，讲解基于 Hibernate 的开发过程，让读者体会开发过程中用到的技术及注意事项。

（1）创建数据库　在 MySql 数据库中建立一个数据表（t_message）。建立 t_message 表的 SQL 语句如下：

```
# 建立表 t_message
CREATE TABLE IF NOT EXISTS hibernate. t_message(
  id int(11)NOT NULL,
  name varchar(20)NOT NULL,
  PRIMARY KEY  (id)
)ENGINE = InnoDB DEFAULT CHARSET = UTF8;
```

（2）创建项目　创建 Java Web 项目 hibernate，通过前面所介绍的知识，使该项目支持 Hibernate 框架，该项目的最终目录结构如图 8 - 11 所示。

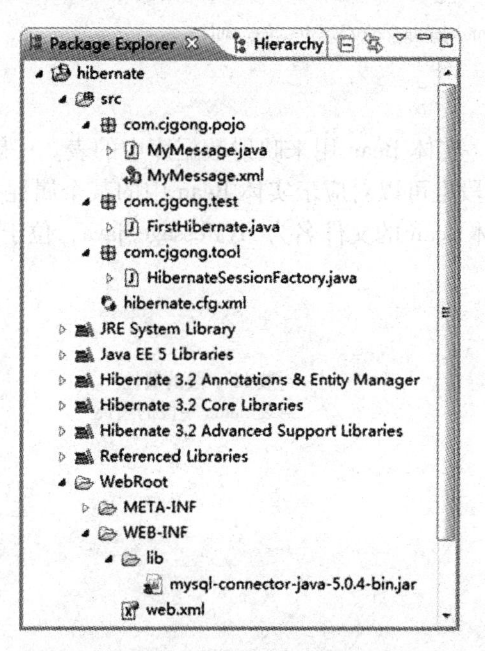

图 8 - 11　hibernate 的目录结构

（3）修改 Hibernate 配置文件　本例使用的配置文件的文件名为 hibernate. cfg. xml，位于 hibernate/src 目录中，该文件的内容如下：

```
<? xml version = '1.0' encoding = 'UTF - 8'? >
<! DOCTYPE hibernate - configuration PUBLIC
        " - //Hibernate/Hibernate Configuration DTD 3.0//EN"
        "http://hibernate. sourceforge. net/hibernate - configuration - 3.0. dtd" >
< hibernate - configuration >
< session - factory >
        <! --   配置用户   -->
```

```
        <property name="connection.username">root</property>
        <!--  配置 JDBC 连接数据库的 URL  -->
        <property name="connection.url">
          jdbc:mysql://localhost/hibernate
        </property>
        <!--  配置 Hibernate 数据库方言  -->
        <property name="dialect">
          org.hibernate.dialect.MySQLDialect
        </property>
        <!--  配置用户密码  -->
        <property name="connection.password">root</property>
        <!--  配置 JDBC 驱动类  -->
        <property name="connection.driver_class">
          com.mysql.jdbc.Driver
        </property>
        <!--  将 show_sql 属性设为 true  -->
        <property name="show_sql">true</property>
        <!--  指定映射文件  -->
        <mapping resource="com/cjgong/pojo/MyMessage.xml"/>
</session-factory>
</hibernate-configuration>
```

（4）创建实体 Bean　实体 Bean 用来映射数据库中的表。一般一个实体 Bean 对应于一个数据表，表中的每个字段也可以对应于实体 Bean 中的某个属性（字段不一定都有相对应的属性）。本例使用的实体 Bean 的文件名为 MyMessage.java，位于包 com.cjgong.pojo 中，其具体内容如下所示。

```
public class MyMessage
{
    private int id;                        // 封装 id 字段的属性
    private String name;                   // 封装 name 字段的属性
    // id 属性的 getter 方法
    public int getId()
    {
        return id;
    }
    // id 属性的 setter 方法
    public void setId(int id)
    {
        this.id = id;
    }
    // name 属性的 getter 方法
    public String getName()
    {
        return name;
    }
    // name 属性的 setter 方法
    public void setName(String name)
    {
        this.name = name;
    }
}
```

（5）创建映射文件　本例使用的映射文件的文件名为 MyMessage. xml，位于包 com. cjgong. pojo 中，其具体内容如下所示。

```
<? xml version = "1.0"? >
<! DOCTYPE hibernate - mapping PUBLIC
 " - //Hibernate/Hibernate Mapping DTD//EN"
 "http://hibernate. sourceforge. net/hibernate - mapping - 3.0. dtd" >
< hibernate - mapping >
    <! -- 将 MyMessage 类和 t_message 关联起来 -->
    < class name = "com. cjgong. pojo. MyMessage" table = "t_message" >
        <! -- 将 id 属性和 id 字段关联起来 -->
        < id name = "id" column = "id" type = "int" / >
        <! -- 将 name 属性和 name 字段关联起来 -->
        < property name = "name" column = "name" / >
    </class >
</hibernate - mapping >
```

（6）创建会话工程（SessionFactory）类　本例使用的会话工程类的文件名为 HibernateSessionFactory. java，位于包 com. cjgong. tool 中。

（7）创建测试类　本例使用的测试类的文件名为 FirstHibernate，位于包 com. cjgong. test 中，通过会话工程类实现向数据库表 t_ message 中插入一条记录，其具体内容如下所示。

```
public class FirstHibernate
{
    public static void main(String[ ] args)throws Exception
    {
        //获取 session 对象
        Session session = HibernateSessionFactory. getSession( ) ;
        //获取事务对象
        Transaction tx = null;
        java. io. InputStreamReader isr = new java. io. InputStreamReader( System. in) ;
        java. io. BufferedReader br = new java. io. BufferedReader( isr) ;
        String s = "";
        System. out. print("请输入 id 和 name(以逗号分隔,输入 q 退出程序):") ;
        while( ! (s = br. readLine( ) ). trim( ). equals("") )
        {
        if( s. equalsIgnoreCase("q") )
            break;
        String[ ] input = s. split(",") ;                                  // 分隔字符串
        if( input. length > 1)
        {
            try
            {
                int id = Integer. parseInt( input[0] ) ;
                String name = input[1] ;
                //创建对象 message
                MyMessage message = new MyMessage( ) ;
                message. setId( id) ;
                message. setName( name) ;
                try
                {
```

```
                    tx = session. beginTransaction( );                          // 开始事务
                    session. save( message) ;                                   // 保存数据
                    tx. commit( ) ;                                             // 提交事务
                    System. out. println("插入成功!") ;
                }
                catch( Exception e)
                {
                    System. out. println( e. getMessage( ) ) ;
                }
            }
            catch( Exception e)
            {
                System. out. println( e. getMessage( ) ) ;
            }
        }
        System. out. print("请输入 id 和 name(以逗号分隔,输入 q 退出程序):") ;
    }
    session. close( ) ;                                                         // 关闭 session 对象
}
}
```

（8）运行　运行测试类 FirstHibernate. java，控制台就会输出提示信息。按照提示信息输入信息（1，cjgong），按〈Enter〉键，系统将输出“插入成功”信息（见图 8－12）。查看数据库信息如图 8－13 所示。

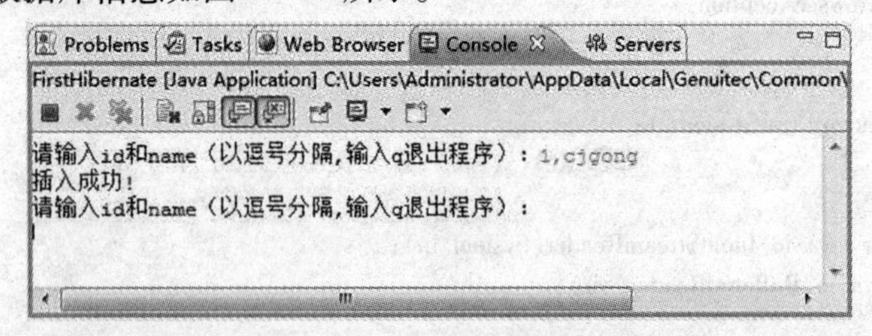

图 8－12　控制台信息

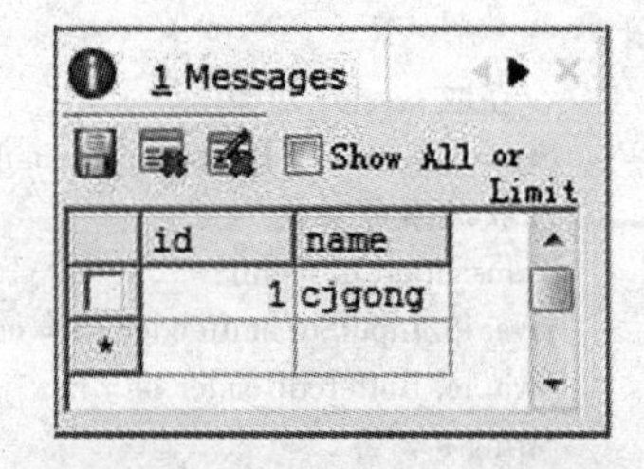

图 8－13　数据库中表的信息

8.2.3　转换案例

在本项目中，以用户登录模块为例讲解转换过程，即在第 7 章转换案例的基础上进行开发。导入第 7 章的转换案例，修改其名为 shophibernate，通过 MyEclipse 使该案例支持 Hibernate 框架，具体目录结构如图 8－14 所示。

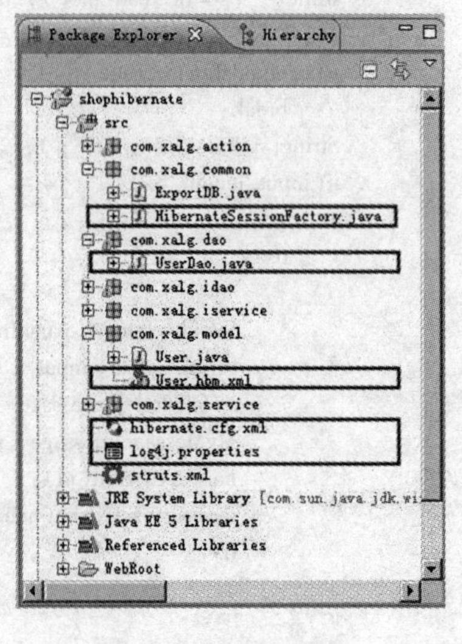

图 8－14　目录结构

小贴士　在图 8－14 所示的目录结构中，所标注的文件为需要修改或添加内容的部分。

（1）创建 Hibernate 配置文件　本例使用的配置文件的文件名为 hibernate. cfg. xml，位于 shophibernate/src 目录中，其具体内容如下所示。

```
<? xml version = '1.0' encoding = 'UTF - 8'? >
<! DOCTYPE hibernate - configuration PUBLIC
        " - //Hibernate/Hibernate Configuration DTD 3.0//EN"
        "http://hibernate.sourceforge.net/hibernate - configuration - 3.0.dtd" >
< hibernate - configuration >
< session - factory >
        <! --   配置用户   -->
        < property name = "connection.username" > root </property >
        <! --   配置 JDBC 连接数据库的 URL   -->
        < property name = "connection.url" >
            jdbc:mysql://localhost/shophibernate
        </property >
        <! --   配置 Hibernate 数据库方言   -->
        < property name = "dialect" >
            org.hibernate.dialect.MySQLDialect
        </property >
        <! --   配置用户密码   -->
        < property name = "connection.password" > root </property >
        <! --   配置 JDBC 驱动类   -->
        < property name = "connection.driver_class" >
            com.mysql.jdbc.Driver
        </property >
        <! --   将 show_sql 属性设为 true   -->
        < property name = "show_sql" > true </property >
        <! --   指定映射文件   -->
        < mapping resource = "com/xalg/model/User.hbm.xml" / >
</session - factory >
</hibernate - configuration >
```

(2) 创建映射文件　本例使用的映射文件的文件名为 User.hbm.xml，位于包 com.xalg.model 中，其具体内容如下所示。

```
<? xml version = "1.0" encoding = "utf - 8"? >
<! DOCTYPE hibernate - mapping PUBLIC " - //Hibernate/Hibernate Mapping DTD 3.0//EN"
"http://hibernate.sourceforge.net/hibernate - mapping - 3.0.dtd" >
< hibernate - mapping >
    <! -- 将 User 类和 shop_user 关联起来 -->
    < class name = "com.xalg.model.User" table = "shop_user" catalog = "shop" >
        <! -- 将 id 属性和 id 字段关联起来 -->
        < id name = "id" type = "java.lang.Integer" >
            < column name = "id" / >
            < generator class = "native" > </generator >
        </id >
        <! -- 将 name 属性和 name 字段关联起来 -->
        < property name = "name" type = "java.lang.String" >
            < column name = "name" length = "20" / >
        </property >
        <! -- 将 password 属性和 password 字段关联起来 -->
        < property name = "password" type = "java.lang.String" >
            < column name = "password" length = "50" / >
        </property >
        <! -- 将 question 属性和 question 字段关联起来 -->
        < property name = "question" type = "java.lang.String" >
```

```
        <column name="question"/>
    </property>
    <!--将 answer 属性和 answer 字段关联起来-->
    <property name="answer" type="java.lang.String">
        <column name="answer"/>
    </property>
    <!--将 tel 属性和 tel 字段关联起来-->
    <property name="tel" type="java.lang.String">
        <column name="tel" length="11"/>
    </property>
    <!--将 money 属性和 money 字段关联起来-->
    <property name="money" type="java.lang.Integer">
        <column name="money"/>
    </property>
    <!--将 jifen 属性和 jifen 字段关联起来-->
    <property name="jifen" type="java.lang.Integer">
        <column name="jifen"/>
    </property>
    <!--将 flag 属性和 flag 字段关联起来-->
    <property name="flag" type="java.lang.Integer">
        <column name="flag"/>
    </property>
  </class>
</hibernate-mapping>
```

（3）修改 UserDao 类　在 UserDao 类的 findUser 方法中，原来是通过 JDBC 驱动实现数据库操作，现在需要通过 Hibernate 框架所提供的类来实现数据库操作，修改后的文件内容如下所示。

```
public class UserImp implements UserDAO {
    ……
    //验证用户能否登录
    public boolean findUser(String name1, String pass) {
        boolean flag = false;                                   //用户登录失败
        //编写 SQL 语句
        String sql = "from User u where u.name = ? and u.password = ?";
        //获取 query 对象
        Query query = HibernateSessionFactory.getSession().createQuery(sql);
        //设置占位符的值
        query.setParameter(0, name1);
        query.setParameter(1, pass);
        List users = query.list();                              //执行 SQL 语句
        if(users.size() != 0) {
            flag = true;                                        //用户存在
        }
        HibernateSessionFactory.closeSession();                 //关闭 session 对象
        return flag;
    }
}
```

（4）部署并运行项目　将项目发布到服务器并通过浏览器访问。关于 shophibernate 项目的发布请参考第 7 章的 7.3 节的内容。

8.3　总 结

本章首先对 Hibernate 框架进行了简单介绍，使读者对该框架有了一个初步的认识。然后采用 Struts + Hibernate 将在线购物系统中的用户登录模块进行转换，引导读者学习 Hibernate 框架在 Java Web 项目中的应用。请读者参考转换案例，将在线购物系统中的其他模块功能通过 Struts + Hibernate 框架技术实现。

第 9 章将简要学习 Spring 框架在 Java Web 项目中的应用。

第 9 章

基于 Struts + Hibernate + Spring 的在线购物系统的实现

本章导读

- 9.1 Spring 简介
- 9.2 基于 Spring 的在线购物系统的实现
- 9.3 总结

教学目标

本章在第 8 章的基础上，以“登录”模块讲解如何使用 Struts + Hibernate + Spring 框架开发在线购物系统，引导读者了解 Struts + Hibernate + Spring 框架在 Java Web 项目中的简单应用。

9.1 Spring 简介

Spring 是一个开源框架，由 Rod Johnson 组织和开发的，其目的是为了简化企业级开发。虽然企业级应用比较复杂，但并不是所有的应用都非常复杂。因此，对于那些并不复杂的企业应用，如果使用 EJB 这样的企业级组件，就需要像处理复杂应用那样按照烦琐的步骤来进行。而如果使用 Spring，就会使应用复杂度和实现的复杂程度成正比。也就是说，越复杂的企业应用，实现起来也会越复杂，而相对简单的企业应用，实现起来也比较轻松。

9.1.1 Spring 的主要特性

为了更高效地使用 Spring，需要了解 Spring 的如下特性。

（1）Spring 是一个非入侵（non-invasive）框架　它可以使应用程序代码对框架的依赖最小化。在 Spring 中配置 JavaBean 时甚至不需要引用 Spring API，而且还可以对很多旧系统中未使用 Spring 的 Java 类进行配置。

（2）Spring 提供了一种一致的、在任何环境下都可以使用的编程模型　Spring 应用程序不仅可以运行在 J2EE 和 Web 环境中，也可以运行在其他环境中，如桌面程序。在 Spring 中提供了一种编程模型来隔离应用程序代码和运行环境，以使代码对运行环境的依赖达到最小化。

（3）Spring 可以提高代码的重用性　Spring 可以将应用程序中的某些代码抽象出来（一般是在 XML 中配置），以便这些代码可以在其他的程序中使用。

（4）Spring 可以使系统架构更容易选择　Spring 的目标之一就是使应用的每一层都可以更容易替换。例如，在中间层可以在不同的 O/R 映射框架之间切换，而这种切换过程对逻辑的影响是非常小的；或是切换不同的 MVC 框架（Struts、Spring MVC、WebWork 等），这样做并不影响系统的中间层。

（5）Spring 并不重造轮子　尽管 Spring 所涉及的范围非常广，但是大多数应用并没有自己的实现，如 O/R 映射就是使用了很多流行的框架，如 Hibernate。还有像连接池、分布式事务、远程协议或其他的系统服务，Spring 也是使用了已经存在的解决方案，而不是自己去创造。这样做的好处是可以尽量保护投资，即开发人员仍然可以在 Spring 中使用旧的框架来实现自己的应用程序。

9.1.2　Spring 的核心技术

在 Spring 中提供了以下的核心技术。

（1）反向控制（Inversion of Control，IoC）和依赖注入　当一个对象需要另外一个对象时，在传统的设计过程中，往往需要通过调用者来创建被调用者的对象实例。但在 Spring 中，创建被调用者的工作不再由调用者来完成，也就是说，调用者被剥夺了创建被调用者的权利。因此，这种设计模式被称为反向控制。在反向控制模式下，一般被调用者的创建是由 Spring IoC 来完成的，因此，也称为依赖注入。

（2）面向方面编程（AOP）　AOP 是近年来比较热门的编程方式，但它并不能取代 OOP，只是作为 OOP 的扩展和补充。在 OOP 中，类和接口的关系是一个层次结构（或称为树结构），子类（子节点）会自动继承父类（父节点）的所有特性。这种继承关系虽然使代码重用达到了一定的高度，但在某些情况下，代码仍然会出现冗余。例如，要想在同一层的兄弟节点（或是在一些指定的节点）都插入一段写日志的代码，那么在这种情况下，如果采用 OOP 思想，最简单的做法是将写日志的功能封装在一个类中，然后在要写日志的类中调用。但这样做有一个问题，如果要将写日志的功能关闭，或传递不同的参数，就需要修改很多个调用点，而且很容易出错。而使用 AOP，这个问题就可以迎刃而解了。

AOP 采用的是一种“横向切割”的方式（OOP 实际上是“纵向继承”）进行编程。所谓横向切割，就是将类层次树横向切一刀，并且会自动在这一刀所波及的类（节点）中插入相同的代码。也就是说，横向切割的作用就是找到符合某一规则的类（如以 Test 开头的类），并在这些类中统一插入代码。而这些被插入的代码并不在类中，而是写在了方面（Aspect）中，Aspect 在 AOP 中的地位相当于 Class 在 OOP 中的地位。这样在修改这些代码时，只需要修改 Aspect 中的代码，所有被插入的代码就会自动更改。

在 Spring 中提供了自己的 AOP 框架，称为 Spring AOP，当然，Spring 也可以使用其他的 AOP 框架，如 AspectJ、JBoss AOP 等。

（3）一致性抽象　Spring 所使用的大多数框架并不是自己提供的，而是使用了现成的框架，并且对同类的框架提供了相同的访问接口，如基于 MVC 的 Web 框架和 ORM 框架等。

（4）异常处理　在 Spring 中提供了统一的异常类，如数据访问层的 org. springframework.

dao. DataAccess Exception。而且这些类实际上是 RuntimeException 的子类，并不需要使用 try…catch 进行捕捉，因此，可以使处理异常的代码最小化。

（5）资源管理　Spring 可以管理很多其他的资源，如 JDBC、JNDI、JTA 等，这使得管理这些资源变得更容易。

9.1.3　在应用程序中使用 Spring

在应用程序中使用 Spring 框架非常简单，只要在 CLASSPATH 环境变量中指定 Spring 框架的 jar 包，就可以在程序中像使用其他的 jar 包一样使用 Spring。但要想在 Java Web 程序中使用 Spring 框架，除了加入 Spring 框架的 jar 包，还需要进行一些配置。如果系统比较大，那么应用 Spring 框架将会产生非常大的工作量。因此，要想更好地使用 Spring，就需要一个支持 Spring 的 IDE。MyEclipse 是用于开发 J2EE 应用的 IDE，在 MyEclipse 中不仅支持大多数 Spring 配置，还可以自动生成一些相关的 Java 代码。

1. MyEclipse 8.5 对 Spring 的支持

在 MyEclipse 8.5 中已经支持了 Spring 3.1，使用步骤如下。

1）选择项目工程，选择“MyEclipse”→“Add Spring Capabilities”菜单，打开“Add Spring Capabilities”窗口，并按照图 9-1 所示设置各类选项。

2）单击“Next”按钮，进入如图 9-2 所示的设置页面，设置 Spring 配置文件名并保存目录。在默认情况下，Spring 的配置文件名为 applicationContext. xml，保存目录是 src。一般并不需要修改这一页的设置。

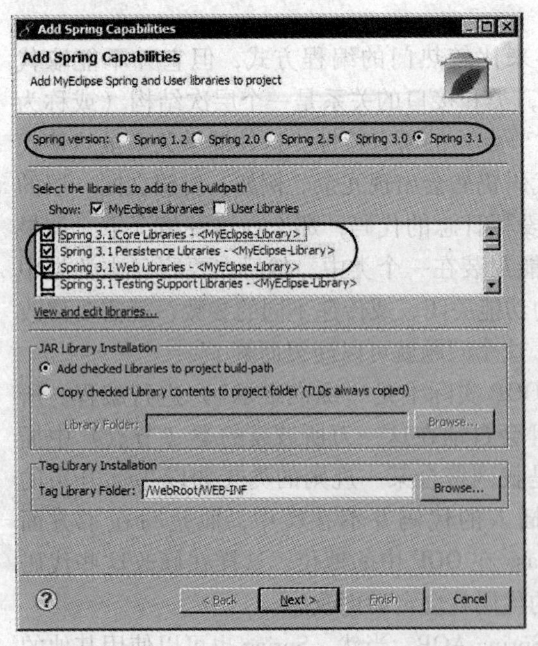

图 9-1　设置 Spring 版本和所使用的库

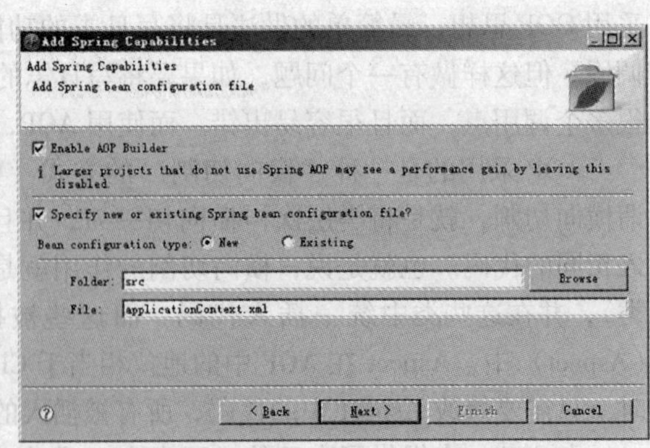

图 9-2　设置 Spring 配置文件名并保存目录

3）单击“Next”按钮，进入如图 9-3 所示的设置页面。

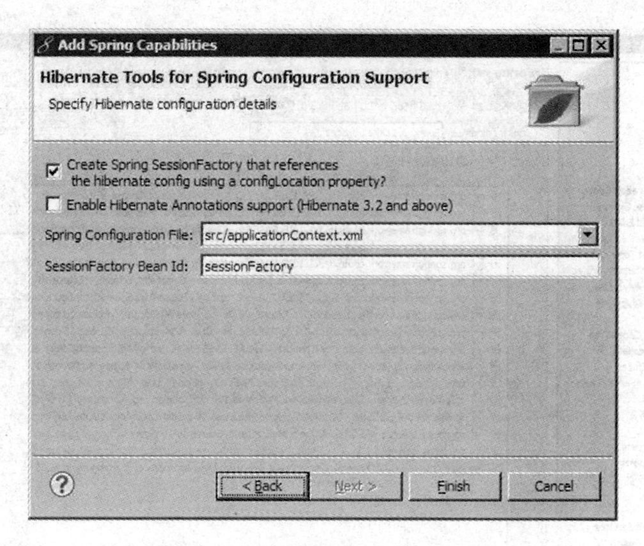

图 9-3 设置 Hibernate 会话工程

图 9-3 所示的页面主要用来设置 Hibernate 会话工程。MyEclipse 会将这些配置添加到 applicationContext. xml 文件中。在程序中可以通过该会话工程建立 Hibernate Session 对象。

4）单击“Finish”按钮，此时 MyEclipse 除了向项目工程添加了相关的包外，还添加了一个 applicationContext. xml 文件，该文件用于配置 Spring 框架中所需的资源。MyEclipse 生成的默认代码如下：

```
<?xml version="1.0" encoding="UTF-8"?>
<beans xmlns="http://www.springframework.org/schema/beans"
    xmlns:xsi="http://www.w3.org/2001/XMLSchema-instance"
xmlns:p="http://www.springframework.org/schema/p"
    xsi:schemaLocation="http://www.springframework.org/schema/beans
http://www.springframework.org/schema/beans/spring-beans-3.1.xsd">
    <!-- 设置会话工程 -->
    <bean id="sessionFactory"
    class="org.springframework.orm.hibernate.LocalSessionFactoryBean">
        <property name="configLocation" value="classpath:hibernate.cfg.xml">
        </property>
    </bean>
</beans>
```

上述配置代码中的 <bean> 标签就是图 9-3 所示的设置界面中配置的会话工程。

2. 下载和安装 Spring

如果读者想使用 Spring 的更新版本 Spring 3.1，可以到以下地址下载“http://www.springframework.org/download”。读者可以选择“Window”→“Preferences”菜单，打开“Preferences 对话框来引用 Spring 的 jar 包。在“Preferences 对话框左侧的树结构中选择“MyEclipse”→“Project Capabilities”→“Spring“结点。在右侧出现了 Spring 各种版本的标签，选择“Spring 3.1”标签，如图 9-4 所示。

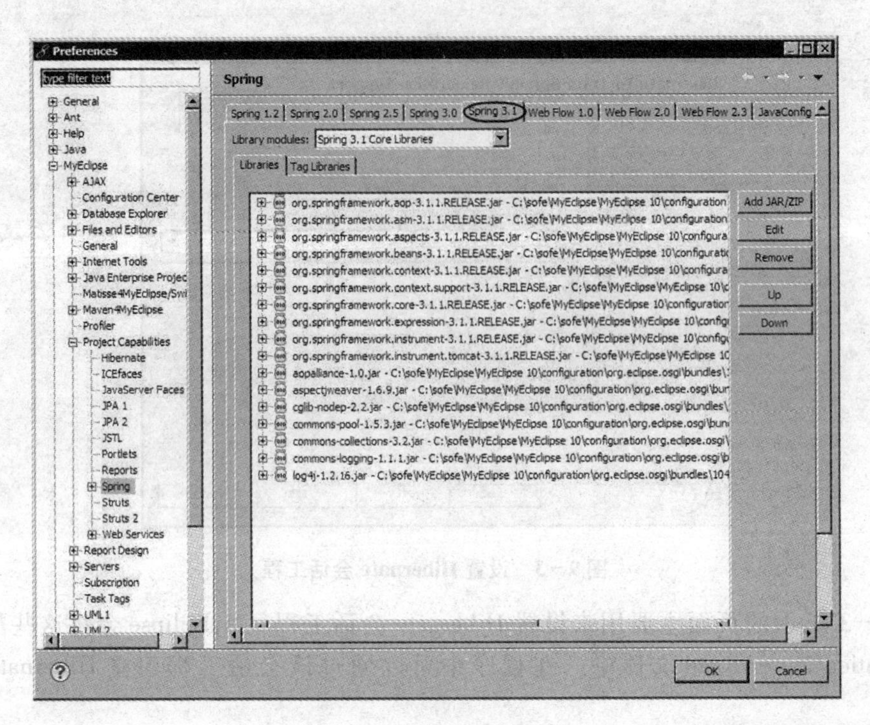

图 9-4　配置 Spring 3.1

在“Library modules”下拉列表框中选择相应的 Spring 组件，并通过单击“Add JAR/ZIP”按钮来增加特定版本的 Spring jar 包。如果要覆盖某个 jar 包，则应在列表中删除原 jar 包（单击“Remove”按钮删除），再添加新的 jar 包。

按照上述方法设置完 Spring 3.1 后，MyEclipse 中所有引用 Spring 3.1 的工程都会自动更新为新设置的 Spring jar 文件。

9.2　基于 Spring 的在线购物系统的实现

9.2.1　任务说明

使用 Struts + Hibernate + Spring 框架实现在线购物系统的用户登录模块，并能正确发布。

9.2.2　技术要点

对于 Spring 框架，其能够实现的功能很多，核心技术要点如下。

1. Spring 中的依赖注入

所谓依赖注入，实际上就是装配 Bean，即在 Spring 框架的核心配置文件中配置文件 JavaBean 的相关信息，然后由 Spring 框架读取该配置文件，并创建相应 JavaBean 对象实例的过程，具体方式有两种，即设值注入方式和构造函数注入方式。

（1）设值注入方式　所谓设值注入，就是通过 setXXX 方法来完成依赖注入，这种方式的灵活度很高，因此在 Spring 框架中被大量使用。

(2) 构造函数注入方式　所谓构造函数注入，就是通过构造函数来完成特定关系的依赖注入。使用构造函数注入能决定依赖关系的注入顺序，避免了烦琐的 setter 方法的编写，提高了程序的可读性。但是如果依赖关系复杂，构造函数也会显得臃肿，此时选择设值注入方式更好一些。

2. 认识 Spring AOP

为了更好地理解 AOP，就需要对 AOP 的相关术语有一些了解，主要包括方面、通知、连接点、切入点、目标、代理和织入。下面详细介绍有关 AOP 的一些术语的含义。

1) 方面 (Aspect): 方面相当于 OOP 中的类，就是封装用于横插入系统的功能，日志是最典型的方面。可以创建一个日志切面来为系统提供日志功能。

2) 通知 (Advice): 在 OOP 中，代码一般要写在类的方法中。AOP 用于横切的代码不能写在方法中，而需要写在和方法类似的实体中，这个实体被称为通知。因此，AOP 中的通知相当于 OOP 中的方法，是编写实际代码的地方。

3) 连接点 (Joinpoint): 连接点是应用程序执行过程中插入方面的地点，这个地点可以是方法调用、异常抛出或类的字段。在 Spring AOP 中，只支持在方法调用和异常抛出中插入方面代码。

4) 切入点 (Pointcut): 切入点定义了通知要应用的连接点。通常，这些切入点指的是类或方法名。例如，某个通知要应用于所有以 method 开头的方法中，那么所有满足这个规则的方法都是切入点。

5) 目标 (Target): 目标可以是类或接口。因此，也可将其称为目标类或目标接口。总之，目标就是 AOP 要拦截的靶子。如果没有 AOP，在目标中就会包含主要逻辑和与其交叉的业务逻辑。如果使用 AOP，在类中只需关注主要逻辑，而这些交叉的业务逻辑就可以用 AOP 来插入到相应的切入点中。

6) 代理 (Proxy): 代理实际上也是类，也可以将这个类看作目标类的子类，或是实现了目标接口的类。AOP 在工作时通过代理对象（代理类建立的对象实例）来访问目标对象，从而达到在目标对象中插入方面代码的目的。

7) 织入 (Weaving): 在目标对象中插入方面代码的过程称为织入。织入可以在编译（如 AspectJ）或运行时（如 Spring AOP）进行。

3. Struts、Hibernate 和 Spring 框架的整合

Struts、Hibernate 和 Spring 三大框架的整合步骤如下。

(1) 修改数据访问层　三大框架的整合首先应修改数据访问层。从这一层的组件类可以看出，每一个方法都有一个 Session 类型的参数。从这一点可以看出，在数据访问层直接访问了 Hibernate 的 Session 对象。而整合 Spring 框架后，可以使用 HibernateTemplate 对象代替 Session 对象，并且该对象可以在组件类的构造方法中传入相应的组件类。

(2) 装配业务逻辑层　通过 Spring 框架将数据库访问层的组件类装配到业务逻辑层。

(3) 装配 Action 层　虽然数据访问层和业务逻辑层对象都使用了 Spring 进行装配，但在 Action 中要想使用这些装配的对象，就需要使用 ApplicationContext 对象指定 applicationContext. xml 文件的位置，并通过 getBean 方法获得相应的对象实例。在每一个 Action 类中都要包含这样的代码，这显然是重复的。为了避免写这样的代码，需要使用 Struts 提供的 Spring 插件来自动完成这个工作。

4. 实现基于 Spring 框架的第一个程序

下面以 spring 应用程序为例讲解基于 Spring 的开发过程，并体会开发过程中用到的技术及注意事项。

(1) 创建项目　创建 Java Web 项目 spring，通过 8.2 节所介绍的知识，使该项目支持 Spring 框架，该项目的最终目录结构如图 9-5 所示。

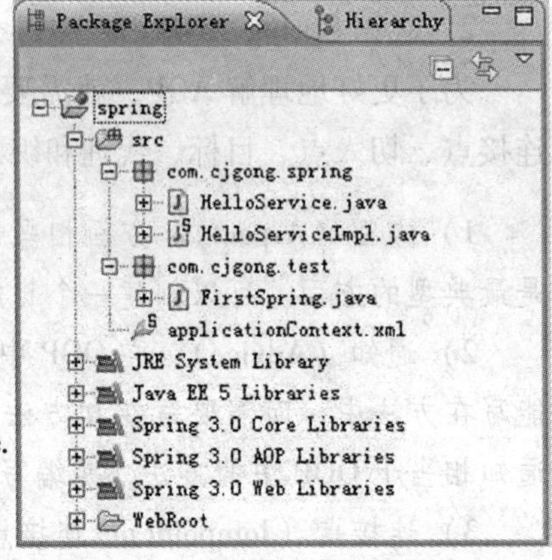

图 9-5　spring 的目录结构

(2) 创建接口　本例使用的接口文件名为 HelloService. java，位于 spring/src/com. cjgong. spring 目录中。在该接口中定义了一个 getGreeting 方法，该方法返回一句问候语，该文件的内容如下所示。

```
//设置接口 HelloService
public interface HelloService
{
    public String getGreeting( );
}
```

(3) 创建接口实现类　本例使用的实现类的文件名为 HelloServiceImpl. java，位于 spring/src/com. cjgong. spring 目录中，该文件的内容如下所示。

```
//实现接口 HelloService 的类 HelloServiceImpl
public class HelloServiceImpl implements HelloService
{
    private String greeting;
    //  greeting 属性的 getter 方法
    public String getGreeting( )
    {
        return "hello " + greeting;
    }
    //  greeting 属性的 setter 方法
    public void setGreeting(String greeting)
    {
        this. greeting = greeting;
        System. out. println("设置 greeting 属性");
    }
}
```

(4) 创建 Spring 配置文件　本例使用的配置文件名为 applicationContext. xml，位于 src 目录中，该文件的内容如下所示。

```
<?xml version="1.0" encoding="UTF-8"?>
<beans xmlns="http://www.springframework.org/schema/beans"
    xmlns:xsi="http://www.w3.org/2001/XMLSchema-instance"
xmlns:p="、//www.springframework.org/schema/p"
    xsi:schemaLocation="http://www.springframework.org/schema/beans
http://www.springframework.org/schema/beans/spring-beans-3.1.xsd">
    …
    <!--  装配 HelloServiceImpl  -->
    <bean id="greeting" class="com.cjgong.spring.HelloServiceImpl">
    <!--  初始化 greeting 属性  -->
        <property name="greeting">
            <value>cjgong</value>
        </property>
    </bean>
</beans>
```

【代码说明】

在上述配置代码中，每一个 JavaBean 都对应一个 <bean>标签。其中，id 属性是给这个 JavaBean 起的别名，也是唯一标识这个 JavaBean 的名字。class 属性的值是类的全名（package. classname）。<property>子标签用来使用 JavaBean 的 setter 方法装配 greeting 属性。

（5）创建测试类　本例使用的测试类的文件名为 FirstSpring. java，位于 spring/src/com. cjgong. test 目录中，通过依赖注入方式实现输出“问候语”，该文件的内容如下所示。

```
public class FirstSpring
{
    public static void main(String[] args)
    {
        //  装配 applicationContext.xml 文件
        ApplicationContext context = new FileSystemXmlApplicationContext(
                "src\\applicationContext.xml");
        //  获得被装配的 HelloService 对象实例
        HelloService hello = (HelloService)context.getBean("greeting");
        //  输出 greeting 属性的值
        System.out.println(hello.getGreeting());
    }
}
```

【代码说明】

在上述代码中，使用 ApplicationContext 接口的 getBean 方法获得了一个名为“greeting”的被装配的 Bean。

（6）运行　运行测试类 FirstSpring. java，控制台就会输出如图 9-6所示的内容，其中第 1 行输出结果为装配 Hello Service 对象实例时，执行 Hello Servia Impl 类的 setGreeting( )方法时的输出内容。

```
设置greeting属性
hello cjgong
```

图 9-6　测试结果

9.2.3 转换案例

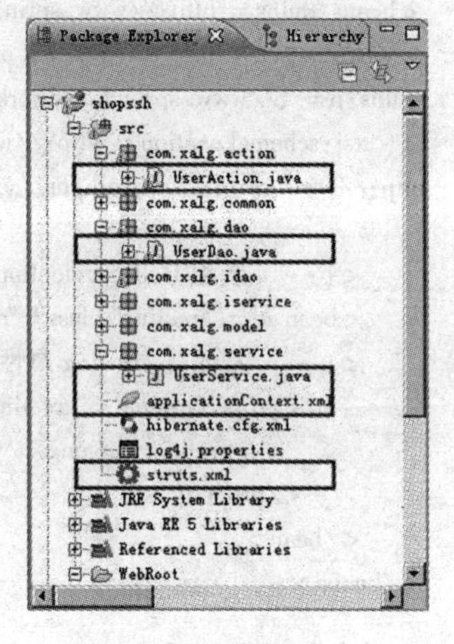

图 9-7 目录结构

在本项目中，以用户登录模块为例讲解转换过程，即在第8章转换案例的基础上进行开发。导入第8章的转换案例，修改其名为 shopssh，通过 MyEclipse 使该案例支持 Spring 框架，具体目录结构如图 9-7 所示。

小贴士 在图9-6所示的目录结构中，所标注的文件为需要修改或添加内容的部分。

（1）修改 UserDao 类　在 UserDao 类的 findUser 方法里，原来是通过 Hibernate 框架中的会话工程类（HibernateSessionFactory）来实现数据库操作，现在需要通过 Spring 框架中的 Hibernate 模板类（HibernateTemplate）来实现数据库操作，修改后的文件内容如下所示。

```
public class UserImp implements UserDAO {
    // HibernateTemplate 类型属性
    private HibernateTemplate hibernateTemplate;
    public HibernateTemplate getHibernateTemplate() {
        return hibernateTemplate;
    }
    public void setHibernateTemplate(HibernateTemplate hibernateTemplate) {
        this.hibernateTemplate = hibernateTemplate;
    }
    //验证用户能否登录
    public boolean findUser(String name1, String pass) {
        boolean flag = false;                                  //用户登录失败
        try {
            //编写 SQL 语句
            String hql ="from User as u where u.name = ? and u.password = ?";
            //执行 SQL 语句,获取符合条件的对象
            List users = hibernateTemplate.find(hql,
            new String[] { name1, pass });
            if(users.size() != 0) {
            flag = true;                                       //用户存在
            }
        } catch(RuntimeException ex) {
            ex.printStackTrace();
        }
        return flag;
    }
    ......
}
```

【代码说明】

在上述代码中，hibernateTemplate 属性的值需要使用 Spring 框架中的依赖注入方式实现自动创建。完成上述工作的配置代码如下所示。

```
<!--  指定 hibernate. cfg. xml 文件的位置   -->
<bean id = "sessionFactory" class = "org. springframework. orm. hibernate3. Local SessionFactoryBean" >
    <property name = "configLocation"
        value = "classpath:hibernate. cfg. xml" >
    </property >
</bean >
<!--  装配 HibernateTemplate 对象   -->
<bean id = "hibernateTemplate"class = "org. springframework. orm. hibernate3.  HibernateTemplate" >
    <property name = "sessionFactory" ref = "sessionFactory" / >
</bean >
<!--  装配 UserImp 对象   -->
<bean id = "userDao" class = "com. xalg. dao. UserDao" >
    <property name = "hibernateTemplate" ref = "hibernateTemplate" > </property >
</bean >
```

【代码说明】

在上述配置代码中，首先装配了 LocalSessionFactoryBean 和 HibernateTemplate 对象，然后将装配好的 HibernateTemplate 对象传入 UserImp 对象实例。

（2）修改 UserService 类　在 UserService 类中，原来需要通过接口编程的方式来初始化数据访问层实例对象，现在需要通过 Spring 框架依赖注入该实例对象，修改后的文件内容如下所示。

```
public class UserServiceImp implements UserService {
    private UserDAO ud;                                    // 创建属性 ud
    public UserDAO getUd( ) {
        return ud;
    }
    public void setUd( UserDAO ud) {
        this. ud = ud;
    }
    //实现登录方法
    public boolean login( String name, String pass) {
        return ud. authUser( name, pass) ;              //通过调用数据库访问层 ud 的方法来实现用户登录功能
    }
}
```

【代码说明】

在上述代码中，ud 属性的值，需要使用 Spring 框架中的依赖注入方式来实现，而不是使用原来的手动编程赋值。完成上述工作的配置代码如下所示。

```
<!--  装配 UserServiceImp 对象   -->
<bean id = "userService" class = " com. xalg. service. UserService" >
    <property name = "ud" ref = "userDao" > </property >
</bean >
```

（3）修改 UserAction 类　虽然数据库访问层类（UserDao）和业务逻辑层类（UserService）对象都使用了 Spring 进行装配注入。但在 UserAction 中要想使用这些装配的对象，就需要使用 Struts 框架提供的 Spring 插件来自动完成这个工作。该插件是 struts2 - spring - plugin - 2. 1. 6. jar，可以在 Struts 的发行包中找到。使用 Spring 插件的目的是通过装配注入的方式来自动装配 LoginAction 中的属性，修改后的文件内容如下所示。

```
public class UserAction extends ActionSupport implements ModelDriven<User> {
    private User user;                                         //创建属性 user
    private IUserService;                                      //创建业务逻辑层对象属性
    @Override
    public User getModel() {                                   //实现接口 ModelDriven 中的方法
        if(user == null) {
            user = new User();
        }
        return user;
    }
    @Override
    public String execute() throws Exception {                 //重写执行方法
        //调用业务逻辑层的用户登录方法
        boolean flag = us.loginUser(user.getName(), user.getPassword());
        if(flag) {                                             //登录成功
            return SUCCESS;
        } else {                                               //登录失败
            return ERROR;
        }
    }
    public User getUser() {                                    //关于属性 user 的 getter 和 setter 方法
        return user;
    }
    public void setUser(User user) {
        this.user = user;
    }
    public IUserService getUs() {                              //关于属性 us 的 getter 和 setter 方法
        return us;
    }
    public void setUs(IUserService us) {
        this.us = us;
    }
}
```

【代码说明】

在上述代码中，当 Action 被访问时，Spring 插件会自动实例化 User 和 UserService 对象，然后即可通过 UserService 类的相关方法实现用户登录功能。

上面代码中 us 属性的值，需要使用 Spring 框架中的依赖注入方式实现自动创建。完成这些工作的配置代码如下所示。

```
<!-- 装配 User 对象 -->
<bean id="user" class="com.xalg.model.User"></bean>
<!-- 装配 LoginAction 对象 -->
<bean id="userAction" class="com.xalg.action.UserAction" scope="prototype">
    <property name="us" ref="userService"></property>
</bean>
```

【代码说明】

在上述配置代码中，将装配好的 User 和 UserService 对象传入 UserAction 对象。

在 Struts 框架中，所有的请求都会交给 Action 类对象处理，因此需要在 struts.xml 中配置伪控制器，配置代码如下所示。

```
<!-- 配置伪控制器 -->
<action name = "Login" class = "userAction">
    <result name = "success">/loginSuccess. jsp</result>
    <result name = "error">/loginFail. jsp</result>
</action>
```

【代码说明】

在上述配置代码中，class 属性的值必须与装配 UserAction 对象的 id 值一致。

（4）初始化 Spring 容器　所谓初始化 Spring 容器，就是当项目一启动，就自动加载 Spring 框架的配置文件 applicationContext. xml，初始化该文件装配的所有 Bean 对象。通过配置 web. xml 文件，即可实现上述功能，具体内容如下所示。

```
<!-- 添加监听器 -->
<listener>
    <listener-class>org. springframework. web. context. ContextLoaderListener</listener-class>
</listener>
<!-- 指定 Spring 配置文件的位置 -->
<context-param>
    <param-name>contextConfigLocation</param-name>
    <param-value>classpath:applicationContext. xml</param-value>
</context-param>
```

（5）部署并运行项目　将项目发布到服务器并通过浏览器访问。关于 shopssh 项目的发布请参考 7. 3 节的内容。

9.3 总结

本章首先对 Spring 框架进行了简单介绍，使读者对该框架有了一个初步的认识。然后，采用 Struts + Hibernate + Spring 框架将在线购物系统中的用户登录模块进行转换，引导读者学习 Spring 框架在 Java Web 项目中的应用。请读者参考转换案例，将在线购物系统的其他模块功能通过 Struts + Hibernate + Spring 框架技术实现。

附　录

编码规范对于程序员而言尤为重要，有以下几个原因：

1）在一个软件的生命周期中，80% 的时间用于维护。

2）几乎没有任何一个软件，在其整个生命周期中均由最初的开发人员来维护。

3）编码规范可以改善软件的可读性，可以让程序员尽快且彻底地理解新代码。

因此，每个软件开发人员必须一致遵守编码规范。

附录 A　命名规范

1. 工程名、包名和文件夹名

1）工程名：采用缩写的形式，所有字母均小写。

2）包　名：由小写字母构成，用圆点（.）分隔划分层次。一般格式为公司域名最后部分. 项目名称. 包的分类名。例如，com. xalg. xyw。

在包名中，如果采用分层架构设计 Web 系统，则控制层、业务层接口、业务层、数据访问层接口、数据访问层、实体类（模型层）、公共类和标签类等一般使用 action、iservice、service、idao、dao、model、common 和 tag 作为包的分类名。

3）文件夹名：在视图层划分文件夹可以方便文件的管理。文件夹名用小写单词。视图层一般按照领域模型类来命名文件夹，如在线购物系统涉及后台管理，因此可以建立 admin 文件夹。另外，还有 images、js、css 等文件夹用来存储图像、样式表和 JavaScript 脚本文件等。

2. 文件名

类的文件名与类名同名，扩展命名为. java。JSP 网页的文件名可根据具体功能命名，如注册、浏览，首页分别命名为 reg. jsp、look. jsp、index. jsp 等。

3. 类与接口名

类名由一个或几个单词组成，每个单词的第一字母大写。类名一般使用完整单词，避免使用缩写词。接口与类的命名类似，只是在前面加前缀 I。

4. 方法名

方法名第一个单词的首字母小写，其他单词的首字母大写。

5. 变量与常量名

变量名的第一个单词的首字母小写，其后一个单词的首字母大写。常量由一个或多个被下划线分开的大写单词组成。

附录B 注释规范

注释是源程序中起说明作用的语句，这种语句在编译时被编译器忽略。注释是程序设计中不可缺少的组成部分，注释的目的是为了增加程序的可读性。

在Java程序设计中，注释一般遵循如下规范：

(1) 文件注释　源文件注释采用/ ∗ … ∗ /，在每个源文件的头部，主要用于描述文件名和版权信息等。例如：

```
/*
 * add. java
* Copyright  2014 ZHANG JSJX. XALG
*/
```

(2) 类注释　类注释采用/ ∗ ∗ … ∗ /，在类的前面，主要用于描述类的作用、版本、可运行的JDK版本、作者、时间、相关主题等。可以使用以下标记：

- @author（描述作者）。
- @version（描述版本）。
- @since（描述该类可以运行的JDK版本）。
- @see（参考转向，即相关主题）。
- @link（转向成员的超链接）。

例如：

```
/**
* 该类描述了圆形类 *
 * @version 1.82
* 2014—7—9
 * @author Zhang Ailing
*/
```

(3) 方法注释　方法注释采用/ ∗ ∗ … ∗ /，在方法前，用于描述方法的功能、参数、返回值、异常等。可以使用以下标记：

- @param（描述方法的参数）。
- @return（描述返回值）。
- @throws（描述在什么情况下抛出什么类型的异常）。

例如：

```
/**
 * 两个整型类型的数据进行加运算 *
 * @param a 和 b 分别赋予新值
 * @return (a+b)
 */
public int add(int a,int b){
    return(a+b);
}
```

附录 C 格式规范

1. 源文件结构

每个 Java 源文件都包含一个单一的公共类或接口。若私有类和接口与一个公共类相关联，则可以将它们和公共类放入同一个源文件。公共类必须是这个文件中的第一个类或接口。不同部分之间要有空行分隔。

Java 源文件遵循以下结构：

```
文件注释
一个空行
打包语句
一个空行
导包语句
类或接口注释
类体
```

在类体中，按类（静态）变量、实例变量、构造方法、方法、属性方法的顺序排列。一行只声明一个类变量或实例变量，且按公共、保护、包（默认）、私有的顺序排列。

2. 语句排版

1）每行一条语句，避免行过长，适当时可断行，换行时可以依据以下规则断开：

- 在一个逗号后断开。
- 在一个操作符前断开。
- 宁可选择较高级别的断开，而非选择较低级别的断开。
- 新的一行应与上一行同一级别的表达式的开头处对齐。
- 如果以上规则导致代码混乱或者使代码都堆挤在左边，那么就代之以缩进 8 个空格。
- 字符串可以人为通过增加连接运算符（+）断开。

2）每一层相对于它的上一层缩进的空格数为 4，同一层要左对齐。

3）方法与方法之间以空行分隔，具体规则如下：

- 在方法名与其参数列表之前的左括号“（”间不要有空格。
- 左大括号“{”位于声明语句同行的末尾。
- 右大括号“}”另起一行，与相应的声明语句对齐，除非是一个空语句；“}”应紧跟在“{”之后。

4）条件、循环等语句，始终用大括号将执行的语句或循环体括起来。

参考文献

[1] 王国辉，等. Java Web 开发实战宝典 [M]. 北京：清华大学出版社，2010.
[2] 徐人凤，等. 软件编程规范 [M]. 北京：高等教育出版社，2005.
[3] 冯艳玲，等. 中小型 Web 项目开发实战 [M]. 北京：清华大学出版社，2013.
[4] 胡洁萍，等. 软件开发综合实践指导教程——Java Web 应用 [M]. 北京：人民邮电出版社，2014.